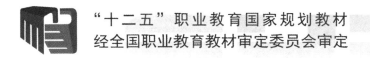

"十二五"职业教育国家规划教材

经全国职业教育教材审定委员会审定

高职高专食品类专业系列教材

GAOZHI GAOZHUAN SHIPINLEI ZHUANYE XILIE JIAOCAI

畜产品加工与检测

主　编◇刘希凤　王　敬

副主编◇李影球　焦兴弘

主　审◇王诗兰

U0216069

重庆大学出版社

内 容 提 要

本书紧贴畜产品加工企业岗位对于畜产品加工与检测方面的专业知识和实践操作技能的需求,以"项目为导向,任务驱动"的方式介绍了从肉、乳、蛋、畜禽副产物的原料验收到各种畜产品的生产工艺、操作要点、质量控制点及国家质量标准等。全书共 4 个情境 17 个项目,主要介绍了畜禽屠宰与分割、肉的贮藏与保鲜、腌腊肉制品、酱卤制品、干肉制品、烧烤制品、灌肠制品、原料乳的验收和预处理、液态乳、冷冻乳制品、酸乳制品、乳粉、咸蛋、皮蛋、毛皮、猪鬃、肠衣各种畜产品的加工与品质鉴定。

本书针对食品类相关专业的高职高专教育要求,力求适应需求社会行业,重点突出以实践、实训教学和技能培养为主导方向,注重理论联系实际,突出生产工艺技能操作和产品品质鉴定,强化职业技能的培训。本书可作为高职高专食品加工、食品质量与检测等专业使用的教材,也可作为从事农产品加工与检测、食品加工与检测的技术人员参考或培训用书。

图书在版编目(CIP)数据

畜产品加工与检测/刘希凤,王敬主编. —重庆:重庆
大学出版社,2015.4(2024.1 重印)
高职高专食品类专业系列教材
ISBN 978-7-5624-8030-3

Ⅰ.①畜… Ⅱ.①刘…②王… Ⅲ.①畜产品—食品加工—高
等职业教育—教材②畜产品—食品检验—高等职业教育—
教材 Ⅳ.①TS251

中国版本图书馆 CIP 数据核字(2014)第 033088 号

畜产品加工与检测

主 编 刘希凤 王 敬
策划编辑:屈腾龙
责任编辑:杨 敬 肖顺杰 版式设计:屈腾龙
责任校对:刘雯娜 责任印制:赵 晟

*

重庆大学出版社出版发行
出版人:陈晓阳
社址:重庆市沙坪坝区大学城西路 21 号
邮编:401331
电话:(023)88617190 88617185(中小学)
传真:(023)88617186 88617166
网址:http://www.cqup.com.cn
邮箱:fxk@cqup.com.cn(营销中心)
全国新华书店经销
重庆愚人科技有限公司印刷

*

开本:787mm×1092mm 1/16 印张:15.75 字数:373 千
2015 年 4 月第 1 版 2024 年 1 月第 3 次印刷
印数:4 501—6 000
ISBN 978-7-5624-8030-3 定价:39.00 元

本书如有印刷、装订等质量问题,本社负责调换
版权所有,请勿擅自翻印和用本书
制作各类出版物及配套用书,违者必究

高职高专食品类专业系列教材

GAOZHI GAOZHUAN SHIPINLEI ZHUANYE XILIE JIAOCAI

◀ 编委会 ▶

总主编　李洪军

包志华	冯晓群	付　丽	高秀兰
胡瑞君	贾洪锋	李国平	李和平
李　楠	刘建峰	刘兰泉	刘希凤
刘　娴	刘新社	唐丽丽	王　良
魏强华	辛松林	徐海菊	徐衍胜
闫　波	杨红霞	易艳梅	袁　仲
张春霞	张榕欣		

高职高专食品类专业系列教材

GAOZHI GAOZHUAN SHIPINLEI ZHUANYE XILIE JIAOCAI

◀ 参加编写单位 ▶

（排名不分先后）

安徽合肥职业技术学院

重庆三峡职业学院

甘肃农业职业技术学院

甘肃畜牧工程职业技术学院

广东茂名职业技术学院

广东轻工职业技术学院

广西工商职业技术学院

广西邕江大学

河北北方学院

河北交通职业技术学院

河南鹤壁职业技术学院

河南漯河职业技术学院

河南牧业经济学院

河南濮阳职业技术学院

河南商丘职业技术学院

河南永城职业技术学院

黑龙江农业职业技术学院

黑龙江生物科技职业学院

湖北轻工职业技术学院

湖北生物科技职业学院

湖南长沙环境保护职业技术学院

内蒙古农业大学

内蒙古商贸职业技术学院

山东畜牧兽医职业学院

山东职业技术学院

山东淄博职业技术学院

山西运城职业技术学院

陕西杨凌职业技术学院

四川化工职业技术学院

四川烹饪高等专科学校

天津渤海职业技术学院

浙江台州科技职业学

前言
Foreword

随着我国高等职业教育的不断深入发展,为认真贯彻落实教育部《关于全面提高高等职业教育教学质量的若干意见》中提出"加大课程建设与改革的力度,增强学生的职业能力"的要求,适应我国职业教育课程改革的趋势,必须注重学科建设和教学改革,进而对课程教材的质量提出了新的要求。即体现"教、学、做"为一体,注重实用性、操作性、科学性;以"工学结合"为切入点,以真实生产任务和工作过程为导向,以相关职业资格标准基本工作要求为依据,重新构建了职业技能和职业素质基础知识培养两大课程体系。

本书是按照《国家中长期教育改革和发展纲要》《国家高等职业教育发展规划》中有关教学改革、人才培养等相关要求,组织国内从事高等职业教育畜产品加工与检测方面的专家教授通过校企合作编写的,充分体现了"立足职业教育、重视实践技能、体现实用科技"的编写理念。

本书以畜产品加工企业典型的工作任务为出发点,全书共设计了4个教学情境和17个工作项目,主要介绍了肉、乳、蛋以及畜禽副产物的原料检测技术和典型产品的加工技术及质量标准,并辅以肉、乳、蛋以及畜禽副产物加工的基本理论。希望本书对课程教学改革的实施能起到一定的推动作用。

本书由山东畜牧兽医职业学院刘希凤担任第一主编并负责全书的统稿工作,重庆三峡职业技术学院王敬担任第二主编,广西工商职业技术学院李影球、甘肃畜牧工程职业技术学院焦兴弘担任副主编。项目1(畜禽屠宰与分割)、项目2(肉的贮藏与保鲜)由广西工商职业技术学院李影球编写;项目3(腌腊肉制品)、项目4(酱卤制品)由江苏第二师范学院朱学伸编写;项目5(干肉制品)、项目6(烧烤制品)、项目7(灌肠制品)由商丘职业技术学院付森编写;项目8(原料乳的验收和预处理)、项目9(液态乳)、项目12(乳粉)由甘肃畜牧工程职业技术学院焦兴弘编写;项目10(冷冻乳制品)由山东畜牧兽医职业学院张艾青编写;项目11(酸乳制品)由山东畜牧兽医职业学院刘希凤编写;项目13(咸蛋)、项目14(皮蛋)由郑州牧业工程高等专科学校李和平编写;项目15(毛皮加工)、项目16(猪鬃加工)、项目17(肠衣加工)由重庆三峡职业技术学院王敬编写。全书由山东铭基中慧食品有限公司王诗兰审稿。

本书在编写过程中,参阅了众多学者的著作、论文和相关网站,并得到了百胜集团济南必胜客餐厅、山东万泉食品有限公司、山东三元乳业有限公司、山东阳春羊奶乳业有限公司等畜产品加工企业许多同行的支持和指导,在此一并表示感谢。

由于编者水平有限,经验不足,错误和不妥之处在所难免,敬请广大读者批评指正。

编　者
2013 年 11 月

目 录
Contents

情景一　肉品加工与检测

情景二　乳品加工与检测

情景三 蛋品加工与检测

情景四　畜禽副产品加工与检测

情景一　肉品加工与检测

项目1
畜禽屠宰与分割

知识目标

了解畜禽屠宰的准备与管理工作;掌握畜禽屠宰、分割、分级的基本要求和工艺操作要点;掌握畜禽内的质量检测标准。

技能目标

能对猪肉新鲜度进行感官检验;掌握畜禽屠宰、分割方法和流程设计。

 知识点

畜禽屠宰前的准备、畜禽的屠宰工艺、畜禽肉的分割,畜禽内的质量检测标准。

1.1 相关知识

知识 1.1.1 畜禽屠宰前的准备与管理

畜禽的宰前检验与管理是保证肉品卫生质量的重要环节之一。通过宰前临床检查,可以初步确定待宰畜禽的健康状况,有效地执行病、健隔离,病、健分宰。从而提高肉品的卫生质量。

1)检验步骤和方法

(1)检验步骤和程序

当屠宰畜禽由产地运到屠宰加工企业后,在未卸下车船之前,兽医检验人员向押运员索阅动物防疫检验部门签发的《动物检疫合格证明》《动物及动物产品运载工具消毒证明》,核对牲畜的种类和头数,了解产地有无疫情和途中病死情况,经过初步视检和调查了解,认为基本合格时,才允许卸下赶入预检圈。将病畜禽或疑似病畜禽赶入隔离圈,按《肉品卫生检验试行规程》中的有关规定处理。

(2)检验方法

一般采用"群体检查"和"个体检查"相结合的办法。具体做法可归纳为运动状态、静止状态、饮食状态3个状态的观察和看、听、摸、检4个要领,判断畜禽的健康状况。首先从大群中挑出有病或不正常的畜禽,然后逐头检查,必要时应用病原学诊断和免疫学诊断的方法。一般对猪、羊、禽等的宰前检验都应用群体检查为主,辅以个体检查;对牛、马等大家畜的宰前检验以个体检查为主,辅以群体检查。

2)病畜处理

宰前检验发现病畜时,根据疾病的性质、病势的轻重以及有无隔离条件等作如下处理:

(1)禁宰

经检查确诊为炭疽、鼻疽、牛瘟等恶性传染病的牲畜,应采取不放血法扑杀后销毁,肉尸不得食用。其同群牲畜,立即测温。体温不正常者在指定地点急宰,并进行检验;体温正常者隔离观察,确诊为非恶性传染病的方可屠宰。

(2)急宰

确认患有无碍肉食卫生的普通病畜,以及患有一般性传染病而有死亡危险时,可随时签发急宰证明书,立即屠宰。

(3)缓宰

经宰前检疫,确认为一般性传染病或普通病,且有治愈希望者,或患有疑似传染病未确诊的牲畜应予缓宰。但应考虑有无隔离条件和消毒设备,以及病畜短期内有无治愈的希望,经济费用是否有利于成本核算等问题,否则,只能急宰。

3) 宰前管理

（1）宰前休息

宰前休息有利于恢复畜禽在运输途中的疲劳,提高肌肉中糖原的含量,利于宰后肉的 pH 降低以迅速达到僵直,抑制微生物的繁殖,延长肉的保质期,同时有利于放血,缓解应激反应,减少动物体内瘀血现象,提高肉的商品价值。

（2）宰前禁食、供水

其目的在于促进排便,减少胃内容物,利于充分放血,增加肉的贮藏性。待宰畜禽在宰前 12 ~ 24 h 断食,断食时间必须适当,一般牛羊断食 24 h,猪 12 h,家禽 18 ~ 24 h。断食时,应供给足量的饮水,使机体进行正常生理活动。为防止屠宰畜禽倒挂放血时胃内容物从食道流出污染胴体应在宰前 2 ~ 4 h 内停止给水。

（3）宰前淋浴

淋浴的目的是将体表的污物去掉,以减少对屠宰过程的污染。淋浴中应注意冲淋要均匀,不能过急过大。用 20 ℃ 温水喷淋畜体 2 ~ 5 min,以清洗体表污物。淋浴可降低体温,抑制兴奋,促使外周血管收缩,提高放血质量。淋浴后的畜体易于导电,有利于麻电致昏。

知识 1.1.2　家畜屠宰工艺

家畜经致昏,放血,去除毛皮、内脏、头、蹄等最后形成胴体的过程称为屠宰加工。屠宰加工的方法和程序称为屠宰工艺。由于家畜种类不同,生产条件不一样,屠宰工艺略有差异,但都应符合安全卫生,保证质量。

1) 工艺流程

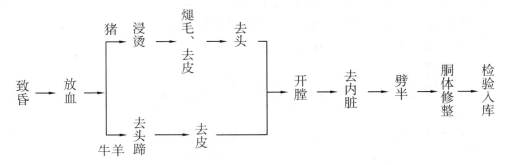

2) 工艺要点

（1）致昏

应用物理(机械的、电击的、枪击的)或化学(吸入 CO_2)方法,使家畜在宰杀前短时间内处于昏迷状态,称为致昏,也称击晕。致昏可让动物失去知觉,减少痛苦,避免动物在宰杀时号叫、挣扎而导致放血不全、消耗过多糖原,使宰后的肉尸保持较低 pH,提高肉的贮藏性。

①电击晕　电击晕是目前广泛使用的致昏方法,生产上称为"麻电",即通过电流麻痹动物中枢神经,使其晕倒。电击晕可导致肌肉强烈收缩,心跳加剧,导致动物短时间内失去知觉,便于放血。

常用的麻电器,使猪致昏的有手握式和自动触电式两种。

电击晕应根据动物的大小、年龄,注意掌握电压、电流和麻电时间。电压、电流强度过大,时间过长,引起血压急剧增高,造成皮肤、肌肉、内脏出血,甚至休克死亡;反之,达不到击晕的目的。表1.1为畜禽屠宰时的电击晕参数。

表1.1　畜禽屠宰时的电击晕参数

种　类	电压/V	电流强度/A	麻电时间/s
猪	70 ~ 100	0.5 ~ 1.0	1 ~ 4
牛	75 ~ 120	1.0 ~ 1.5	5 ~ 8
羊	90	0.2	3 ~ 4
兔	75	0.75	2 ~ 4
家禽	65 ~ 85	0.1 ~ 0.2	3 ~ 4

②机械击晕　机械击晕包括锤击、枪击和棒击等。枪击一般用于牛的屠宰,采用专门气枪射击牛前额正中部,使其致昏;牛也可用刺昏法,即用尖刀刺牛头部的"天门穴"(牛两角连线中点后移3 cm)使牛昏迷。

③CO_2麻醉法　动物在CO_2浓度为65% ~ 75%时经历15 s后,意识完全消失,即可进行宰杀。此法使动物在安静状态下进入昏迷,无紧张感,因此糖原消耗少,最终pH低,肌肉处于弛缓状态,避免出血,有利于提高肉品质量,但成本较高。

(2)放血

放血是整个屠宰操作中的重要环节之一。家畜致昏后将后腿拴在滑轮的铁链上,经滑车轨道运到放血处刺杀放血。家畜致昏后应立即放血,不超过30 s,以免引起肌肉出血。

放血方式有:

①刺颈放血法　此法用于猪的屠宰。刺杀放血时,沿颈部咽喉处刺入,刺杀部位在第一对肋骨水平线下方3.5 ~ 4.5 cm处。放血口不大于5 cm,以免后续工序污染胴体。应切断前腔静脉和双颈动脉,不要刺破心脏和气管。此方法放血彻底。

②切颈放血法　应用于牛、羊,是清真屠宰普遍采用的方法,俗称大抹脖。此法操作简单,但血液易被胃内容物污染。

③心脏放血法　在一些小型屠宰场和广大农村屠宰猪时多用,是从颈下直接刺入心脏放血。优点是放血快,死亡快,但放血不全,且胸腔易积血。

为放血充分,应采用倒悬放血,放血时间:牛需6 ~ 8 min,猪需5 ~ 7 min,羊需5 ~ 6 min,如采用平卧式放血需延长2 ~ 3 min。

(3)浸烫、煺毛或剥皮

放血后的猪胴体经充分沥血,由轨道上卸入烫毛池进行浸烫。在高温条件下,使毛根及周围毛囊的蛋白质受热变性收缩,毛根和毛囊易于分离,同时毛孔扩张。猪体在烫毛池内5 min左右,水温70 ℃为宜,随后保持在60 ~ 66 ℃。也有工厂采用冷凝式蒸汽烫毛隧道对猪体进行烫毛操作,蒸汽烫毛隧道内的温度为59 ~ 61 ℃,烫毛时间为6 ~ 8 min,根据猪的品种与季节不同,隧道内的温度可作相应调整。

猪体烫毛后即由传送带自动送至打毛机,开启打毛机进行打毛。打毛机喷淋水的温度为 59～61 ℃,打毛后的猪体要求无浮毛、无击伤、无脱皮现象。

(4)去头、蹄

在掌骨和腕骨间去除前蹄,跖骨与跗骨间去掉后蹄。剥皮可采用手工剥皮和机械剥皮两种方式或两种方式结合使用。现代加工企业为了保证卫生,倾向于吊挂剥皮。手工剥皮先剥四肢皮、头皮、腹皮,最后剥背皮。机械剥皮先手工剥头皮并割去头,剥去四肢并割去蹄,再剥腹皮,最后机械剥去背皮。

(5)圈头、开膛

将猪头沿枕骨和第一颈椎间垂直切过颈部肉,使头部仍连接在猪体上,便于发现病变时查询根源。牛、羊在枕骨和寰骨之间将头去除。煺毛或剥皮后开膛最迟不超过30 min,否则对脏器和肌肉质量均有影响。

(6)劈半及胴体修整

劈半就是将胴体分为两半。操作者手握劈半锯,面对胴体,对准脊柱正中开启开关,将猪体沿脊椎中线一分为二。去肾脏,按照工艺标准扯下板油,修伤痕、除瘀血及血凝块、修整颈肉、割除体腔内残留的零碎块和脂肪,割除胴体表面污垢,然后经冲淋洗去残留血渍、骨渣、毛等污物。

(7)检验入库

对头部、内脏、胴体进行初检和复检等,合格后盖上"兽医验讫"的合格印章,称重,进入排酸库进行排酸。

3)家畜屠宰的相关术语

①屠体 指肉畜经屠宰、放血后的躯体。

②胴体 家畜宰杀放血后,除去皮(或带皮)、头、蹄、尾、内脏及生殖器(母畜去除乳房)后的躯体部分。

③二分体 将宰后的整胴体沿脊柱中线纵向切成的两片。

④四分体 在第5肋至第7肋,或第11肋至13肋骨间将二分体切开后得到的前后两个部分。

⑤内脏 指肉畜脏腑内的心、肝、肺、脾、胃、肠、肾等。

⑥挑胸 用刀刺入放血口,沿胸部正中挑开胸骨。

⑦雕(圈)肛 沿肛门外围,用刀将直肠与周围括约肌分离。

⑧分割肉 胴体去骨后,按规格要求分割成带肥膘或不带肥膘的各个部位的肉。

1.2 工作任务

任务 1.2.1 生猪屠宰加工

①致晕 猪经过休息、淋浴,由赶猪人员用电鞭或高声呼喊将猪平稳地逐头赶入二氧

化碳致晕机,每笼进猪数 2 ~ 3 头,严禁超载。操作人员检查二氧化碳致晕机处于正常状态后,开启阀门,二氧化碳的浓度与空气之比为 7∶3,致晕时间通常设置为 50 ~ 60 s,致晕后的猪呈昏迷状态,即进行吊挂。

②吊挂　将吊链套管套在猪后腿关节上方,将猪从接收台提升到输送机的缓冲轨道上,自动线上只能一钩一猪,严禁空钩链条向前运行。

③刺杀放血　操作人员抓住猪的前腿,紧握刺杀刀,对准第一肋骨咽喉正中偏右 0.5 ~ 1 cm 处,向心脏方向刺入。操作人员要确保刺杀位置准确无误,要求每刺杀一头猪,刺杀刀必须用 82 ℃ 的热水清洗消毒一次,以防止交叉感染。

④预清洗　由于刚刚放完血,猪体表面会沾有一些血污,所以要经过预清洗机预清洗,洗掉猪体上的血污等污染物,清洗用 30 ℃ 左右的温水即可,预清洗时间为 1 min。

⑤蒸汽烫毛　预清洗后要烫毛,一般采用冷凝式蒸汽烫毛隧道对猪体进行烫毛操作,通常,蒸汽烫毛隧道内的温度为 59 ~ 61 ℃,烫毛时间为 6 ~ 8 min,根据猪的品种与季节不同,隧道内的温度可作相应调整。

⑥打毛　猪体从隧道出来后随即进入打毛机,开启打毛机进行打毛,打毛机喷淋水的温度为 59 ~ 61 ℃,打毛完毕后通过定位卸载滑槽将猪体移出打毛机进入下一个步骤,打毛后的猪体要求无浮毛、无击伤、无脱皮现象。

⑦吊挂提升　经过打毛后的猪体要吊挂提升,操作人员在猪体后腿关节上方各开一个口,刀口在 10 cm 左右,然后穿上扁担钩,猪体被提升机提起,输送至机械加工输送机上。

⑧预干燥　打毛后的猪体通过预干燥机,通过干燥机内的特制鞭条去除猪体上的猪毛与水分,在按摩猪体表面的同时使肌肉完全松弛下来以便于后续的操作,预干燥工序需要 0.5 min 左右。

⑨燎毛　经过蒸汽烫毛后仍然会有一些小毛残留在猪体上,这就需要一些火焰进行二次烫毛。所谓火焰燎毛是指当猪体到达操作台后,利用喷管里液化气产生的火焰将猪体各个部位的小毛烫干净,平均每头猪燎毛时间约为 0.5 min,力求达到最佳的烫毛效果。

⑩喷淋冲洗　结束燎毛工序后要用刀将猪体上的浮毛清理一下,然后进入清洗机进行清洗,清洗机内的温度保持在 80℃ 左右,通过自来水的喷淋和毛刷的运动将猪体上燎下的小毛冲洗干净,同时,也使得猪体表面更加干净,富有光泽。

⑪头部检查　检验员用钩子固定猪头,切开两侧颌下,检查是否有结核病变,如果发现病变,应立即予以处理。

⑫圈头　圈头是将猪头沿枕骨和第一颈椎间垂直切过颈部肉,使头部仍连接在猪体上,便于发现病变时查询根源。每次圈头完成后,都要对刀具进行消毒。

⑬去尾　操作人员左手抓住猪尾,右手持刀,贴住尾根部关节割下猪尾,要求割尾后没有骨梢突出皮外,没有缺口。

⑭雕肛　操作人员右手握刀,对准猪的肛门环形下刀,将直肠与猪体分离,每次完成后都要将刀消毒一次。

⑮开膛　操作人员用刺杀刀在猪体的腹部划开一个刀口,把小肚系带割开,将刀翻转,刀尖朝向腹外,向下用力,将腹壁打开,连同大肠头一起取出,操作时一定防止大肠头粪便溢出,污染胴体。

⑯出白脏　白脏是指肚、肠、脾、膀胱等消化排泄系统的内脏,由于血液含量少,颜色较

白,称为白脏。工作人员用已消毒的刀靠近从肾脏处下刀,仔细划开红脏和白脏的连接,将白脏剥离猪体,掏出的白脏随着周转盘运至白脏检查处,工作完成后,将刀具插入消毒箱消毒。

⑰白脏检验 视检胃浆膜和胃黏膜的情况,剖检浆膜上的淋巴结有无出血点,视检肠浆膜和黏膜的情况,重点检验肠系膜淋巴结,视检脾脏,重点检查脾门淋巴结等有无病变。

⑱出红脏 心、肝、肺等呼吸和血液系统的内脏称为红脏,操作人员用已消毒的刀取下红脏,取红脏时避免划破红脏及里肌,红脏禁止落地以及接触胴体,将红脏挂在钩上等待检验。

⑲红脏检验 视检肝脏情况,剖检肝门淋巴结,视检肺脏情况,剖检支气管淋巴结,视检心包及心外膜,确定肌僵程度。

⑳劈半 将胴体分为两半。操作者手握劈半锯,面对胴体,对准脊柱正中开启开关,将猪体沿脊椎中线一分为二。

㉑去肾脏 操作员用刀将肾脏外包囊划开,取出肾脏,放在容器中。

㉒扯板油 操作人员按照标准扯下板油,直到猪体上不再带碎板油为止,扯下的板油要放在专门的容器里。

㉓割头 操作人员按照操作标准从颈根处割下猪头,割下的猪头要放在专门的容器中。

㉔割蹄 用已消毒的割蹄刀在猪后腿关节处将后蹄割下,再在前腿腕关节处割下前蹄,割蹄位置不可靠上或靠下,以免割断大筋,割下来的猪蹄要放入容器中。

㉕修割 到这个步骤,整个屠宰工艺已接近尾声,还需要将斑块和肥油修割掉,生产完毕后要打扫场地卫生。首先将使用过的器具擦拭干净,然后,还要把整个场地打扫干净。

㉖排酸入库 屠宰后的猪要盖上检验合格的印戳,然后进入排酸库进行排酸。之所以要排酸,是因为猪被宰杀后因为肌体的生化作用会产生乳酸,若不及时进行充分的冷却处理,则积聚在猪肉中的乳酸会损坏肉的品质。所以,宰杀后的猪肉要在 0 ~ 4 ℃的环境下放置12 ~ 24 h,使大多数微生物的生长繁殖受到抑制,肉中的酶将肉中部分的蛋白分解为氨基酸,从而减少有害物质的含量,确保肉类的安全卫生。

任务 1.2.2　牛的屠宰加工

①称重、冲淋 为防止牛群恐慌,不能让待宰的牛看见车间内的场面,经宰前检验后合格的育肥牛由专人沿着指定的通道将牛牵到地磅上称重。而后用温水进行冲淋,清洗全身,以减少屠宰过程中牛身上的附着物对牛胴体的污染。

②击晕起吊 将育肥牛赶入击晕箱,在 100 V 左右的电压下对牛进行 5 ~ 10 s 的麻电,将其击晕。接着由一人用绳索套牢牛的一条后腿,并挂在电动葫芦的吊钩上,启动电动葫芦将牛吊起,直到高轨上的滑轮钩勾住后,再放松电动葫芦吊钩并取出,使牛完全吊在高轨上。

③宰杀放血 从牛喉部下刀割断食管、气管和血管进行放血,放血时间约为 9 min。然后,再进入低压电刺激系统接受脉冲电压刺激,电压为 25 ~ 80 V,用以放松肌肉,加速牛肉排酸过程,提高牛肉嫩度。牛血送急宰化制间经蒸煮、干燥制成血粉出售。

④预剥头皮、去头 由人工预剥育肥牛头皮并去牛头。牛头出售。

⑤低中高位预剥 低位预剥是由人工剥前小腿皮、去前蹄。接着在高轨上剥悬空的那条后腿的皮,并去蹄,再用电动葫芦吊钩将牛从高轨上取出,用中轨上的滑轮钩勾住已剥过皮的那条腿,然后放下电动葫芦吊钩并取出,使牛转挂到中轨上,最后在中轨上剥另一条后小腿皮、去蹄,并将其也挂在中轨滑轮钩上,用撑腿器将牛的两条后腿撑开,最后再剥臀皮、尾皮,即完成了高位预剥。预剥牛的胸皮和颈皮为中位预剥。

⑥机器扯皮 用扯皮机滚筒上的链钩勾住牛的颈皮,然后由两人分别站在扯皮机两侧的升降台上,启动扯皮机并不断地插刀,修整皮张,防止扯坏皮张或皮上带肉带脂肪。将牛背部的皮扯下后,再对牛屠体背部施加电刺激,使其背肌收缩复位。扯下来的整张牛皮售给制革厂。

⑦锯胸骨、剖腹 牛屠体锯胸骨开腔,取出红、白内脏。

⑧胴体劈半 将牛胴体对半劈开。

⑨修整、冲淋 修整范围包括割牛尾、扒下肾脏周围脂肪、修伤痕、除淤血及血凝块、修整颈肉、割除体腔内残留的零碎块和脂肪,清除胴体表面污垢,然后经冲淋洗去残留血渍、骨渣、毛等污物。

⑩宰后检验 将牛的胴体、牛头、内脏、蹄等实施同步卫生检验。根据《中华人民共和国动物防疫法》和《中华人民共和国进出口动植物检疫法》中的有关规定,卫生检验后屠体的处理如下:

合格的:检验合格作为食品的,其卫生检验、监督均依照《中华人民共和国食品卫生法》的规定办理。

不合格的:检出检疫部门公布的一类传染病、寄生虫病的其阳性动物及与其同群的其他动物全群扑杀,并销毁尸体;检出检疫部门公布的二类传染病、寄生虫病的其阳性动物应扑杀,同群其他动物在动物检疫隔离场和动植物检疫机关指定的地点继续隔离观察;检出一般性病害并超过规定标准的,可由专业技术人员按规程实施卫生无害化处理。

⑪冷却 符合鲜销和有条件食用的合格牛胴体盖章后送入冷却间冷却。冷却有以下三方面的作用:宰后胴体冷却降温的速度越快,越有利于抑制微生物的生长繁殖;冷却的时间越短,质量损失越小;在一定的温度和湿度的条件下,让牛肉冷却排酸。排酸的目的主要是利用牛肉中所含的各种分解酶的作用,使游离氨基酸、游离脂肪酸、次黄嘌呤核苷酸等与风味有关的成分在肌肉中蓄积,从而改进牛肉的质量,使牛肉色泽变好,风味变佳,柔软细嫩,变得更好吃。根据牛肉的档次不同,冷却排酸的时间也不同。高档牛肉其胴体需在冷却间内停留 3~6 d。普通牛肉在冷却间停留 24 h 后,当胴体温度达到 7 ℃时即可进入下一道工序。

⑫锯为四分体 将牛的二分体拦腰截断。

任务 1.2.3 肉仔鸡的屠宰加工

1)工艺流程

一次挂鸡→电击晕→放血→沥血→浸烫→打毛→净毛→去黄皮→割爪→开嗉→开膛→去脏→剪肛→二次挂鸡→分割

2)操作方法

①一次挂鸡　操作人员一只手伸入笼内抓住鸡爪关节处,另一只手按住鸡翅,将毛鸡抓出笼外,便顺势抓住鸡的另一只鸡爪,将鸡迅速挂上链条,同时稍用力,向下拉紧卡牢。

②电击昏　分为高频电流击晕法和水浴电击晕法。高频电流击晕法:电流0.5 A以下,通过电击昏槽时间8 s以下;水浴电击晕法:将待宰鸡的头部浸入水中,再通入一定的电流。见图1.1。

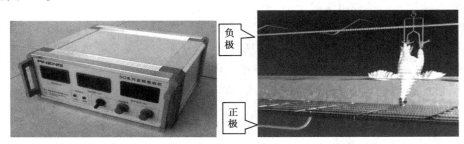

负极

正极

图 1.1　鸡的电击昏

左图为变频电麻机,右图为鸡的电击昏示意图

③放血　放血工一手握住鸡头,一手持刀,于下颌骨颈部下刀,割断颌静脉,下刀时要确保放血质量。待血液自口腔流出时立即抽回刀沿上颚斜刺入延脑,破坏神经中枢,使缩毛肌松弛。

④沥血　鸡在进入浸烫之前在暗室空挂沥血,暗室要保证鸡只干净,空挂沥血要在3～5 min。

⑤浸烫　放血后毛鸡进入浸烫池,浸烫水温一般在$(60±2)$℃,浸烫时间约1 min,浸烫水要不停地翻腾,保持水温相对均匀,且随时检查鸡体的浸烫情况,防止鸡只烫生或烫熟。

⑥打毛　浸烫后鸡体进入打毛机,打毛机的调节和打毛时间应根据杀鸡的速度和鸡的大小而定,出打毛机的净毛率应控制在95%以内。在调节打毛机时应检查断翅率及断爪率,以便采取相应措施。

⑦净毛　当鸡打完毛后会有残留的长毛和毛根,主要集中在鸡尾和鸡翅上,净毛人员一手扶住鸡体一手摘除毛根。

⑧去黄皮　净完毛后由专门人员对鸡体的残留黄皮进行净除,重点对鸡肋骨和腿内侧进行擦除。

⑨割爪　操作工一手抓住琵琶腿处,一手持刀,对准鸡爪的关节处垂直割下,不能割破关节。

⑩开嗉　操作工一手捏住右翅上方的鸡薄皮,一手持刀在鸡嗉上方4～5 cm处下刀,一次性割断食管,不得割破嗉囊,然后用食指或中指将嗉囊掏出。

⑪开膛　操作人员一手抓住鸡腿,一手持刀,在鸡肛上方1 cm处伸入2～3 cm后,沿鸡肛上边向右下开3 cm的口,然后向第一刀入刀处向左下开2 cm的口,开完后,刀口呈八字形,鸡肛自然下垂。

⑫去脏　一手扶住鸡体,使鸡体保持平稳,一手持钩,沿鸡背伸向鸡腔里,然后一次性将心、肝、胗、肠、板油等掏出,使鸡内脏自然下垂并完全落于胴体下。两手分别抓住鸡肛上侧板油处,把板油、胗、心、肝等内脏一块去掉,将所有内脏与胴体分离,并尽量将鸡体板油

清除干净。

⑬剪肛 一手捏住鸡肛,一手持剪,在鸡肛上方 1 cm 处剪下鸡肛,注意不能剪伤鸡腿。

⑭二次挂鸡 将计量完的鸡胴体用手抓住鸡腿,把鸡的膝关节挂在链条上,使鸡由链条上转入预冷室。

⑮割头 一手握住鸡头,一手持刀,找准其关节,垂直割下,鸡头上不能带鸡脖、长脖皮。

任务 1.2.4　肉鸭的屠宰加工

1)工艺流程

吊挂→致昏→放血→烫毛→脱羽→三次浸蜡→拔鸭舌→拔小毛→验毛→掏膛→切爪→内外清洗→预冷→包装、冷藏

2)操作方法

①吊挂 将毛鸭从运载车上卸下来,轻轻地把鸭子从笼中提出来,双手握住鸭的跗关节倒挂在鸭挂上。

②致昏 利用电流刺激使鸭昏迷。使用电压通常为 36～110 V。设一个电击晕池,池底有电流通过,里边装满水,当毛鸭经过这里时,一触电自然晕厥。

③放血 给鸭放血最常用的方法是口腔放血。一般采用细长型的屠宰刀,把刀深入鸭的口腔内,割断鸭上颌的静脉血管,头部向下放低来排净血液,整个沥血时间为 5 min。

④烫毛 给毛鸭放完血后要进行烫毛。先通过预烫池,预烫池的水温在 50～60 ℃,通过强力喷淋后进入浸烫池。浸烫池的水温控制很关键,直接影响鸭的脱毛效果,一般浸烫池的温度为 62 ℃左右,整个浸烫过程需要 2～5 min。

⑤脱羽 目前,成规模的屠宰场都采用机械脱羽,也称为打毛,机械脱羽一般脱毛率可以达到 80%～85%。

⑥三次浸蜡 鸭子在经过打毛以后,身上大部分的毛已经脱落,但是,仍然有一小部分毛还存留在鸭体上,为了使鸭体表的毛脱落的更干净,可借助食用蜡对鸭体进行更彻底的脱毛。先用小木棍将鸭的鼻孔堵上,以免进蜡。浸蜡槽的温度调整在 75 ℃左右。当鸭子经过浸蜡池时,全身都会沾满蜡液,在快速通过浸蜡池后,要经过冷却槽及时冷却,冷却水温在 25 ℃以下,才能在鸭体表结成一个完整的蜡壳,再人工剥蜡,最终使鸭体表小毛进一步减少。每只鸭子都要经过三次浸蜡、三次冷却、三次剥蜡,才能达到最终的脱毛效果。此过程中要保证浸蜡槽温度的稳定,避免温度过高或过低,如果温度太高,就会使得鸭体表的蜡壳过薄,导致脱毛效果变差,严重者还会导致鸭体被烫坏,而温度过低,蜡壳过厚,脱毛效果也会变差。为了不浪费原料,剥下来的蜡壳还可以放在旁边的融蜡池里融化后继续使用。在最后一次冷却完毕后,要及时将鸭鼻孔上的木棍取下来,然后再进入下一道工序。

⑦拔鸭舌 浸蜡过程完毕后,要拔鸭舌。这里采用尖嘴钳。尖嘴钳在使用前要先经过消毒处理。只要用尖嘴钳夹住鸭舌,然后向外拔出即可。拔下来的鸭舌要放入专门的容器里存放。

⑧拔小毛 经过打毛和三次浸蜡后,鸭体表的毛看似已经完全脱落,但体表深处的一

些小毛仍然没有脱掉,需要人工拔毛。拔小毛操作一般在水槽中进行,只有在水里,鸭体上的小毛才会立起来,看得更清楚。首先,用小刀将鸭嘴上的皮刮掉,然后,按照从头到尾的顺序小心地用镊子将鸭体表残留的小毛摘除干净。拔毛时要注意不可损伤到鸭体,否则容易感染细菌。鸭体如有破损,要将其放在一旁,最后单独处理。

⑨验毛　拔完小毛的鸭子要交给专职的验毛工进行检验。如果发现有少量的毛还没有拔干净,还要再重新返工,直到鸭体上的小毛全部拔干净为止。

⑩掏膛　工作人员用刀沿着鸭下腹中线划开鸭膛,依次掏出鸭肠、鸭胗、食管、鸭心肝、板油、肺、气管等内脏。掏出的内脏分别装入容器来存放。使用的刀具每 30 min 要消毒一次。

⑪切爪　掏完膛后进行切爪操作。用刀沿着鸭腿跗关节处切开,把切掉的鸭爪放到专门的容器里。

⑫内外清洗工作　先对鸭进行内外清洗干净,使胴体表面无可见污物。洗完后随着链条进入预冷消毒池。

⑬预冷　预冷池内水温不得超过 4 ℃,一般在 2 ℃左右。在预冷过程中,要不定期地往池内添加次氯酸钠,预冷池的有效次氯酸钠浓度始终保持在 $(200 \sim 300) \times 10^{-6}$。通过这个步骤,可以将掏膛期间的细菌感染率减少到最低,达到消毒的目的。冷却后的肉鸭胴体中心温度保持在 10 ℃以下,整个预冷时间为 40 min。预冷完毕后,进行沥水以便进入胴体分割阶段。

⑭包装、冷藏　经称重、分级、修整、包装后,入库冷藏。

任务 1.2.5　猪肉的分割

1)市场零售猪胴体分割方法

我国供应市场零售的猪胴体分成下列几部分:前颈部、肩颈部、背腰部、臀腿部、肋腹部、前后肘子。市销零售带皮鲜猪肉分成六大部位 3 个等级,见图 1.2。

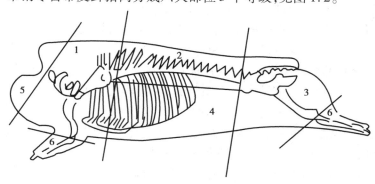

图 1.2　我国猪胴体部位分割图
1—肩颈肉;2—背腰肉;3—臀胆肉;4—肋腹肉;5—前颈;6—肘子肉

①肩颈肉　俗称前槽肉、夹心肉、前臂肩。前端从第 1 颈椎,后端从第 4—5 胸椎或第 5—6 肋骨间,与背线成直角切断。下端如做火腿则从腕关节切断,如做成其他制品则从肘关节切断,并剔除椎骨、肩胛骨、臂骨、胸骨和肋骨。

②背腰部　俗称外脊、大排、硬肋、横排。前面去掉肩颈部,后面去掉臀腿部,余下的中段肉体从脊椎骨下 4~6 cm 平行切开,上部即为背腰部。

③臀腿肉　俗称后腿。从最后腰椎与荐椎结合部和背线成直线垂直切断,下端根据不同用途进行分割。

④肋腹部　俗称软肋、五花与背腰部分离,切去奶脯即是。

⑤前颈肉　俗称血脖,脖子。从第 1—2 颈椎处或第 3—4 颈椎处切断。

⑥前臂和小腿肉　俗称肘子、蹄膀。前臂上从肘关节、下从腕关节切断,小腿上从膝关节、下从跗关节切断。

2)生猪屠宰场猪胴体分割方法

目前,我国大部分生猪屠宰场按市场的需求对生猪胴体的分割是将猪胴体分为前段、中段、后段 3 大部分。

①前段　又可分为带颈加厚前排、颈背肌肉、西施骨、前腿肉、加厚小排;

②中段　又可分为通脊、带肉脊骨、肋排、一级带皮五花肉;

③后段　分为小里脊、带肉叉骨、带皮去骨后尖、后腿肉、带皮带骨后肘。

具体的分割方法为:

①带颈加厚前排　选用猪第 5、第 6 肋骨间断体后的部分,取自前部脊椎骨和胸肋骨连体部位,包括颈骨。然后去皮及皮下脂肪,保持骨间肌肉完整。

②颈背肌肉　是指从第 5、第 6 肋骨间斩下的颈背部位肌肉。

③西施骨　从前腿肉取肩胛骨部位,去掉月牙骨。

④前腿肉　从第 5、第 6 肋骨间斩下的前腿部位,去皮去骨,剩下肌肉。

⑤加厚小排　以带颈加厚前排为原料,去掉颈骨,带肋骨 5~6 根。

⑥通脊　以猪大排为原料,去皮及皮下脂肪,然后刀锋从脊骨边缘切下通脊,最后把表面的肥油削去,露出白衣膜。

⑦带肉脊骨　以猪大排为原料,去皮及皮下脂肪,去掉通脊,保持骨间肌肉完整,要求块形平直,不露骨,脊骨上保留 5~7 mm 左右厚度的肌肉。

⑧肋排　从肋骨尖端划刀,沿肋弓曲线边缘划成弧线,再一刀沿肋排外侧表面与方肉间白衣膜处片下肋排。

⑨一级带皮五花肉　以腹肋部位为原料,带皮,带脊骨,四边见花,边沿整齐,厚薄均匀,表层脂肪厚度 2 cm 以内。

⑩小里脊　用剔骨刀从小里肌尾部,将小里肌从脊椎上割离,然后将上边的肥油修割掉。

⑪带肉叉骨　手按后腿肉,刀走尾骨边缘,剥离尾骨,沿髋骨与叉骨结合部,剔下叉骨,注意使小骨节留在叉骨上。

⑫带皮去骨后尖　从腰椎与腰肩椎相连处斩切下的后腿部位,带皮,去掉棒骨。皮膘厚度,以最厚处为准,不超过 2 cm。

⑬后腿肉　从腰椎与腰肩椎连接处斩下的后腿部位肌肉,不带皮,去掉棒骨。

⑭带皮带骨后肘　从膝关节处下锯,切离后腿,带皮、带骨及后腿内外腱肉。

3)供内、外销的猪胴体分割方法

供内、外销的猪胴体分为下列几部分:颈背肌肉、前腿肌肉、脊背大排、臀腿肌肉 4 部分,见图1.3。

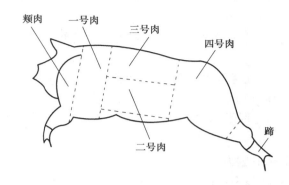

图1.3　供内、外销猪胴体分割图

内、外销分割部位肉规格如下：

①一号肉（肩颈肉、前夹心）　一般前端从第1、2颈椎间,后端从第5、6肋骨间与背线垂直切开,下端从肘关节处切开。这部分肉包括颈、背脊和前腿肉,瘦肉多,肌肉间结缔组织多,适合做馅、罐肠制品和叉烧包。

②二号肉（方肉）　大排下部割去奶脯的一块方形肉块。这块肉脂肪和瘦肉互相间层,俗称五花肉,是加工酱肉、酱汁肉、走油肉、咸肉、腊肉和西式培根的原料,奶脯用于炼油。

③三号肉（大排、通脊）　前端从第5、6肋骨间,后端从最后腰椎与荐椎间垂直切开,在脊椎下4~6 cm肋骨处平行切下的脊背部分。这块肉主要由通脊和其上部一层背膘构成。通脊肉是较嫩的一块优质瘦肉,是中式排骨、西式烧排、培根、烤通脊和叉烧肉的好原料。背膘较硬,不易被氧化,可用作灌肠的上等原料。

④四号肉（后腿肉）　从最后腰椎与荐椎间垂直切下并除去后肘部分,后腿瘦肉多,脂肪和结缔组织少,用途广,是中式火腿、西式为腿、肉松、肉脯、肉干和腊肠、灌肠制品的上等原料。

⑤血脖（颈肉、槽头肉）　肉质较差,可用于制馅和低档灌肠制品。

任务1.2.6　牛羊肉的分割

1）牛肉的分割

牛胴体分割是牛肉处理和加工的重要环节,也是提高牛肉商品价值的重要手段。由南京农业大学、中国农业科学院等单位起草的《牛胴体及鲜肉分割》国家标准（GB/T 27643—2011）,是在总结了国内不同分割方法的基础上,结合国家"九五"攻关课题研究成果,并考虑与国际接轨而制定的。

将标准的牛胴体二分体首先分割成臀腿肉、腹部肉、腰部肉、胸部肉、肋部肉、肩颈肉、前腿肉、后腿肉共8个部分（图1.4）。在此基础上再进一步分割成牛柳、西冷、眼肉、上脑、胸肉、腱子肉、臀腰肉、臀肉、膝圆、大米龙、小米龙、腹肉、嫩肩13块不同的肉块。

肉块分割与修整操作规范如下：

①里脊　里脊也称为牛柳,分割时先剥去肾周脂肪,沿耻骨前下方把里脊剔出,然后由里脊头向里脊尾,逐个剥离腰横突,取下完整的里脊。修整时,必须修净肌膜等疏松结缔组织和脂肪,保持里脊头完整无损。保持肉质新鲜,形态完整。

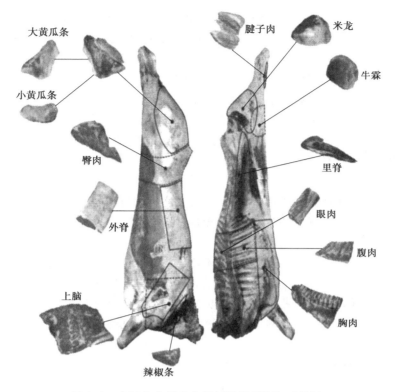

图 1.4　牛胴体分割示意图(GB/T 27643—2011)

②外脊　外脊也称西冷,主要是背最长肌。分割时先沿最后腰椎切下,再沿眼肌腹壁侧(离眼肌 5~8 cm)切下,在第 12—13 胸肋处切断胸椎,最后逐个把胸、腰椎剥离。修整时,必须去掉筋膜、腱膜和全部肌膜。保持肉质新鲜,形态完整。

③眼肉　眼肉主要包括背阔肌、肋最长肌、肋间肌等。其一端与外脊相连、另一端在第 5~6 胸椎处,先剥离胸椎,抽出筋腱,然后在眼肌腹侧距离为 8~10 cm 处切下。修整时,必须去掉筋膜、腱膜和全部肌膜。同时,保证上面有一定量的脂肪覆盖。保持肉质新鲜,形态完整。带骨眼肉分割时不剥离胸椎,稍加修整即为带骨眼肉。

④上脑　上脑主要包括背最长肌、斜方肌等。其一端与眼肉相连,另一端在最后颈椎后缘。分割时剥离胸椎,去除筋腱,在眼肌腹侧距离为 6~8 cm 处切下。修整时,必须去掉筋膜、腱膜和全部肌膜。保持肉质新鲜,形态完整。

⑤胸肉　胸肉即牛胸部肉,在剑状软骨处,随胸肉的自然走向剥离,取自上部的肉即为牛胸肉。修整时,修掉脂肪、软骨、去掉骨渣。保持肉质新鲜。

⑥肋条肉　肋条肉即肋骨间的肉,沿肋骨逐个剥离出条形肉即是肋条肉。修整时,去净脂肪、骨渣,保持肉质新鲜,形态完整。

⑦辣椒条　位于肩胛骨外侧,从肱骨头与肩胛骨结节处紧贴冈上窝取出的形如辣椒状的净肉。

⑧臀肉　臀肉也称尾龙八,主要包括半膜肌、内收肌、股薄肌等。分割时沿半腱肌上端至髋骨结节处,与脊椎平直切断上部的精肉即为臀肉。修整时,去净脂肪、肌膜和疏松结缔组织。保持肉质新鲜,形态完整。

⑨米龙　米龙又称针扒,包括臀股二头肌和半腱肌,又分为大米龙、小米龙。分割时均沿肌肉块的自然走向剥离。修整时必须去掉脂肪和疏松结缔组织。保持肉质新鲜,形态完整。

⑩牛霖　牛霖又称膝圆或和尚头,主要是臀股四头肌。当米龙和臀肉取下后,能见到一块长圆形肉块,沿自然筋膜分割,很容易得到一块完整的肉块。修整时,修掉膝盖骨、去掉脂肪及外露的筋腱、筋头、保持肌膜完整无损。保持肉质新鲜,形态完整。

⑪黄瓜条　黄瓜条也称会牛扒,分割时沿半腱肌上端至髋骨结节处与脊椎平直切断的下部精肉。修整时,去掉脂肪、肌膜、疏松结缔组织和肉夹层筋腱,不得将肉块分解而去除筋腱。保持肉质新鲜,形态完整。

⑫腱子肉　腱子肉分为牛前腱和牛后腱。牛前腱取自前腿肘关节至腕关节处的精肉,牛后腱取自后腿膝关节至跟腱的精肉。修整时,必须去掉脂肪和暴露的筋腱,保持肉质新鲜,形态完整。

⑬牛腩　分割时,自第10~11肋骨断体处至后腿肌肉前缘直线切下,上沿腰部西冷下缘切开,取其精肉。修整时,必须去掉外露脂肪、淋巴结,保持肉质新鲜,形态完整。

⑭牛前柳　也称辣角肉,主要是三角肌,分割时沿着眼肉横切面的前端继续向前分割,可得一圆锥形的肉块,即是牛前柳。修整时,必须修掉脂肪、肌膜和疏松结缔组织。保持肉质新鲜,形态完整。

⑮牛前　牛前即颈脖肉,分割时在第12~13肋间,靠背最长肌下缘、直向颈下切开,但不切到底,取其上部精肉。修整时,必须修掉外露血管、淋巴结,软骨及脂肪,保持肉质新鲜,形态完整。

2)羊肉的分割

羊胴体不同部位的肌肉、脂肪、结缔组织及骨骼的组成是不同的,这不仅反映了可食部分的数量,而且肉的品质和风味也有所差异。胴体切块的目的是通过测定不同部位肉所占的比例,来评定胴体优质肉块的比例,能进一步表明整个胴体的品质和实现销售中的优质优价。NY/T 1564—2007标准对羊肉的具体分割法见图1.5。

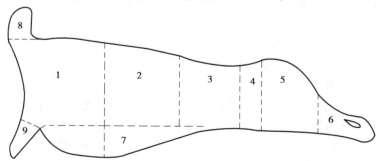

图1.5　羊肉分割图

1—前1/4胴体;2—羊肋脊排;3—腰肉;4—臀腰肉;5—带臀腿;
6—后腿腱;7—胸腹腩;8—羊颈;9—羊前腱

带骨分割羊肉分割方法与命名标准见图1.6。

图1.6　带骨分割羊肉分割图（NY/T 1564—2007）

1—躯干;2—带臀腿;3—带臀去腱骨;4 去臀腿;5—去臀去腱腿;6—带骨臀腰肉;

7—去髋带臀腿;8—去髋去腱带股腿;9—鞍肉;10—带骨羊腰脊(双/单);11—羊T骨排(双/单);

12—腰肉;13—羊肋脊排;14—法式羊肋脊排;15—单骨羊排/法式单骨羊排;16—前1/4胴体;

17—方切肩肉;18—肩肉;19—肩脊排/法式脊排;20—牡蛎肉;21—颈肉;

22—前腱子肉/后腱子肉;23—法式羊前腿/羊后腿;24—胸腹腩;25—法式肋排

①躯干　主要包括前 1/4 胴体、羊肋脊排及腰肉部分,由半胴体分割而成。分割时经第 6 腰椎到髂骨尖处直切至腹肋肉的腹侧部,切除带臀腿。修整时保留膈、肾和脂肪。

②带臀腿　主要包括粗米龙、臀肉、膝圆、腰肉、后腱子肉、髂骨、荐椎、尾椎、坐骨、股骨和胫骨等,由半胴体分割而成,分割时自半胴体的第 6 腰椎经髂骨尖处直切至腹肋肉的腹侧部,除去躯干。修整时切除里脊头、尾,保留股骨,根据加工要求保留或去除腹肋肉、盆腔脂肪、荐椎和尾椎。

③带臀去腱腿　主要包括粗米龙、臀肉、膝圆、臀腰肉、髂骨、荐椎、尾椎、坐骨和股骨等,由带臀腿自膝关节处切除腱子肉及胫骨而得。修整时切除里脊头、尾,根据加工要求去除或保留腹肋肉、盆腔脂肪、荐椎。

④去臀腿　主要包括粗米龙、臀肉、膝圆、后腱子肉、坐骨、股骨、胫骨等,由带臀腿在距离髋关节大约 12 mm 处成直角切去带骨臀腰肉而得。修整时切除尾及尖端,根据加工要求去除或保留盆腔脂肪。

⑤去臀去腱腿　主要包括粗米龙、臀肉、膝圆、坐骨和股骨等,由去臀腿于膝关节处切除后腱子肉和胫骨而得。修整时切除尾。

⑥带骨臀腰肉　主要包括臀腰肉、髂骨、荐椎等,由带臀腿于距髋关节大约 12 mm 成直角切去臀腿而得。修整时根据加工要求保留或去除盆腔脂肪和腹肋肉。

⑦去髋带臀腿　由带臀腿除去髋骨制作而成。修整时切除尾及尖端,根据加工要求去除或保留腹肋肉。

⑧去髋去腱带股腿　由去髋带臀腿在膝关节处切除腱子肉及胫骨而成。修整时除去腹肋肉及周围脂肪。

⑨鞍肉　主要包括部分肋骨、胸椎、腰椎及有关肌肉等,由整个胴体于第 4 或第 5 或第 6 或第 7 肋骨处背侧切至胸腹侧部,切去前 1/4 胴体,于第 6 腰椎处经髂骨尖从背侧切至腹脂肪的腹侧部而得。修整时保留肾脂肪、膈,根据加工要求确定肋骨数(6,7,8,9)和腹壁切除线距眼肌的距离。

⑩带骨羊腰脊(双/单)　主要包括腰椎及腰脊肉。在腰荐结合处背侧切除带臀腿,在第 1 腰椎和第 13 胸椎之间背侧切除胴体前半部分,除去腰腹肉。修整时除去筋膜、肌腱,根据加工要求将带骨羊腰脊(双)第 1 腰椎直切至第 6 腰椎,分割成带骨羊腰脊。

⑪羊 T 骨排(双/单)　由带骨羊腰脊(双/单)沿腰椎结合处直切而成。

⑫腰肉　主要包括部分肋骨、胸椎、腰椎及有关肌肉等,由半胴体于第 4 或第 5 或第 6 或第 7 肋骨处切去前 1/4 胴体,于腰荐结合处切至腹肋肉,去后腿而得。修整时根据要求确定肋骨数(6,7,8,9)和腹壁切除线距眼肌的距离,保留或除去肾脂肪、膈。

⑬羊肋脊排　主要包括部分肋骨、胸椎及有关肌肉,由腰肉经第 4 或第 5 或第 6 或第 7 肋骨与第 13 肋骨之间切割而成。分割时沿第 13 肋骨与第 1 腰椎之间的背腰最长肌,垂直于腰椎方向切割,除去后端的腰脊肉和腰椎。修整时除去肩胛软骨,根据加工要求确定肋骨数(6,7,8,9)和腹壁切除线距眼肌的距离。

⑭法式羊肋脊排　主要包括部分肋骨、胸椎及有关肌肉,由羊肋脊排修整而成。分割时保留或去除盖肌、除去棘突和椎骨,在距眼肌大约 10 cm 处平等于椎骨缘切开肋骨,或距眼肌 5 cm 处(法式)修整肋骨。修整时根据加工要求保留或去除盖肌、肋骨数(6,7,8,9)及距眼肌的距离。

⑮单骨羊排/法式单骨羊排　主要包括 1 根肋骨、胸椎及背最长肌,由羊肋脊排分割而成。分割时沿两根肋骨之间,垂直于胸椎方向切割(单骨羊排),在距眼肌大约 10 cm 修整肋骨(法式)。

⑯前 1/4 胴体　主要包括颈肉、前腿和部分胸椎、肋骨及背最长肌等,由半胴体在分膈前后,即第 4 或第 5 或第 6 肋骨处以垂直于脊椎方向切割得到的带前腿的部分。修整时分割前腿应折向颈部,根据加工要求确定肋骨数(4,5,6,13),保留或去除腱子肉、颈肉,也可根据加工要求将前 1/4 胴体切割成羊肩胛肉排。

⑰方切肩肉　主要包括部分肩胛骨、肋骨肱骨、颈椎、胸椎及有关肌肉,由前 1/4 胴体切去颈肉、胸肉和前腱子肉而得。分割时沿前 1/4 胴体及第 3、4 颈椎之间的背侧线切去颈肉,然后自第 1 肋骨与胸骨结合处切割至第 4 或第 5 或第 6 肋骨处,除去胸肉和前腱子肉。修整根据加工要求确定肋骨数(4,5,6)。

⑱肩肉　主要包括肩胛骨、肋骨、肱骨、颈椎、胸椎、部分桡尺骨及有关肌肉。由前 1/4 胴体切去颈肉、部分桡尺骨和部分腱子肉而得。分割时沿前 1/4 胴体第 3、4 颈椎之间的背侧线切去颈肉,腹侧切割线沿第 2、3 肋骨与胸骨结合处直切至第 3 或第 4 或第 5 肋骨,保留部分桡骨和腱子肉。修整根据加工要求确定肋骨数(4,5,6)和保留桡尺骨的量。

⑲肩脊排/法式脊排　主要包括部分肋骨、椎骨及有关肌肉,由方切肩肉(4—6 肋)除去肩胛肉,保留下面附着的肌肉带制作而成,在距眼肌 10 cm 处平行于椎骨缘切开肋骨修整,即得法式脊排。修整可根据加工要求确定肋骨数(4,5,6)和腹壁切除线距眼肌的距离。

⑳牡蛎肉　主要包括肩胛骨、肱骨和桡尺骨及有关的肌肉。由前 1/4 胴体的前臂骨与躯干骨之间的自然缝切开,保留底切(肩胛下肌)附着而得。修整时切断肩关节,根据加工要求剔骨或不剔骨。

㉑颈肉　俗称血脖,位于颈椎周围,主要由颈部附带肌、颈部脊柱和颈腹侧肌所组成,包括第 1 颈椎与第 3 颈椎之间的部分。颈肉由胴体经第 3 和第 4 颈椎之间切割,将颈部肉与胴体分离而得。修整时剔除筋腱,除去血污、浮毛等污物,根据加工要求将颈肉沿颈椎分割成羊颈肉排。

㉒前腱子肉/后腱子肉　前腱子肉主要包括尺骨、桡骨、腕骨和肱骨的远侧部及有关的肌肉,位于肘关节和腕关节之间。分割时沿胸骨与盖板远端的肱骨切除线自前 1/4 胴体前腱子肉。后腱子肉由胫骨、跗骨和跟骨及有关的肌肉组成,位于膝关节和跗关节之间。分割时自胫骨与股骨之间的膝关节切割,切下后腱子肉。修整时除去血污、浮毛等不洁物,不剔骨。

㉓法式羊前腱/羊后腱　法式羊前腱/羊后腱分别由前腱子肉和后腱子肉分割而成,分割时分别沿桡骨/胫骨末端 3~5 cm 处进行修整,露出桡骨/胫骨。

㉔胸腹腩　俗称五花肉,主要包括部分肋骨、胸骨和腹外斜肌、升胸肌等,位于腰肉的下方。分割时自半胴体第 1 肋骨与胸骨结合处直切至膈在第 11 肋骨上的转折处,再经腹肋肉切至腹股沟浅淋巴结。修整时除去骨腰肉、鞍肉、脊排和腰脊肉之后剩余肋骨部分,保留膈。

㉕法式肋排　主要包括肋骨、升胸肌等,由胸腹腩第 2 肋骨与胸骨结合处直切至第 10 肋骨,除去腹肋肉并进行修整而成。

去骨分割羊肉分割方法与命名标准见图 1.7。

图 1.7　去骨分割羊肉分割图（NY/T 1564—2007）

1—半胴体肉;2—躯干肉;3—剔骨带臀肉;4—剔骨带臀去腱腿;5—剔骨去臀去腱腿;

6—臀肉(砧肉);7—膝圆;8—粗米龙;9—臀腰肉;10—腰脊肉;

11—去骨羊肩;12—里脊;13—通脊

①半胴体肉　由半胴体剔骨而成,分割时沿肌肉自然剔除所有的骨、软骨、筋腱、板筋(项韧带)和淋巴结。修整根据加工要求保留或去除里脊、肋间肌、膈。

②躯干肉　由躯干剔骨而成,分割时沿肌肉自然缝剔除所有的骨、软骨、筋腱、板筋(项韧带)和淋巴结。修整根据加工要求保留或去除里脊、肋间肌、膈。

③剔骨带臀肉　主要包括粗米龙、臀肉、膝圆、臀腰肉、后腱子肉等,由带臀腿除去骨、软骨、腱和淋巴结制作而成,分割时沿肌肉天然缝隙从骨上剥离肌肉或沿骨的轮廓剔掉肌肉。修整时切除里脊头。

④剔骨带臀去腱腿　主要包括粗米龙、臀肉、膝圆、臀腰肉,由带臀去腱腿剔除骨、软骨、腱和淋巴结制作而成,分割时沿肌肉天然缝隙从骨上剥离肌肉或沿骨的轮廓剔掉肌肉。修整时切除里脊头。

⑤剔骨去臀去腱腿　主要包括粗米龙、臀肉、膝圆等,由去臀去腱腿剔除骨、软骨、腱和淋巴结制作而成,分割时沿肌肉天然缝隙从骨上剥离肌肉或沿骨的轮廓剔掉肌肉。修整时切除尾。

⑥臀肉(砧肉)　又名羊针扒,主要包括半膜肌、内收肌、股薄肌等,由带臀腿沿膝圆与粗米龙之间的自然缝分离而得。分割时把粗米龙剥离后可见一肉块,沿其边缘分割即可得到臀肉,也可沿被切开的盆骨外缘,再沿本肉块边缘分割。修整时修净筋膜。

⑦膝圆　又名羊霖肉,主要是臀肌四头肌,当粗米龙、臀肉去下后,能见到一块长圆形

肉块,沿此肉块自然缝分割,除去关节囊和肌腱即可得到膝圆。修整时修净筋膜。

⑧粗米龙　又名羊烩扒,主要包括臀股二头肌和半腱肌,由去骨腿沿臀肉与膝圆之间的自然缝分割而成。修整时修净筋膜,除去腓肠肌。

⑨臀腰肉　主要包括臀中肌、臀深肌、阔筋膜张肌。分割时于距髋关节约12 mm处直切,与粗米龙、臀肉、膝圆分离,沿臀中肌与阔筋膜张肌之间的自然缝除去尾。修整时根据加工要求,保留或去除盖肌(阔筋膜张肌)和所有的皮下脂肪。

⑩腰脊肉　主要包括背腰最长肌(眼肌),由腰肉剔骨而成。分割时沿腰荐结合处向前切割至第1腰椎,除去脊排和肋排。修整时根据加工要求确定腰脊切块大小。

⑪去骨羊肩　主要由方切肩肉剔骨分割而成,分割时剔除骨、软骨、板筋(项韧带),然后卷裹后用网套结而成。修整说明:形状呈圆柱状,脂肪覆盖在80%以上,不允许将网绳裹在肉内。

⑫里脊　主要是腰大肌,位于腰椎腹侧面和髋骨外侧,分割时先剥去肾脂肪,然后自半胴体的耻骨前下方剔出,由里脊头向里脊尾,逐个剥离腰椎横突,取下完整的里脊。修整时根据要求保留或去除侧带,或自腰椎与髋骨结合处将里脊分割成里脊头和里脊尾。

⑬通脊　主要由沿颈椎棘突和横突、胸和腰椎分布的肌肉组成,包括从第1颈椎至腰荐结合处的肌肉,分割时自半胴体的第1颈椎沿胸椎、腰椎直至腰荐结合处剥离取下背腰最长肌(眼肌)。修整时修净筋膜,根据加工要求把通脊分割成腰脊眼肉、肩胛眼肉、前1/4胴体眼肉、脊排眼肉、肩脊排眼肉。

任务1.2.7　禽肉的分割

禽类产品多以光禽(整禽)产品销售,但随着畜禽产品加工技术的进步,禽类也逐渐采用了分割肉的形式,以满足消费者的需求。

1)鸡肉的分割

鸡的胴体分割肉品种较多,一般可分为鸡翅、鸡腿、鸡胸肉、鸡脚、鸡爪、鸡皮等。具体工艺流程及分割步骤如下:

挂鸡→开胸、腿→划背→卸腿→前鸡尾→卸翅→划小胸→撕小胸割软骨→割鸡脖→鸡架分级→摆鸡架

①后区挂鸡　把从预冷池进入挂鸡池的胴体鸡的脖子挂在链条上。

②开胸、腿　操作者一只手按住鸡胸皮,稍微拉紧,其余四指握住鸡体,一手拿刀,沿软骨两侧轻轻地将胸皮对称划开,同时从胸下部于腿内侧连接处顺刀下滑,把裆皮划开。

③划背　操作者一手扶住左腿一手扶刀,从鸡背的脖根处下刀,将脖根及相连的皮划破,划至鸡尾部时要伸直脊背,双手大拇指要顶住两腿髋关节处,其余四指放于两腿内侧,然后用力将腿向后翻,直至髋关节脱离然后顺腰部横划一刀。

④卸腿　操作者一手提住腿上部,一手持刀,在腿与肌体相连的腰肉处下刀,向里缘滑至髋关节,顺势用刀尖将环绕髋关节周围,将关节韧带割断,然后将刀紧贴髋关节下方的坐骨向下滑,同时用力将腿撕下。

⑤剪鸡尾　一手扶住鸡体,一手拿剪刀,把鸡尾剪下。

⑥卸翅　一手握住翅的根部,一手持刀,将脖根与肩相连的皮割开,用刀尖沿锁骨滑下

切开胸肉,切断肩关节的韧带,再将刀沿肩胛骨滑下,切开肩肉,在用力向下撕翅的同时,将刀尖插入骨窝,切断韧带,使翅与鸡体分离。

⑦划小胸 一手握住鸡架背部,一手拿刀紧贴龙骨两侧下滑至软骨下 1/3 处,使小胸与胸骨分离。

⑧撕小胸 一手握住鸡架,一手拿钳子夹住小胸上部尖头,将小胸肉顺势撕下。

⑨割软骨 一手拿住鸡架,一手拿刀,向龙骨与软骨连接处剪一刀,右手将胸软骨下端的鸡体内翻转,使软骨上端与鸡体分离,顺势将其撕下。

⑩割鸡脖 一手扶住鸡架的两骨窝处,一手持刀,沿鸡脖和鸡架连接的肩胛骨处倾斜 45°下刀,将切下的骨架放入专用盒内。

⑪鸡架分级 将鸡架从链条上摘离后,分别逐个过秤计量,按鸡架重分大、中、小 3 个级别。

⑫摆鸡架 先将鸡架盒内铺好内膜,将分离并称好的骨架按工艺要求摆形。

2)鸭肉的分割

国内鸭的分割是近几年才开始逐步发展起来的,对于分割的要求尚无一个统一的规定,各地根据当地的具体情况,规定了当地的分割鸭的部位和方法,分割仍然采取手工分割的方法。一般采用按片分割法。鸭的个体相对较小,可以分割为 6 件,鸭躯干部分分为两块(1 号鸭肉、2 号鸭肉)。鸭的分割步骤如下:

①第一刀 从跗关节取下左爪。

②第二刀 从跗关节取下右爪。

③第三刀 从下颌后寰椎处平直斩下鸭头,带舌。

④第四刀 从第 15 颈椎(前后可相关一个颈椎)间斩下颈部,去掉皮下的食管、气管及淋巴。

⑤第五刀 沿胸骨脊左侧由后向前平移开膛,摘下全部内脏,用干净毛巾擦去腹水、血污。

⑥第六刀 沿脊椎骨的左侧(从颈部直到尾部)将鸭体分为两半。

⑦第七刀、第八刀 从胸骨端剑状软骨至髋关节前缘的连线将左右分开,分成两块(1 号鸭肉、2 号鸭肉)。

胴体分割完以后,要进行称重、包装。包装袋要经检验合格、无菌的才可使用。包装后的产品要及时放入 -35 ℃冷库进行速冻,新鲜的产品则放入 -8 ℃库存放。

1.3 质量检测

质量检测 1.3.1 猪的屠宰加工要求

根据鲜、冻片肉国家标准(GB 9959.1—2001),明确规定原料猪应来自非疫区,并持有产地动物防疫监督机构出具的检疫证明,公、母种猪及晚阉猪不得用于加工鲜、冻片猪肉。

猪的屠宰加工要求,见表1.2。

表1.2　我国猪的屠宰加工要求(GB 9959.1—2001)

项目 \ 等级	一 级	二 级	三 级
放血	完全	完全	完全
去头和去槽头肉	按"平头"规格割下猪头,齐第一颈椎与之垂直直线割去槽头肉和血刀肉	按"平头"规格割下猪头,齐第一颈椎与之垂直直线割去槽头肉和血刀肉	按"平头"规格割下猪头,齐第一颈椎与之垂直直线割去槽头肉和血刀肉
去内脏	去除全部内脏、护心油、横膈膜和横膈膜肌、脊椎大血管、生殖器官,修净应检部位的非传染病引起的明显异常淋巴结	去除全部内脏、护心油、横膈膜和横膈膜肌、脊椎大血管、生殖器官,修净应检部位的非传染病引起的明显异常淋巴结	去除全部内脏、护心油、横膈膜和横膈膜肌、脊椎大血管、生殖器官,修净应检部位的非传染病引起的明显异常淋巴结
去三腺	摘除甲状腺、肾上腺、病变淋巴结	摘除甲状腺、肾上腺、病变淋巴结	摘除甲状腺、肾上腺、病变淋巴结
锯(劈)半	沿脊柱中线纵向锯(劈)成两分体,应均匀整齐	沿脊柱中线纵向锯(劈)成两分体,每片肉整脊椎骨不允许偏差两节	沿脊柱中线纵向锯(劈)成两分体,每片肉整脊椎骨不允许偏差三节
去蹄	前蹄从腕关节,后蹄从跗关节处割断	前蹄从腕关节,后蹄从跗关节处割断	前蹄从腕关节,后蹄从跗关节处割断
去尾	齐尾根部平行割下	齐尾根部平行割下	齐尾根部平行割下
去净奶头	割净奶头,修净色素沉着物,不带黄汁	割净奶头,修净色素沉着物,不带黄汁	割净奶头,修净色素沉着物,不带黄汁
修整	臀部和鼠蹊部的黑皮、皱皮和肛门括约肌以及肉体上的伤痕、暗伤、脓疱、皮癣、湿疹、痂皮、皮肤结节、密集红斑和表皮伤斑均应修干净。每片猪肉允许表修伤割面积不超过1/4,内伤修割面积不超过150 cm²	臀部和鼠蹊部的黑皮、皱皮和肛门括约肌以及肉体上的伤痕、暗伤、脓疱、皮癣、湿疹、痂皮、皮肤结节、密集红斑和表皮伤斑均应修干净。每片猪肉允许表修伤割面积不超过1/3,内伤修割面积不超过200 cm²	臀部和鼠蹊部的黑皮、皱皮和肛门括约肌以及肉体上的伤痕、暗伤、脓疱、皮癣、湿疹、痂皮、皮肤结节、密集红斑和表皮伤斑均应修干净。每片猪肉允许表修伤割面积不超过1/3,内伤修割面积不超过250 cm²
去残毛	去净残留毛绒,不准带长短毛,每片肉上的密集断毛根(包括绒毛、新生短毛)不超过64 cm²,零星分散断毛根集中相加面积不超过80 cm²	去净残留毛绒,不准带长短毛,每片肉上的密集断毛根(包括绒毛、新生短毛)不超过64 cm²,零星分散断毛根集中相加面积不超过100 cm²	去净残留毛绒,不准带长短毛,每片肉上的密集断毛根(包括绒毛、新生短毛)不超过64 cm²,零星分散断毛根集中相加面积不超过120 cm²

续表

等级 项目	一 级	二 级	三 级
冲洗	不带浮毛、凝血块、胆污、粪污及其他污染物	不带浮毛、凝血块、胆污、粪污及其他污染物	不带浮毛、凝血块、胆污、粪污及其他污染物
其他	不允许有烫生、烫老、机损、全身青皮	不允许有烫生、烫老、机损、全身青皮	不允许有烫生、烫老、机损、全身青皮

质量检测 1.3.2　禽的屠宰加工要求

根据鲜、冻禽产品国家标准(GB 16869—2005),规定屠宰前的活禽应来自非疫区,并经检疫、检验合格后进行屠宰和加工。分割禽体时应先预冷后分割,从放血到包装、入冷库的时间不得超过 2 h。我国鲜、冻禽屠宰加工感官性状见表 1.3。

表 1.3　我国鲜、冻禽屠宰加工感官性状

项　目	鲜禽产品	冻禽产品(解冻后)
组织状态	肌肉富有弹性,指压后凹陷部位立即恢复原状	肌肉指压后凹陷部位恢复较慢,不易完全恢复原状
色　泽	表皮和肌肉切面有光泽,具有禽类品种应有的色泽	
气　味	具有禽类品种应有的气味,无异味	
加热后肉汤	透明澄清,脂肪团聚于液面,具有禽类品种应有的滋味	
淤血[以淤血面积(S)计]/cm² $S>1$ $0.5<S\leqslant 1$ $S\leqslant 0.5$	不得检出 片数不得超出抽样量的2% 忽略不计	
硬杆毛(长度超过 12 mm 的羽毛,或直径超过 2 mm 的羽毛根)/(根、10 kg) ≤1	不得检出	
异　物	不得检出	

注:淤血面积指单一整禽,或单一分割禽的一片淤血面积。

质量检测 1.3.3　畜禽肉质量标准

1)鲜、冻片猪肉质量标准(GB 9959.1—2001)

鲜、冻片猪肉感官要求见表 1.4。鲜、冻片猪肉理化指标见表 1.5。

表1.4 鲜、冻片猪肉感官要求(GB 9959.1—2001)

项 目	鲜片猪肉	冻片猪肉(解冻后)
色泽	肌肉色泽鲜红或深红,有光泽;脂肪呈乳白色或粉白色	肌肉有光泽,色鲜红;脂肪呈乳白,无霉点
弹性(组织状态)	指压后凹陷立即恢复	肉质坚实,有坚实感
黏度	外表微干或微湿润,不粘手	外表及切面湿润,不粘手
气味	具有鲜猪肉正常气味,煮沸后肉汤透明澄清,脂肪团聚于液面,具有香味	具有冻猪肉正常气味,煮沸后肉汤透明澄清,脂肪团聚于液面,无异味

表1.5 鲜、冻片猪肉理化指标(GB 9959.1—2001)

项 目	鲜冻片猪肉
挥发性盐基氮/(mg·100 g^{-1})	≤20
汞(以汞计,mg/100 g)	≤0.05
水分/%	≤77

2)鲜、冻片牛肉质量标准(GB/T 17238—2008)

鲜、冻分割牛肉感官要求见表1.6。

表1.6 鲜、冻分割牛肉感官要求

项 目	鲜牛肉	冻牛肉(解冻后)
色泽	肌肉有光泽,色鲜红或深红,脂肪呈乳白或淡黄色	肌肉色鲜红,有光泽,脂肪呈乳白或淡黄色
外表	外表微干或有风干膜,不粘手	肌肉外表微干,或有风干膜,或外表湿润,不粘手
弹性(组织结构)	指压后的凹陷可恢复	肌肉结构紧密,有坚实感,肌纤维韧性强
气味	具有牛肉正常的气味	具有牛肉正常的气味
煮沸后的肉汤	透明澄清,脂肪团聚于表面,具特有香味	透明澄清,脂肪团聚于表面,具有牛肉固有香味和鲜味
肉眼可见异物	不得带伤斑、血瘀、血污、碎骨、病变组织、淋巴结、脓包、浮毛或其他杂质	

3)鲜、冻禽产品质量标准(GB 16869—2005)

鲜禽产品和冻禽产品应符合表1.7和表1.8的规定。

表 1.7　鲜禽产品和冻禽产品理化指标

项　　目		指　　标
冻禽产品解冻失水率/%		≤6
挥发性盐基氮/（mg·100 g^{-1}）		≤15
汞（Hg）/（mg·kg^{-1}）		≤0.05
铅（Pb）/（mg·kg^{-1}）		≤0.2
砷（As）/（mg·kg^{-1}）		≤0.5
六六六/（mg·kg^{-1}）	脂肪含量低于10%时,以全样计	≤0.1
	脂肪含量不低于10%时,以脂肪计	≤1
滴滴涕/（mg·kg^{-1}）	脂肪含量低于10%时,以全样计	≤0.2
	脂肪含量不低于10%时,以脂肪计	≤2
敌敌畏/（mg·kg^{-1}）		≤0.05
四环素/（mg·kg^{-1}）	肌肉	≤0.25
	肝	≤0.3
	肾	≤0.6
金霉素/（mg·kg^{-1}）		≤1
土霉素/（mg·kg^{-1}）	肌肉	≤0.1
	肝	≤0.3
	肾	≤0.6
磺胺二甲嘧啶/（mg·kg^{-1}）		≤0.1
二氯二甲吡啶（克球酚）/（mg·kg^{-1}）		≤0.01
己烯雌酚		不得检出

表 1.8　鲜禽产品和冻禽产品微生物标准

项　　目	指　　标	
	鲜禽产品	冻禽产品
菌落总数/（cfu·g^{-1}）	≤1×10^4	≤5×10^4
大肠菌群/（MPN·100g^{-1}）	≤1×10^4	≤5×10^3
沙门氏菌	0/25 g[a]	
出血性大肠埃希氏菌（O157：H7）	0/25 g[a]	

注:a 取样个数为5

思考练习

1. 畜禽宰前检验的具体办法有哪些? 发现病畜禽如何处理?
2. 畜禽宰前为什么要休息、禁食、饮水? 有何具体要求?
3. 畜禽宰前电昏有何好处? 电压、电流及电昏时间有何要求?
4. 影响畜禽放血的因素有哪些? 放血不良对制品会产生哪些不良影响?
5. 畜禽烫毛对水温有何要求? 不同的水温会对屠体产生什么影响?
6. 畜禽宰后检验的具体内容有哪些? 检验后的肉主要有哪几种处理方法?
7. 简述我国猪半胴体分割情况与分级情况。
8. 根据所学内容,试述猪半胴体分割部分的特点及用途。
9. 简述牛、羊胴体的分割方法。

实训操作

实训操作1 屠宰场参观

1)参观目的

(1)了解企业生产概况、人员结构、经济效益及生产品种、规模、质量。

(2)了解屠宰场的设施结构。

(3)了解家畜屠宰的工艺流程。

(4)了解病畜的处理方法。

2)参观要求

(1)认真复习理论知识内容。

(2)认真记录参观实际情况,及时询问有关技术问题。

(3)对照理论知识,认真思考不同之处。

(4)及时发现问题,提出合理化措施。

3)参观内容

(1)屠宰场的基本情况 包括屠宰场规模、员工人数、组织结构、产品种类和质量等。

(2)屠宰场设施及卫生状况 包括布局是否合理、面积及功能是否满足要求、生产设备工艺是否先进、是否符合卫生要求等。

(3)屠宰场卫生管理制度 从业人员是否进行健康检查和卫生培训、病畜隔离情况、病畜肉处理情况、卫生组织制度、卫生制度执行情况。

（4）屠宰工艺流程　包括屠宰工艺、屠宰设备、屠宰技术参数。

4）实训作业

写出参观报告。

实训操作2　肉新鲜度的感官检验

1）目的要求

通过感官检验,掌握鲜猪肉、鲜牛肉、鲜禽肉相应的国家标准。

2）原理

利用人的感觉器官,如嗅觉、视觉、味觉、触觉进行检查。

3）实训器材

猪肉、牛肉、鸡肉、剪刀、镊子等。

4）肉汤的检查

称取切碎的样品 20 g 于 200 mL 烧杯中,加水 100 mL,用表面皿盖上,加热至 50 ~ 60 ℃后,开盖,检查气味,继续加热至沸 20 ~ 30 min,检查肉汤的气味、滋味及透明度,脂肪的气味及滋味。

5）判定标准

GB 9959.1—2001,GB/T 17238—2008,GB 16869—2005。

项目2
肉的贮藏与保鲜

知识目标

了解肉的组织结构特点及其与肉品质的关系；掌握肉的化学成分、营养价值及影响因素；了解肉的食用品质，掌握肉类保鲜的方法。

技能目标

掌握肉的保鲜技术及方法。

 知识点

肉的组织结构和化学成分；肉的食用品质；肉的贮藏和保鲜的方法。

2.1 相关知识

知识 2.1.1 肉的组织结构和化学成分

1)肉的组织结构

肉畜胴体主要是由肌肉组织、脂肪组织、结缔组织和骨骼组织 4 部分组成,这些组织的构造、性质及含量直接影响肉品质量、加工用途及商品价值,其比例随肉畜的种类、品种、年龄、性别和营养状况等因素有关。肉的各组织占胴体总重的百分比,见表 2.1。

表 2.1 肉的各组织占胴体总重的百分比

组织名称	牛肉/%	猪肉/%	羊肉/%
肌肉组织	57 ~ 62	39 ~ 58	49 ~ 56
脂肪组织	3 ~ 16	15 ~ 45	4 ~ 18
骨骼组织	17 ~ 29	10 ~ 18	7 ~ 11
结缔组织	9 ~ 12	6 ~ 8	20 ~ 35
血液	0.8 ~ 1.0	0.6 ~ 0.8	0.8 ~ 1.0

(1)肌肉组织

肌肉组织可分为 3 类,即骨骼肌、心肌和平滑肌。骨骼肌结构见图 2.1。胴体中几乎全部为骨骼肌,以各种构型附着于骨骼而得名,但有些附着于韧带、筋膜、软骨和皮肤而间接附着于骨骼,如大皮肌。心肌存在心脏,平滑肌主要存在于内脏。骨骼肌与心肌在显微镜下观察有明暗相间的条纹,故又称横纹肌。肉品加工主要是针对骨骼肌。

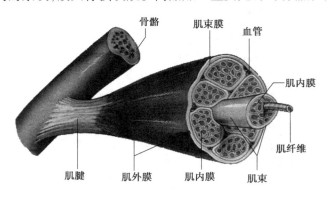

图 2.1 骨骼肌结构示意图

肌肉的基本构造单位是肌纤维,肌纤维与肌纤维之间有一层很薄的结缔组织膜围绕隔开,称为肌内膜;每 50 ~ 150 条肌纤维聚集成束,称肌束,外包一层结缔组织鞘膜,称肌束膜,如此形成的小肌束也称为初级肌束,由数十条初级肌束集结在一起并由较厚的结缔组织膜包围就形成次级肌束(二级肌束)。由许多二级肌束集结在一起即形成肌肉块,外包一层较厚的结缔组织,称肌外膜。这些分布在肌肉中的结缔组织膜既起着支架的作用,又起着保护作用,血管、神经通过这三层膜穿行其中,伸入肌纤维的表面,以提供营养和传导神经冲动,此外,还有脂肪沉积其中,使肌肉断面呈大理石纹理。肌肉的横断面见图2.2。

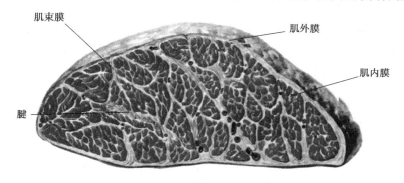

图2.2 肌肉的横断面

（2）脂肪组织

脂肪组织是胴体中仅次于肌肉组织的组成成分,具有较高的食用价值,对于改善肉质、提高风味有着重要的意义。脂肪在肉中的含量变化较大,为15% ~45%,取决于动物种类、品种、年龄、性别及肥育程度。脂肪组织是疏松状结缔组织的变形。动物消瘦时脂肪消失而恢复为原来的疏松状结缔组织纤维,这些纤维主要是胶原纤维和少量的弹性纤维。脂肪的构造单位是脂肪细胞,脂肪细胞或单个或群体地借助于疏松结缔组织连在一起,是动物体内最大的细胞,直径为30 ~120 μm,最大可达250 μm,细胞中心充满脂肪滴,细胞核被挤在周边。脂肪细胞外层有一层膜,膜由胶状的原生质构成,细胞核即位于原生质中。脂肪组织结构示意图见图2.3。脂肪细胞越大、脂肪滴越多,出油率越高。

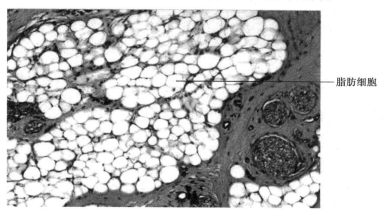

图2.3 脂肪组织结构示意图

脂肪在体内的蓄积,依动物的种类、品种、年龄、肥育程度不同而异。猪多蓄积在皮下、体腔、大网膜周围及肌肉间;羊多蓄积在尾根、肋间;牛蓄积在肌肉间、皮下;鸡蓄积在皮下、体腔、卵巢及肌胃周围。脂肪蓄积在肌束内使肉呈大理石状,肉质较好。脂肪在活体组织内起着保护器官和提供能量的作用,在肉中脂肪是风味的前体物质之一。脂肪组织中脂肪占87%～92%,水分占6%～10%,蛋白质占1.3%～1.8%。另还有少量的酶、色素及维生素等。

(3)结缔组织

结缔组织是构成肌腱、筋膜、韧带及肌肉内外膜、血管、淋巴结的主要成分,分布于体内各部,起到支持、连接各器官组织和保护组织的作用,使肌肉保持一定硬度,具有弹性。结缔组织是由细胞、纤维和无定形基质组成,一般占肌肉组织的9%～13%,其含量和肉的嫩度有密切关系。结缔组织的主要纤维有胶原纤维、弹性纤维、网状纤维3种,但以前两者为主。结缔组织结构示意图见图2.4。

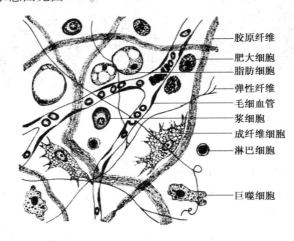

图2.4　结缔组织结构示意图

(4)骨组织

骨由骨膜、骨质及骨髓构成。骨髓分红骨髓和黄骨髓。红骨髓细胞较多,为造血器官,幼龄动物含量多;黄骨髓主要是脂肪,成年动物含量多。成年动物骨骼含量比较恒定,变动幅度较小。一般猪骨占胴体的5%～9%,牛为15%～20%,羊为8%～17%,兔为12%～15%,鸡为8%～17%。畜禽的骨组织主要用来制作骨粉、骨油、骨胶、骨泥。

2)肉的化学组成

畜禽肉类的化学成分受动物的种类、性别、年龄、营养状态及畜体的部位而有变动,且宰后肉内酶的作用,对其成分也有一定的影响,见表2.2。

表2.2　畜禽肉的化学组成

名　称	含量/%					热量/(J·kg⁻¹)
	水分	蛋白质	脂肪	碳水化合物	灰分	
牛肉	72.91	20.07	6.48	0.25	0.92	6 186.4
羊肉	75.17	16.35	7.98	0.31	1.92	5 893.8
肥猪肉	47.40	14.54	37.34	—	0.72	13 731.3
瘦猪肉	72.55	20.08	6.63	—	1.10	4 869.7

续表

名　称	含量/%					热量/(J·kg⁻¹)
	水分	蛋白质	脂肪	碳水化合物	灰分	
马肉	75.90	20.10	2.20	1.33	0.95	4 305.4
鹿肉	78.00	19.50	2.50	—	1.20	5 358.8
兔肉	73.47	24.25	1.91	0.16	1.52	4 890.6
鸡肉	71.80	19.50	7.80	0.42	0.96	6 353.6
鸭肉	71.24	23.73	2.65	2.33	1.19	5 099.6
骆驼肉	76.14	20.75	2.21	0.90	3 093.2	

另外,由于部位不同,肉的组成也不一样。猪肉各部位的组成见表2.3。

表2.3　猪肉各部位的化学组成

部位名称	水分/%	蛋白质/%	脂肪/%	灰分/%
腿肉	74.02	20.52	4.46	1.00
背肉	73.39	22.38	3.20	1.03
里脊	75.28	18.72	5.07	0.93
肋骨肉	65.02	17.05	17.14	0.78
肩肉	61.50	17.47	20.15	0.88
腹肉	58.40	15.80	25.09	0.71

（1）蛋白质

肌肉的蛋白质含量约为20%,肌肉除去水分后的干物质中4/5为蛋白质,肌肉中的蛋白质含有全部必需氨基酸,营养价值很高,依其构成位置和在盐溶液中溶解度可分成3种蛋白质,即肌原纤维蛋白、肌浆蛋白和基质蛋白。构成肌原纤维与肌肉收缩松弛有关的蛋白质约占55%;存在于肌原纤维之间溶解在肌浆中的蛋白质约占35%;构成肌鞘、毛细血管等结缔组织的基质蛋白质约占10%。这些蛋白质的含量依家畜种类的不同而变化（表2.4）。

表2.4　肌肉中蛋白质的构成比例

种　类	肌原纤维蛋白质/%			肌浆蛋白质/%	基质蛋白质/%
	肌球蛋白	肌动蛋白	肌动球蛋白		
家兔肉	2	18	31	34	15
小牛肉	30	20	1	24	25
猪肉	19	32	32	20	29
马肉	4	9	35	16	36

（2）脂肪

肌肉组织内的脂肪含量变化很大，少到 1%，多到 20%。随着动物种类的不同及胴体上部位的不同，肌肉中脂肪的含量不同，可分 3 类：肌肉间脂肪（可见的并可分割出来）、肌肉内脂肪（不可见的）、细胞间脂肪（使肉呈现大理石状）。

动物性脂肪主要成分是甘油三酯（三脂肪酸甘油酯），占 96%～98%，还有少量的磷脂和固醇脂。动物脂肪是混合甘油酯，含饱和脂肪酸多则熔点、凝固点高，含不饱和脂肪酸多则熔点和凝固点低。因此脂肪酸的性质决定了脂肪的性质。不同动物脂肪的脂肪酸组成不一样，鸡脂肪、猪脂肪含不饱和脂肪酸较多，牛脂肪和羊脂肪含饱和脂肪酸较多。肉类脂肪饱和脂肪酸以硬脂酸和软脂酸居多；不饱和脂肪酸以油酸居多，其次是亚油酸。不饱和脂肪酸中亚油酸、亚麻酸是构成动物组织细胞和机能代谢不可缺少的成分，这些成分是家畜自身不能合成的，必须从饲料中获得，所以这些脂肪酸为必需脂肪酸。磷脂以及胆固醇所构成的脂肪酸酯类是能量来源之一，也是构成细胞的特殊成分，它对肉类制品质量、颜色、气味具有重要作用。肌肉内脂肪的多少直接影响肉的多汁性和嫩度，脂肪酸的组成在一定程度上决定了肉的风味。

（3）浸出物

浸出物是指蛋白质、盐类、维生素等能溶于水的浸出性物质，包括含氮浸出物和无氮浸出物。浸出物成分主要有机物为核苷酸、嘌呤碱、胍化合物、氨基酸、肽、糖原、有机酸等。

（4）矿物质

肉类中的矿物质含量一般为 0.8%～1.2%。这些无机盐在肉中有的以游离状态存在，如镁、钙离子；有的以螯合状态存在，如肌红蛋白中含铁，核蛋白中含磷。肉是磷的良好来源。肉的钙含量较低，而钾和钠几乎全部存在于软组织及体液之中。钾和钠与细胞膜通透性有关，可提高肉的保水性。肉中尚含有微量的锰、铜、锌、镍等，其中锌与钙能降低肉的保水性。肾和肝的矿物质含量远高于肌肉组织，各种肉和器官中矿物质含量见表 2.5。

表 2.5　肉和器官组织中矿物质含量（以 100 g 计）

肉名称	钠/mg	钾/mg	钙/mg	镁/mg	铁/mg	磷/mg	铜/mg	锌/mg
生牛肉	69	334	5	24.5	2.3	276	0.1	4.3
生羊肉	75	246	13	18.7	1.0	173	0.1	2.1
生猪肉	45	400	4	26.1	1.4	223	0.1	2.1
脑	140	270	12	15.0	1.6	340	0.3	1.2
肾	197	263	9	17.0	6.0	280	0.5	2.3
肝	81	310	6	19.7	12.5	367	4.6	4.9

（5）维生素

维生素含量受肉畜种类、品种、年龄、性别、肌肉类型影响，肉中维生素含量不多，主要有 A、B_1、B_2、烟酸、叶酸、C、D 等。其中脂溶性维生素较少，但水溶性 B 族维生素含量较丰富。猪肉中维生素 B_1 的含量比其他肉类要多得多，而牛肉中叶酸的含量则又比猪肉和羊肉高。此外，某些器官如肝，几乎各种维生素含量都很高（表 2.6）。

表 2.6　每 100 g 鲜肉的维生素含量

维生素	牛　肉	猪　肉	羊　肉
维生素 A/μg	9	44	22
维生素 B$_1$/mg	0.07	1.0	0.15
维生素 B$_2$/mg	0.2	0.2	0.25
维生素 B$_6$/mg	0.3	0.5	0.4
维生素 B$_{12}$/μg	2	2	2
烟酸/mg	5.0	5.0	5.0
泛酸/μg	0.4	0.6	0.5
生物素/μg	3.0	4.0	3.0
叶酸/mg	10	3	3
维生素 C/mg	0	0	0
维生素 D/IU	微量	微量	微量

肉是 B 族维生素的良好来源,这些维生素主要存在于瘦肉中。猪肉的维生素 B$_1$ 含量受饲料影响,羊、牛等反刍动物的肉中维生素含量不受饲料的影响,因为其维生素的来源主要依赖瘤胃内微生物的作用。同种动物不同部位的肉,其维生素含量差别不大,但不同动物肉的维生素含量有较大的差异。

（6）水

水是肉中含量最多的组成成分。水在肉中分布不均匀,其中肌肉含水 70% ~80%,皮肤含水为 60% ~70%,骨骼含水为 12% ~15%。畜禽越肥,水分的含量越少,老年动物比幼年动物含量少。肉品中的水分含量及其保水性能直接影响肉及肉制品的组织状态、加工质量及贮藏性。水分含量与肉品贮藏呈函数关系,水分多,细菌、霉菌易繁殖,引起肉的腐败变质,肉脱水干缩不仅使肉品失重且影响肉的颜色、风味和组织状态,并引起脂肪氧化,肉中的水分存在形式大致可分为 3 种。

①结合水　结合水是指在蛋白质等分子周围,借助分子表面分布的极性基团与水分子之间的静电引力而形成的一薄层水分。结合水与自由水的性质不同,它的蒸汽压极低,冰点约为 -40 ℃,不能作为其他物质的溶剂,不易受肌肉蛋白质结构的影响,甚至在施加外力条件下,也不能改变其与蛋白质分子紧密结合的状态。肉中结合水的含量,占全部水量的 15% ~25%。通常这部分水在肌肉的细胞内部。

②不易流动的水（准结合水）　不易流动的水是指存在于纤丝、肌原纤维及膜之间的一部分水,此水层距离蛋白质亲水基较远,水分子虽然有一定朝向性,但排列不够有序,易受蛋白质结构和电荷变化的影响,肉的保水性能主要取决于肌肉对此类水的保持能力。肉中的水大部分以这种形式存在,占总水分的 60% ~70%,这些水能溶解盐及其他物质,在 -1.5 ~0 ℃结冰。

③自由水　指存在于细胞外间隙中能自由流动的水,它们不依电荷基而定位排序,仅靠毛细管作用力而保持,自由水约占总水分的 15%。

知识 2.1.2　肉的食用品质

肉类及其制品是人类膳食中不可缺少的优质蛋白质来源。一般而言,肉制品品质是指与鲜肉或加工肉的外观、适口性和营养价值等有关理化性质的综合,包括 4 个方面:感官品质、加工品质、营养价值和卫生质量或安全性。肉的食用品质主要包括肉的颜色、系水力、嫩度、多汁性、质地和风味等,是决定肉类商品价值最重要的因素。这些性质都与肉的形态结构、动物种类、年龄、性别、肥度、部位、宰前状态和冻结程度等因素有关,影响肉在加工过程中的工艺参数和肉制品的质量。

1)肉色

(1)肉色呈色机理

肉的颜色主要取决于肌肉中的色素物质肌红蛋白和血红蛋白。肌红蛋白占肉中色素的 80% ~ 90%,占主导地位。所以,肌红蛋白的多少和化学状态变化造成不同动物、不同肌肉的颜色深浅不一,使得肉色千变万化,从紫色到鲜红色、从褐色到灰色,甚至还会出现绿色。

肌红蛋白中铁离子的价态(还原态的 Fe^{2+} 和氧化态的 Fe^{3+})和与 O_2 结合的位置是导致其颜色变化的原因。在活体组织中,肌红蛋白呈紫红色,与氧结合可生成鲜红色的氧合肌红蛋白,是新鲜肉的象征;肌红蛋白和氧合肌红蛋白均可以被氧化生成高铁肌红蛋白,呈褐色,使肉色变暗;有硫化物存在时肌红蛋白还可被氧化生成硫代肌红蛋白,呈绿色,是一种异色;肌红蛋白与亚硝酸盐反应可生成亚硝基肌红蛋白,呈粉红色,是腌肉的典型色泽;肌红蛋白加热后蛋白质变性形成球蛋白氯化血色原,呈灰褐色,是熟肉的典型色泽。如果不采取任何措施,一般肉的颜色将经过两个转变:第一个是由紫红色转变为鲜红色,在肉置于空气 30 min 内就发生,第二个是由鲜红色转变为褐色,其转变时间为几个小时至几天(图 2.5)。

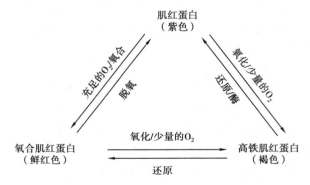

图 2.5　肌红蛋白不同化学状态的相互转化过程

(2)影响肉色变化的因素

①环境中的氧含量　氧分压的高低决定肌红蛋白是形成氧合肌红蛋白还是高铁肌红蛋白,从而直接影响肉的颜色。

②湿度　环境中湿度大,则肌红蛋白氧化速度慢,因在肉表面有水气层,影响氧的扩

散,湿度低且空气流速快,则加快高铁肌红蛋白的形成,使肉色褐变加快。如牛肉在8 ℃冷藏时相对湿度70%时,则2 d变褐色,相对湿度为100%时,则4 d变褐色。

③温度　环境温度高会促进氧化,温度低则氧化得慢,如牛肉3～5 ℃贮藏9 d变褐色,0 ℃时贮藏18 d才变褐色。因此,尽可能在低温下贮存牛肉。

④pH　动物在宰后一般pH均速下降,终pH为5.6左右,肉的颜色正常。肌肉pH下降过快可能会造成蛋白质变性、肌肉失水、肉色灰白,产生PSE肉,这种肉在猪肉中较为常见。终pH一般是指成熟结束时肌肉的最终pH,主要与动物屠宰时肌糖原含量有关。肌糖原含量过低时,肌肉终pH偏高(>6.0),肌肉呈深色(黑色),在牛肉中较为常见,如DFD肉、黑切牛肉和牛胴体黑色斑纹等;肌糖原含量过高时,肌肉终pH偏低(<5.5),会产生酸肉或PSE肉,这种肉的颜色苍白,但质地和保水性较差。

⑤微生物　肉贮藏时污染微生物会致使肉表面颜色的改变,微生物分解蛋白质使肉色污浊,霉菌则在肉表面形成白色、红色、绿色、黑色等色斑或发出荧光。

正常猪肉与异色猪肉见图2.6、正常牛肉与异色牛肉见图2.7。

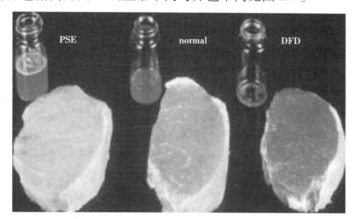

图2.6　正常猪肉与异色猪肉,左为PSE肉,中为正常猪肉,右为DFD肉

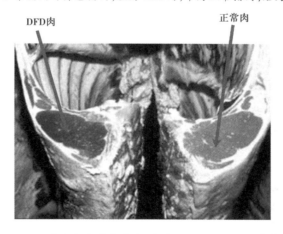

图2.7　正常牛肉与异色牛肉,左为DFD肉,右为正常牛肉

2)嫩度

嫩度是肉的主要食用品质之一,是指肉在咀嚼或切割时所需的剪切力,表明肉在被咀

嚼时柔软、多汁和容易嚼烂的程度,它是消费者评判肉质优劣的最常用指标,反映了肉的质地。

（1）影响嫩度的因素

影响嫩度的因素很多,一般分为宰前因素和宰后因素。

①宰前因素

影响肉的嫩度的宰前因素很多,有动物物种、品种、年龄和性别以及肌肉部位等。这些因素之所以影响肉的嫩度,是因为它们的肌纤维粗细、质地以及结缔组织质量和数量有着明显的差异,而肌纤维的粗细及结缔组织的质地是影响肉嫩度的主要内在因素。

a. 物种、品种及性别　一般来说,畜禽体型越大,其肌纤维越粗太,肉也越老。在其他条件一致的情况下,一般公畜的肌肉较母畜粗糙,肉也较老。

b. 年龄　动物年龄越小,肌纤维越细,结缔组织的成熟交联越少,肉也越嫩。归纳起来,年龄增加使肉嫩度下降是因为:结缔组织成熟交联增加、肌纤维变粗、胶原蛋白的溶解度下降并对酶的敏感性下降。

c. 肌肉部位　不同部位的肌肉因功能不同,其肌纤维粗细,结缔组织的量和质差异很大。一般来说运动越多,负荷越大的肌肉因其有强壮致密的结缔组织支持,所以这些部位肌肉要老,如腿部肌肉就比腰部肌肉老。

②宰后因素

a. 尸僵与成熟　动物被屠宰后,肌动蛋白和肌球蛋白由于屠宰刺激形成结合的肌动球蛋白因缺乏能量而不能像活体那样分开,肌肉自身的收缩和延伸性丧失,导致肌肉僵直。僵直期许多肌肉处于收缩状态,而肌肉收缩程度与肉的嫩度呈负相关,所以僵直期的肉嫩度最差。肉在僵直后即进入成熟阶段,在成熟过程中降解了一些关键性蛋白质,破坏了原有肌肉结构支持体系,使结缔组织变得松散,从而导致肉的牢固性下降,肉就变得柔嫩。

b. 温度　肌肉收缩程度与温度有很大关系。一般来说,在 15 ℃ 以上,与温度呈正相关,温度越高,肌肉收缩越剧烈。如果在夏季室外屠宰,没有冷却设施,其肉就会变得很老;在 15 ℃ 以下,肌肉的收缩程度与温度呈负相关,也就是说,温度越低,收缩程度越大,所谓的冷收缩,就是在低温条件下形成的。经测定在 2 ℃ 条件下肌肉的收缩程度与 40 ℃ 一样大。

c. 烹调加热　加热对肌肉嫩度有双重效应,既可以使肉变嫩,又可使其变硬,取决于加热的温度和时间。加热可引起肌肉蛋白质变性,使其发生凝固、凝集短缩现象,当温度在 65 ～ 75 ℃ 时,肌肉纤维的长度会收缩 25% ～ 30%,使肉的嫩度降低,而结缔组织在 60 ～ 65 ℃ 会短缩,而超过这一温度会逐渐转变为明胶,使肉的嫩度得到改善。结缔组织中弹性蛋白对热不敏感,因此,有些肉虽然经过很长时间的煮制但仍很老,与肌肉中弹性蛋白的含量有关。

为兼顾肉的嫩度和滋味,对各种肉的煮制中心温度建议为:猪肉 77 ℃,鸡肉 77 ～ 82 ℃,牛肉按消费者的嗜好分为半熟（58 ～ 60 ℃）、中等半熟（66 ～ 68 ℃）、中等熟（73 ～ 75 ℃）和熟透（80 ～ 82 ℃）。

除此之外,宰后对肌肉嫩度影响因素还有电刺激、酶等,影响肉嫩度的因素及其作用结果综合列于表 2.7。

表 2.7 影响肉嫩度的因素及其作用结果

因　素	作用结果
年龄	年龄越大,肉也越老
运动	一般运动多的肉较老
性别	公畜肉一般较母畜和阉畜肉老
大理石纹	与肉的嫩度有一定程度的正相关
成熟	改善嫩度
品种	不同品种的畜禽肉在嫩度上有一定差异
电刺激	可改善嫩度
成熟	特指将肉放在 10～15 ℃环境中解僵,这样可以防止冷收缩
肌肉	肌肉不同,嫩度差异很大,源于其中的结缔组织的量和质不同所致
僵直	动物宰后将发生死后僵直,此时肉的嫩度下降,僵直过后,成熟肉的嫩度得到恢复
解冻僵直	导致嫩度下降,损失大量水分

3)风味

肉的风味大都通过烹调后产生,生肉一般只有咸味、金属味和血腥味。当肉加热后,前体物质反应生成各种呈味物质,赋予肉以滋味和芳香味。肉的风味由肉的滋味和香味组合而成,滋味的呈味物质是非挥发性的,主要靠人的舌面味蕾(味觉器官)感觉,经神经传导到大脑反应出味感。香味的呈味物质主要是挥发性的芳香物质,主要靠人的嗅觉细胞感受,经神经传导到大脑产生芳香感觉,如果是异味物,则会产生厌恶感和臭味的感觉。风味是食品化学的一个重要领域,用高分辨率气相色谱、质谱、气质联用和高效液相色谱等技术已鉴定出熟肉中与风味有关的物质已超过 1 000 种。

(1)滋味物质

肉中的一些非挥发性物质与肉滋味的关系,其中甜味来自葡萄糖、核糖和果糖等;咸味来自一系列无机盐和谷氨酸盐及天门冬氨酸盐;酸味来自乳酸和谷氨酸等;苦味来自一些游离氨基酸和肽类,鲜味来自谷氨酸钠以及核苷酸等。肉中的滋味物质见表 2.8。

表 2.8 肉中的滋味物质

滋　味	化合物
甜	葡萄糖、果糖、核糖、甘氨酸、丝氨酸、苏氨酸、赖氨酸、脯氨酸、羟脯氨酸
咸	无机盐、谷氨酸钠、天冬氨酸钠
酸	天冬氨酸、谷氨酸、组氨酸、天冬酰胺、琥珀酸、乳酸、二氢吡咯羧酸、磷酸
苦	肌酸、肌酐酸、次黄嘌呤、鹅肌肽、肌肽、其他肽类、组氨酸、精氨酸、蛋氨酸、缬氨酸、亮氨酸、异亮氨酸、苯丙氨酸、色氨酸、酪氨酸
鲜	谷氨酸钠、5′-IMP、5′-GMP、其他肽类

（2）芳香物质

生肉不具备芳香性，烹调加热后一些芳香前体物质经脂肪氧化、美拉德褐变反应以及硫胺素降解产生挥发性物质，赋予熟肉芳香性。据测定，芳香物质的90%来自脂质反应，其次是美拉德反应，硫胺素降解产生的风味物质比例最小。虽然后两者反应所产生的风味物质在数量上不到10%，但并不能低估它们对肉风味的影响，因为肉风味主要取决于最后阶段的风味物质，另外对芳香的感觉并不绝对与数量呈正相关。有资料表明硫化物占牛肉总芳香物质的20%，是牛肉风味形成的主要物质；羊肉含的羧酸低于其他肉类；醛和酮是禽肉中主要的挥发性物质；腌猪肉则会有较多的醇和酚，这可能与蒸烟熏有关。

4）保水性

肉的保水性即持水性、系水性，是指在外力作用下（如受压、加热、切碎搅拌、冻结、解冻等）保持水分的能力，或在向肉中添加水分时的水合能力。保水性与肉的嫩度及产品出品率有直接关系。

影响保水性的因素很多，宰前因素包括品种、年龄、宰前运输、囚禁和饥饿、能量水平、身体状况等。宰后因素主要有屠宰工艺、胴体贮存、尸僵开始时间、熟化、肌肉的解剖学部位、脂肪厚度、pH 的变化、蛋白质水解酶活性和细胞结构，以及加工条件如切碎、盐渍、加热、冷冻、融冻、干燥、包装等。最主要的是 pH（乳酸含量）、ATP（能量水平）、加热和盐渍。

①pH 对保水性的影响　pH 对保水性的影响实质是蛋白质分子的净电荷效应。肉的 pH 决定着蛋白质所带电荷数的多少。当 pH 在 $5.0 \sim 5.5$ 时，接近肌球蛋白的等电点，保水性最差。任何影响肉 pH 变化的因素或处理方法均可影响肉的保水性，在实际肉制品加工中常用添加磷酸盐的方法来调节 pH 至 5.8 以上，以提高肉的保水性。

②空间效应对保水性影响（尸僵）　动物死亡后由于没有足够的能量解开肌动球蛋白，肌肉处于收缩状态，其中空间减少，导致保水性下降，随着成熟的发生，尸僵逐渐消失，保水性又重新回升。

③加热过程保水性的变化　肉加热时保水性明显降低，肉汁渗出。这是由于蛋白质受热变性，使肌纤维紧缩，空间变小，不易流动水被挤出。

④盐　盐对肌肉保水性的影响取决于肌肉的 pH，当 pH > 等电点（IP），盐可提高保水性，当 pH < IP 时，盐起脱水作用使保水性下降，这是因为 NaCl 中的 Cl^- 离子，当 PH > IP，Cl^- 提高净电斥力，蛋白质分子内聚力下降，网状结构松弛，保留较多的水分。当 pH < IP，Cl^- 降低电荷的斥力，使网状结构紧缩，导致保水性下降。

2.2　工作任务

任务　肉的贮藏保鲜

肉中含有丰富的蛋白质等营养物质，且水分活度较高，在加工、运输、贮藏和消费过程中，如果控制不当，很容易受内外环境因素的影响，导致微生物污染，或发生酶促反应，使肉发生腐败变质,导致营养成分的损失,甚至危害人体健康。因此,肉的保鲜非常重要,其保鲜方法有冷却保鲜、冷冻保鲜、辐射保鲜、真空保鲜、气调包装等。

1)冷却保鲜

冷却保鲜是常用肉贮藏的最好方法之一。这种方法将肉品冷却到0 ℃左右,不会引起动物组织的根本变化,却能抑制微生物的生命活动,延缓由组织酶、氧以及热和光的作用而产生的化学的和生物化学的过程,可适宜于保存在短期内加工的肉类和不宜冻藏的肉制品。

(1)冷却方法

在每次进肉前,使冷却间温度预先降到 -3 ~ -2 ℃,进肉后经14 ~ 24 h的冷却,待肉的温度达到0 ℃左右时,使冷却间温度保持在0 ~ 1 ℃。在空气温度为0 ℃左右的自然循环条件下所需冷却时间为:猪、牛胴体及副产品24 h,羊胴体18 h,家禽12 h。

(2)冷却肉的贮藏及贮藏期的变化

①冷藏条件 肉在冷却状态下冷藏的时间取决于冷藏环境的温度和湿度。肉的冷却过程中,空气流速一般控制在0.5 ~ 1 m/s,否则会显著提高肉的干耗,冷却初期冷却间的相对湿度宜在95%以上,后期则以90%左右为宜。

②冷藏过程中肉的变化 低温冷藏的肉类、禽等,由于微生物的作用,使肉品的表面发黏、发霉、变软,并有颜色的变化和产生不良的气味。在较低的温湿度条件下,能很好地保持肌肉的鲜红色,且持续时间也较长。当湿度为100%时,16 ℃条件下肌肉变为褐色的时间不到2 d;在0 ℃时可延长10 d以上;如温度相同,都在4 ℃条件下,湿度为100%时,鲜红色可保持5 d以上,若湿度70%时缩短到3 d。空气的流动速度大,会促进肉表面的干耗,从而促进肉的氧化。为了提高冷藏效果,气调冷藏在肉类冷藏领域已被应用。除此之外,还有少数肉会变成绿色、黄色、青色等,这都是由于细菌、霉菌的繁殖,使蛋白质分解所产生的特殊现象。肉在冷藏中,初期干耗量较大。时间延长,单位时间内的干耗量减少。冷藏期超过72 h,每天的质量损失约0.02%。另外,冷藏期的干耗与空气湿度有关。湿度增大,干耗减小。

2)冷冻保鲜

温度在冰点以上,对酶和微生物的活动及肉类的各种变化,只能在一定程度上有抑制作用,不能终止其活动。所以肉经冷却后只能作短期贮藏。如要长期贮藏,需要进行冻结,即将肉的温度降低到 -18 ℃以下,肉中的绝大部分水分(80%以上)形成冰结晶。该过程称其为肉的冻结。

(1)肉冻结前处理

冻结前的加工大致可分为3种方式:

①胴体劈半后直接包装、冻结;

②将胴体分割、去骨、包装、装箱后冻结;

③胴体分割、去骨然后装入冷冻盘冻结。

(2)冻结过程

一般肉类冰点为 -1.7 ~ -2.2 ℃。达到该温度时肉中的水即开始结冰。在冻结过程中,首先是完成过冷状态。肉的温度下降到冻点以下也不结冰的现象称为过冷状态。在过冷状态,只是形成近似结晶而未结晶的凝聚体。温度进一步下降,立即放出潜热向冰晶体转化,温度降到冰点并析出冰结晶。随着水分冻结,冰点下降,温度降至 −5 ~ −10 ℃时,组织中的水分有80% ~90%已冻结成冰。通常将这以前的温度称为冰结晶的最大生成区。温度继续降低,冰点也继续下降,当达到肉汁的冰晶点,则全部水分冻结成冰。肉汁的冰晶点为 −62 ~ −65 ℃。肉汁中冻结水分与总水分之比称为冻结率。冻结率的计算方法如下:

$$冻结率 = 1 - \frac{肉的冰晶点}{冻结肉的温度}$$

(3)冻结的方法和冻结速度

依冻结介质分为空气冻结法、间接冻结法、直接接触冻结法。空气冻结法是以空气为冷却介质的一种冻结方法,经济方便,应用广泛,但速度较慢。间接冻结法和直接接触冻结法不太常用。一般在生产上冻结速度常用所需的时间来区分。如中等肥度猪半胴体由0 ~ 4 ℃冻结至 −18 ℃,需24 h 以下为快速冻结;24 ~ 48 h 为中速冻结;若超过48 h 则为慢速冻结。肉的冻结最佳时间,取决于屠宰后肉的生物化学变化。尸僵前冻结,短时间贮藏后,解冻时肉缺乏坚实性和风味,有待解冻后成熟时改善。尸僵中冻结,由于肉保水性低,易引起肉汁流失。解僵后冻结,由于保水性得到部分恢复,硬度降低,肉汁流失较少,并且比尸僵肉在解冻后解体处理时容易分割。

(4)冻结工艺

冻结工艺分为一次冻结和二次冻结。

①一次冻结　宰后鲜肉不经冷却,直接送进冻结间冻结。冻结间温度为 −25 ℃,风速为1 ~ 2 m/s,冻结时间16 ~ 18 h,肉体深层温度达到 −15 ℃,即完成冻结过程,出库送入冷藏间贮藏。

②二次冻结　宰后鲜肉先送入冷却间,在0 ~ 4 ℃温度下冷却8 ~ 12 h,然后转入冻结间,在 −25 ℃条件下进行冻结,一般16 ~ 18 h 完成冻结过程。

一次冻结与二次冻结相比,加工时间可缩短约40%,减少大量的搬运,提高冻结间的利用率,干耗损失少。但一次冻结对冷收缩敏感的牛、羊肉类,会产生冷收缩和解冻僵直的现象,故一些国家对牛、羊肉不采用一次冻结的方式。二次冻结肉质较好,不易产生冷收缩现象,解冻后肉的保水性好,汁液流失少,肉的嫩度好。

(5)冻结肉的冷藏

冻结肉冷藏间的空气温度通常保持在 −18 ℃以下,在正常情况下温度变化幅度不得超过1 ℃。在大批进货、出库过程中一昼夜不得超过4 ℃。冻结肉类的保藏期限取决于保藏的温度、入库前的质量、种类、肥度等因素,其中主要取决于温度。因此,对冻结肉类应注意掌握安全贮藏,执行先进先出的原则,并经常对产品进行检查。冻结肉的冷藏条件和期限见表2.9。

表2.9　冻结肉类的冷藏条件和期限

肉的种类	温度/℃	相对湿度/%	贮藏期限/月
牛肉	−18 ~ −23	90 ~95	9 ~12
小牛肉	−18	90 ~95	8 ~10

续表

肉的种类	温度/℃	相对湿度/%	贮藏期限/月
猪肉	$-18 \sim -23$	$90 \sim 95$	$7 \sim 10$
猪肉	-29	$90 \sim 95$	$12 \sim 14$
猪肉片	-18	$90 \sim 95$	$6 \sim 8$
猪肉	-18	$90 \sim 95$	$3 \sim 12$
羊肉	$-18 \sim -23$	$90 \sim 95$	$8 \sim 11$
兔肉	$-18 \sim -23$	$90 \sim 95$	$6 \sim 8$
禽类	-18	$90 \sim 95$	$3 \sim 8$
内脏(包装)	-18	$90 \sim 95$	$3 \sim 4$

（6）冻结肉的解冻

解冻是冻肉消费或进一步加工前的必要步骤,是将冻肉内冰晶体状态的水分转化为液体,同时恢复冻肉原有状态和特性的工艺过程。解冻实际上是冻结的逆过程。解冻肉的质量与解冻速度和解冻温度有关。缓慢解冻和快速解冻有很大差别。

解冻的方法很多,但常用的有以下两种:

①空气解冻法　将冻肉移放到解冻间,靠空气介质与冻肉进行热交换解冻的方法。一般把在 $0 \sim 5$ ℃空气中解冻称为缓慢解冻,在 $15 \sim 20$ ℃空气中解冻称为快速解冻。

②液体解冻法　液体解冻法主要用水浸泡或喷淋的方法。其优点是解冻速度较空气解冻快。缺点是耗水量大,同时还会使部分蛋白质和浸出物损失,肉色淡白,香气减弱。水温 10 ℃,解冻 20 h;水温 20 ℃,解冻 $10 \sim 11$ h。解冻后的肉,因表面湿润,需放在空气温度 1 ℃左右的条件下晾干。如果封装在聚乙烯袋中再放在水中解冻则可以保证肉的质量。在盐水中解冻,盐会渗入肉的浅层。腌制肉的解冻可以采用这种方法。猪肉在温度 6 ℃的盐水中 10 h 可以解冻,肉汁损失仅为 0.9%。

此外还有蒸汽解冻法、微波解冻法、真空解冻法。

3）气调包装

鲜肉的气调包装就是利用适合保鲜的保护气体置换包装容器内的空气,抑制微生物生长和酶促腐败,结合调控温度以达到长期保存和保鲜的一种技术。O_2、N_2、CO_2 是鲜肉气调贮藏中常用的气体。

（1）CO_2

CO_2 是气调包装的抑制剂,对大多数需氧菌和霉菌的繁殖有较强的抑制作用。CO_2 也可延长细菌生长的滞后期和降低其对数增长期的速度,但对厌氧菌和酵母菌无作用。由于 CO_2 可溶于肉中,降低了肉的 pH 值,可抑制某些不耐酸的微生物。但 CO_2 对塑料包装薄膜具有较高的透气性和易溶于肉中,导致包装盒塌落,影响产品外观。因此,若选用 CO_2 作为保护气体,应选用阻隔性较好的包装材料。

（2）O_2

O_2 对鲜肉的保鲜作用主要有两方面:抑制鲜肉贮藏时厌氧菌繁殖;在短期内使肉色呈

鲜红色,易被消费者接受。但氧的加入使气调包装肉的贮存期大大缩短。在 0 ℃条件下,贮存期仅为 2 周。

（3）N_2

N_2 是惰性气体,对肉的色泽和微生物没有影响,氮对塑料包装材料透气率很低,可作为混合气体缓冲或平衡气体,并可防止因 CO_2 逸出包装盒受大气压力压蹋。

气调保鲜肉用的气体须根据保鲜要求选用由一种、二种或三种气体按一定比例组成的混合气体。欧美大多国家以 80% O_2 + 20% CO_2 方式零售包装,货架期为 4 ~ 6 d。

4）辐射保鲜

肉类辐射保鲜是利用放射性核素发出的 γ 射线或利用电子加速器产生的电子束或 χ 射线,在一定剂量范围内辐照肉,杀灭其中的病原微生物及其他腐败细菌,或抑制肉品中某些生物活性物质和生理过程,从而达到保藏或保鲜的目的。

（1）辐照保鲜的优点

辐照能很好地保持食品的色、香、味、形等新鲜状态和食用品质,一般在常温下进行,辐照时几乎不引起内部温度的升高,故能保持食品的外观形态和食用风味。由于辐照产生的射线穿透力强,可杀灭深藏于肉中的害虫、寄生虫和微生物,起到化学药品和其他处理方法所不能及的作用,能处理不同类型的肉类,无污染、无残留、安全卫生,整个工序可连续操作,易于自动化,耗能低,可以节约能源。

（2）辐照剂量的确定

辐照处理的剂量和处理后的贮藏条件往往会直接影响其效果,一定范围内辐照剂量越高,保持时间越长,各种肉类辐照剂量与保藏时间见表 2.10。

表 2.10　各种肉类辐照剂量与保藏时间

肉　类	辐照剂量/KGy	保藏时间
鲜猪肉	^{60}Coγ 射线 15	常温保存 2 个月
鸡肉	γ 射线 2 ~ 7	延长保藏时间
牛肉	γ 射线 5	3 ~ 4 周
	10 ~ 20	3 ~ 6 个月
羊肉	γ 射线 47 ~ 53	灭菌保鲜
猪肉肠	γ 射线照射	减少亚硝酸盐用量
	47 ~ 53	灭菌保藏
腊肉罐头	^{60}Coγ 射线 45 ~ 56	灭菌保藏

（3）辐照肉品的卫生安全性

辐照肉品的卫生安全性是辐照肉品研究的重要问题,其研究范围包括 5 个方面:有无残留放射性及诱导放射性;辐照肉品的营养卫生;有无病原菌的危害;辐照肉品有无产生毒性;有无致畸、致癌、致突变效应。对于鲜肉而言,辐照保鲜是一种非常有效的方法,可杀灭大多数肉品腐败菌和病原菌而不影响产品品质,并延长保质期。

5)化学保鲜

肉的化学保鲜是在肉类生产和贮运过程中,使用化学制品来提高肉的贮藏性,尽可能保持它原有品质的一种方法,具有简便而经济的特点。化学保鲜所用的化学制剂,必须符合食品添加剂的一般要求,对人体无毒害作用。常用的化学保鲜剂包括有机酸及其盐类(山梨酸及其钾盐、苯甲酸及其钠盐、对羟基苯甲酸酯类等)、脂溶性抗氧化剂(丁基羟基茴香脑(BHA)、二丁基羟基甲苯(BHT)、特丁基对苯二酚(TBHQ)、没食子酸丙酯(PG)、水溶性抗氧化剂(抗坏血酸及其盐类)、天然抗菌剂(乳酸链球菌素、溶菌酶等)。迄今为止,尚未发现一种完全无毒、经济实用、抑菌广谱并适用于各种肉品的理想防腐保鲜剂。

思考练习

1.试述肉的组织结构。
2.试述肉的化学组成。
3.简述肉色的变化机理,影响肌肉颜色变化的因素有哪些?
4.什么是肉的保水性? 影响肌肉保水性的因素有哪些?
5.简述影响肉嫩度的因素。
6.对肉进行真空包装有何优缺点?
7.气调包装常用的气体有哪些? 各有何作用?
8.简述辐射对肉制品品质的影响及其原理。

实训操作

实训操作　肉品保鲜

1)目的要求

使学生了解肉品贮藏保鲜的原理,掌握肉品冷藏、真空保鲜、化学保鲜技术。

2)材料用具

(1)原料　新鲜猪肉。

(2)用具、试剂　冰箱、真空包装机、真空包装袋、二丁基羟基甲苯。

3)方法步骤

(1)冷藏法　取新鲜猪肉2 kg,分别放入塑料袋内封口,一组放入(0~4 ℃)冰箱内,另一组放在常温下作对照,观察肉品的腐败程度。

(2)化学保鲜剂保鲜　取新鲜猪肉2 kg,分成两组,一组用二丁基羟基甲苯

(0.2 g/kg),并置于(0~4 ℃)冰箱内;另一组用二丁基羟基甲苯(0.2 g/kg)处理,置于常温下对照,观察肉品的腐败程度。

(3)真空包装保鲜 取新鲜猪肉2 kg,分成两组,分别装入真空包装袋包装,抽真空,一组放入(0~4 ℃)冰箱内,另一组放在常温下作对照,观察肉品的腐败程度。

将以上处理按要求分别置于一定条件下贮藏,每隔4 h测定质量指标(色泽、气味、煮沸后肉汤及理化指标),对照保鲜效果。

4)实训作业

记录所观察的现象及数据,写出实训报告。

项目3
腌腊肉制品

了解腌腊的概念，以及肉制品中常用的腌制剂种类，重点掌握腌制原理；熟悉腌腊肉制品的种类，掌握常见的腌制的方法；掌握腌制加工的发色原理、护色原理以及质地改善机理，并了解其具体应用。

技能目标

掌握几种常见腌腊肉制品操作注意事项，熟悉制作配方。能制作常见的腌腊肉制品。

 知识点

腌腊及腌腊肉制品的概念；腌腊的方法、腌腊操作注意事项；腌腊加工工艺。

3.1　相关知识

知识 3.1.1　肉的腌制

所谓"腌腊肉制品"是指畜禽肉类经过加盐或盐卤和香料进行腌制,又通过低温的自然风干成熟加工而成的,具有肉质紧密硬实、色泽红白分明、滋味咸鲜可口、便于携带和保存等优点,主要传统中式产品有腊肉、咸肉、板鸭、腊肠、香肚、中式火腿等;西式产品有培根和萨拉米干香肠和半干香肠。其中腌制过程指用食盐或以食盐为主,并添加硝酸钠(或钾)、蔗糖和香料等腌制材料处理肉类的过程。在这个过程中,通过食盐或糖渗入食品组织中,降低它们的水分活度,提高它们的渗透压,借以有选择地控制微生物的活动和发酵,抑制腐败菌的生长,从而防止肉品腐败变质。因此,腌制已成为肉制品加工过程中一个重要的工艺环节。

1) 腌制成分

肉类腌制使用的主要腌制辅料为食盐、硝酸盐(亚硝酸盐)、糖类、抗坏血酸盐。

(1)食盐

食盐是肉类腌制过程中最重要的成分之一,对于风味、防腐、保水性起到非常重要的作用。我国肉制品的食盐用量一般规定是:腌腊制品 2.5% ~ 10%,其中灌肠制品 2.5% ~ 3.5%。同时根据季节的不同,夏季用盐量比春、秋、冬季要适量增加 0.5% ~ 1.0%。

①增味　食盐使产品具有一定的咸味,肉制品中含有大量的蛋白质、脂肪等成分具有的鲜味,常常要在一定浓度的咸味下才能表现出现,不然就淡而无味。尤其是腌腊肉制品中的呈味氨基酸、小肽以及核苷酸的鲜味在食盐作用下能显著增强。

②防腐　食盐同时具有抑菌作用。

(2)糖类

常用的糖类有蔗糖、葡萄糖、乳糖。其作用主要有调味、助色作用,改善质地,促进发酵等作用。

①调味、助色　糖类首先能提供让人愉快的甜味,在一定程度上可以缓和腌制品的咸味。另外葡萄糖等还原糖可以与肉中含硫氨基酸发生美拉德反应(羰氨反应),其最终产物对食品的风味具有一定的改善作用,其中,美拉德反应的产物会使肉制品颜色加深,也就是通常讲的褐变。

②改善质地　糖类与食盐一样具有较高的溶解度,其分子通过氢键的作用与水分子之间形成紧密的结合度,因此可以提高肉类的保水性从而改善肌肉组织状态,增加产品嫩度。

③促进发酵　糖类可以提高肉的渗透压,故可以一定程度上抑制部分微生物的生长,但对乳酸菌和酵母的抑制作用较低,反而可以为其提供生长所需的营养,因此需发酵成熟的肉制品中添加糖类,有助于发酵的进行。

（3）硝酸盐（亚硝酸盐）

腌肉中使用硝酸盐（亚硝酸盐）的目的主要有呈色、抑菌和增味3个方面的作用。

①呈色作用　使腌腊肉制品呈现稳定的玫瑰红色。

②抑制肉毒梭状芽孢杆菌的生长　由于其亚硝酸钠本身具有一定的还原性，因此可以抑制其他类型腐败菌的滋生。

③有助于腌腊肉制品独特风味的产生，抑制蒸煮味。

值得强调的是，亚硝酸盐容易与肉中蛋白质分解产物二甲胺作用，生成二甲基亚硝胺。这种物质可以从各种腌制肉制品中分离出来，具有一定的致癌性，因此在腌腊肉制品中，硝酸盐（亚硝酸盐）的用量应尽可能降到最低限度。美国农业部食品安全检察署（FSIS）仅允许在肉的干腌品或干香肠中使用硝酸盐（亚硝酸盐），干腌品最大使用量是 2.2 g/kg，干香肠为 1.7 g/kg。我国规定，在肉类制品中亚硝酸盐最大使用量为 0.15 g/kg，在这个限量下根据肉类原料的色泽蛋白的数量及气温情况变动。

（4）抗坏血酸和异抗坏血酸

在肉的腌制中使用抗坏血酸和异抗坏血酸的作用，主要是利用其本身的还原性及微量的酸性。体现在助色、稳定风味和减少亚硝胺形成等作用。目前多数腌腊肉制品均使用 550 mg/kg 的抗坏血酸和异抗坏血酸。

①增强硝酸盐（亚硝酸盐）产生 NO，使发色过程加速。例如，在法兰克福香肠中使用，可以缩短1/3的腌制时间。

②起到抗氧化剂的作用，抑制肉制品体系中自由基的作用，从而稳定腌腊肉制品的颜色和风味。

③在一定条件下，其还原作用可以减少亚硝胺形成的量。

2）腌制方法

肉制品腌制的方法很多，主要包括干腌、湿腌、注射腌制以及混合腌制。不论采用何种方法，腌制时都要求腌制剂渗入到食品内部深处，并均匀地分布在其中，这时腌制过程才基本完成，因而腌制时间主要取决于腌制剂在食品内均匀分布所需要的时间。肉品经过腌制后能提高它的耐藏性，同时也可以改善食品质地、色泽和风味。

（1）干腌法

干腌是利用食盐或混合盐涂擦在肉的表面，然后层堆在腌制架上或层装在腌制容器内，依靠外渗汁液形成盐液进行腌制的方法，开始时仅加食盐，不加盐水，故称干腌法。在食盐的渗透压和吸湿性的作用下，使肉的组织液渗出水分并溶解在其中，形成食盐溶液（即卤水）。腌制剂在卤水的作用下通过扩散向肉制品内部渗透，比较均匀地分布在肉制品内。但盐水形成缓慢，盐分向肉内部渗透也比较慢，腌制时间较长。由于腌制剂使用在肉的表面，它对肉的表面污染的微生物有抑制作用，但因腌制时间长，微生物很易沿骨骼进入深层肌肉，而食盐进入深层的速度缓慢，很容易造成肉的内部变质。

干腌法作为一种加工技术，工艺过程虽然简单，生产条件却不易控制。优点是操作简便，制品较干，易于保存，营养成分损失少，制品的风味较好。缺点是腌制不均匀，水分损失大，产品率低，味太咸，不加硝酸盐时色泽差。

我国名产火腿、咸肉、烟熏腊肉以及鱼类常采用此腌法。在国外，这种生产方法占的比例很少，主要是一些带骨火腿，如乡村式火腿生产时使用。

（2）湿腌法

湿腌法即盐水腌制法，指在容器内将肉品浸没在预先配置好的食盐溶液内，通过扩散和水分转移，使腌制剂渗入肉品内部，获得比较均匀的分布，使得它的浓度和盐度的浓度一致的腌制方法。

湿腌时，制品内的盐分取决于腌制的盐液浓度，而盐液的浓度很高，不低于25%，硝石（硝酸钾）不低于1%，食盐向肉内渗入而肉内水分向外扩散，扩散速度取决于盐液的湿度和浓度。高浓度的热盐液中的扩散率大于低浓度冷盐液。硝酸也向肉内扩散，但速度比食盐慢。肌肉可溶性蛋白和各类无机盐类等肉中可溶性物质的流失意味着营养成分和风味的减少，为了解决这个问题，一般采用老卤腌制。

湿法腌制时间基本上和干法相似，它主要取决于盐液浓度和腌制浓度。湿腌法的优点是渗透迅速，盐水分布均匀，计量准确，盐水保持良好；缺点是产品水分含量大，不耐贮存。

（3）注射法

无论采用干腌法或湿腌法，一般被腌渍的肉块都较大，腌的时间较长，另外由于肉块的形状大，食盐及其他的配料向产品内部渗透速度较慢，易造成肉的腐败，所以为了加快食盐的渗透，目前采用盐水注射法。

注射腌制法是随着食品机械的发展而产生的新的腌制方法，是目前较先进的腌制方法。注射腌制法就是将配好的腌制液，通过注射机送入肌肉内部，然后直接放入滚揉机中进行滚揉，便于腌制剂迅速、均匀地扩散，以实现肉制品颜色和纹理等的优化与稳定。注射腌制法集中了湿腌、混合腌制法的优点，具有腌制液分散快、腌制周期短、效果好、效率高等优点，因而在肉制品现代加工中广泛使用，该腌制方法一般和滚揉工艺结合进行，是现代肉制品加工的重要手段。

①动脉注射腌制法　动脉注射腌制法是用泵将盐水或腌制液在0.196～0.686 MPa的压力下，经动脉系统送入分割肉或腿肉内的腌制方法。操作时用单一针头插入前后腿的股动脉切口内，然后将盐水或腌制液用注射压泵部位，使其增重8%～10%。为了控制腿内含盐量，还可以根据腿重和盐水浓度预先确定腿的增重量，以便获得统一规格的产品。有时肉厚处尚需再补充注射，以免该部位腌制不足而引起腐败变质。一般注射完毕后，还需用干腌法或湿腌法再继续腌制1～3 d。动脉注射的优点是腌制速度快，出货迅速，成品率高；缺点是只能腌制前后腿，胴体分割时要注意保持动脉的完整性，另外成品不耐贮藏。

②肌肉注射腌制法　肌肉注射腌制法是用带有很多小孔的特别金属空心针将盐水或腌制剂注入肌肉内。此法有单针头和多针头注射两种，肌肉注射用的针头大多为多孔的，单针头注射腌制法可用于各种分割肉而与动脉无关，一般每块肉注射3～4针，每针盐液注射量85 g左右，盐水注射量可根据盐液的浓度计算，一般增重10%。

多针头肌肉注射最适用于形状整齐而不带骨的肉类，用于腹部，肋条肉最适宜，带骨肉也可以使用此法，肌肉注射现已有专业设备，注射时直至获得预期增重为止。肌肉注射腌制法的优点是可以缩短操作时间，提高生产效率和产品得率，降低生产成本，且肉内盐液分布较好。

（4）混合腌制法

混合腌制法是为了尽量减少干腌法和湿腌法的缺点，而将几种方法相结合的腌制法，可先行干腌，然后置于容器内堆放，再加盐水湿腌。也可采用半干半湿腌制法。先将腌制剂在少量水中溶解,然后与肉混合搅拌均匀进行腌制。另外,肌肉注射与干腌法或湿腌法相结合的方法也是混合腌制,一般先进行盐液注射再进行干腌或湿腌,但注射用盐液含量一般应高于湿腌法盐液含量。混合腌制法减少了肉的过分脱水和蛋白质的损失,增强了制品贮藏时的稳定性且营养成分流失少,同时具有色泽好、咸度适中的优点。

知识3.1.2 肉制品加工辅料

肉制品加工生产中所形成的特有性能、风味与口感等,除与原料的种类、质量以及加工工艺有关外,还与食品辅料的使用有极为重要的关系。常用的辅料种类很多,但大体上可分为3类,即调味料、香辛料和添加剂。

1) 调味料

调味料是指为了改善食品的风味,能赋予食品特殊味感(咸、甜、酸、苦、鲜、麻、辣等),使食品鲜美可口、增进食欲而添加入食品中的天然或人工合成的物质。主要包括咸味调味料、甜味调味料、鲜味调味料和天然调味料。

(1)咸味料

①食盐 在肉品加工中食盐具有调味、防腐保鲜、提高保水性和黏着性等重要作用。为防止高钠盐食品导致的高血压病,每人每天的食盐用量控制在 $0 \sim 6$ g/人·d。

②酱油 主要由大豆、淀粉、小麦、食盐经过制油、发酵等程序酿制而成的。酱油的成分比较复杂,除食盐的成分外,还有多种氨基酸、糖类、有机酸、色素及香料成分。以咸味为主,也有鲜味、香味等。酱油一般有老抽和生抽两种:老抽较咸,用于提色;生抽用于提鲜。根据焦糖色素的有无,酱油分为有色酱油和无色酱油。肉品加工中宜选用酿造酱油,浓度不应低于 $1.180(22°)$,食盐含量不超过18%。酱油的作用主要是增鲜增色,改良风味。在中式肉制品中广泛使用,使制品呈美观的酱红色并改善其口味。在腊肠等制品中,还有促进其发酵成熟的作用。

(2)甜味料

最常用的甜味调味料是蔗糖,此外还有蜂蜜、葡萄糖、麦芽糖、木糖醇、山梨糖醇、饴糖等,这些属于天然甜味料。合成甜味料则有糖精、环烷酸钠等。

①蔗糖 白糖、红糖都是蔗糖,其甜度仅次于果糖。糖比盐更能迅速、均匀地分布于肉的组织中,具缓和盐味的作用,增加渗透压,形成乳酸,降低 pH 值,有保鲜作用,并促进胶原蛋白的膨胀和疏松,使肉制品柔软,当蛋白质与碳水化合物同时存在时,微生物首先利用碳水化合物,这就减轻了蛋白质的腐败。我国传统肉制品中糖用量为 $0.7\% \sim 3\%$,烧烤类一般为0.5%。

②葡萄糖 葡萄糖甜度略低于蔗糖。葡萄糖除可以在味道上取得平衡外,还可形成乳酸,有助于胶原蛋白的膨胀和疏松,从而使制品柔软。另外,葡萄糖的保色作用较好,而蔗糖的保色作用不太稳定。肉品加工中葡萄糖的使用量为 $0.3\% \sim 0.5\%$。

(3)酸味料

添加酸味料,可以给人爽快的刺激,以增进食欲,并具有一定的防腐、保水、嫩化和去腥等作用,并有助于钙等矿物质的吸收。

酸味料分为无机酸和有机酸,在同样的 pH 下,有机酸比无机酸的酸感强,肉品加工中大多数使用有机酸味料。

①食醋　食醋宜采用以粮食为原料酿制而成的食醋,含醋酸3.5%以上。食醋为中式糖醋类风味产品的主要调味料,如与糖按一定比例配合,可形成宜人的甜酸味。因醋酸具有挥发性,受热易挥发,故适宜在产品出锅时添加,否则,将部分挥发而影响酸味。醋酸还可与乙醇生成具有香味的乙酸乙酯,故在糖醋制品中添加适量的酒,可使制品具有浓醇甜酸、气味扑鼻的特点。

②柠檬酸及其钠盐　柠檬酸及其钠盐不仅是调味料,国外还作为肉制品的改良剂。

（4）鲜味剂

我国国家标准《食品添加剂使用标准》规定允许使用的增味剂有谷氨酸钠、5′-鸟苷酸二钠、5′-肌苷酸二钠、呈味核苷酸二钠4种。最常用的是谷氨酸钠。

谷氨酸钠俗称味精或味素,无色至白色棱柱状结晶或结晶性粉末,无臭,有特有的鲜味,略有甜味或咸味。加热至120 ℃时失去结晶水,大约在270 ℃发生分解。在pH值为5以下的酸性和强碱性条件下会使鲜味降低。在肉品加工中,一般用量为$(0.2 \sim 1.5) \times 10^{-3}$ g/kg。

（5）料酒

黄酒和白酒是多数中式肉制品必不可少的调味料,主要成分是乙醇和少量的脂类。它可以去除膻味、腥味和异味,并有一定的杀菌作用,赋予制品特有的醇香味,使制品回味甘美,增加风味特色。

2）香辛料

许多植物的种子、果肉、茎叶、根具有特殊的芳香气味、滋味,能给肉制品增添诱人食欲的各种风、滋味,常常具有促进人体胃肠蠕动、加快消化吸收的作用。香辛料还可以矫正或调整原料肉的生、臭、腥、臊、膻味,是肉制品加工过程中不可缺少的重要辅料。

天然香辛料用量通常为0.3% ~ 1.0%,也可根据肉的种类或人们的嗜好稍有增减。

肉品加工中最常用的天然香辛料主要有葱、姜、蒜、胡椒、花椒、八角、茴香、丁香、桂皮、月桂叶等。

（1）单一香辛料

①葱　葱属百合科多年生草本植物,有大葱、小(香)葱、洋葱等。其香辛味主要成分为硫醚类化合物,如烯丙基二硫化、二丙烯基二硫、二正丙基二硫等,具有强烈的葱辣味和刺激性。洋葱煮熟后带甜味。葱可以解除腥膻味,促进食欲,并有开胃消食以及杀菌发汗的功能。

②蒜　蒜为百合科多年生宿根草本植物大蒜的鳞茎,含有强烈的辛辣味,其主要成分是蒜素,即挥发性的二烯丙基硫化物,如丙基二硫化丙烯、二硫化二丙烯等(紫皮蒜和独蒜含量高)。因其有强烈的刺激气味和特殊的蒜辣味以及较强的杀菌能力,故有压腥去膻、增加肉制品蒜香味以及刺激胃液分泌、促进食欲和杀菌的功效。

③姜　姜属姜科多年生草本植物,主要利用地下膨大的根茎部,具有独特强烈的姜辣味和爽味。其辣味及芳香成分主要是姜油酮、姜烯酚和姜辣素以及柠檬醛、姜醇等。姜具有去腥调味,促进食欲,开胃驱寒和减腻解毒的功效。在肉品加工中常用于酱卤、红烧罐头等的调香料。

④胡椒　胡椒是多年生藤本胡椒科植物的果实,分黑胡椒和白胡椒两种。黑胡椒是球形果实在成熟前采集,经热水短时间浸泡后,不去皮阴干而成。白胡椒是成熟的果实经热

水短时间浸泡后去果皮阴干而成。因果皮挥发成分含量较多,故黑胡椒的风味大于白胡椒,但白胡椒的色泽好。胡椒含精油1%～3%,主要成分为α-蒎烯、β-蒎烯及胡椒醛等,所含辛辣味成分主要系胡椒碱和胡椒脂碱等。具有特殊的胡椒辛辣刺激味和强烈的香气,兼有除腥臭、防腐和抗氧化作用。胡椒一般用量为0.2%～0.3%。因芳香气易于在粉状时挥发出来,故胡椒以整粒干燥密闭贮藏为宜,并于食用前始碾成粉。

　　⑤花椒　花椒也称山椒,为芸香料植物花椒的果实,红褐色,我国特产,花椒果皮含辛辣挥发油及花椒油香烃等,主要成分为柠檬烯、香茅醇、萜烯、丁香酚等,辣味主要是山椒素。在肉品加工中,整粒多用于腌制及酱卤制品,粉末多用于调味和配制五香粉,使用量一般为0.2%～0.3%。花椒不仅能赋予制品适宜的辛辣味,而且还有杀菌、抑菌等作用。

　　⑥辣椒　辣椒属茄科辣椒属植物的果实。辣椒富含维生素C、胡萝卜素和维生素E及钙、铁、磷等营养成分。辣椒含有辣椒素,是一种挥发油,有辣味,刺激口腔中的味神经和痛觉神经而感到特殊的辛辣味,作为辣味调味品,不仅可以改进菜肴的味道,并且因辛辣刺激作用,增加唾液分泌及淀粉酶活性,从而帮助消化、促进食欲。除作调味品外,辣椒还具有抗氧化和着色作用。

　　⑦芥末　芥末是十字花科草本植物芥菜的干燥种子,即芥菜籽经压榨除去大部分脂肪后碾磨粉碎而成,有白芥和黑芥两种。白芥籽中不含挥发性油,其主要成分为白芥籽硫苷,遇水后,由于酶的作用而产生具有强烈刺鼻辣味的二硫化白芥子苷、白芥子硫苷油等物质。黑芥子含挥发性精油0.25%～1.25%,其中主要成分为黑芥子糖苷或黑芥子酸钾,遇水后,产生异硫氰酸丙烯酯及硫酸氢钾等刺鼻辣味的物质。芥末具有特殊的香辣味,其用量按正常生产需要使用。

　　⑧八角茴香　八角茴香又名八角、大料、大茴香,是木兰科常绿乔木植物。果实含精油2.5%～5.0%,其中以茴香脑为主(80%～85%),即对丙烯基茴香醛;另有蒎烯、茴香酸等。有独特浓烈的香气;性温,味辛微甜。有去腥防腐的作用。是食品工业和熟食烹调中广泛使用的香味调味剂,在制作酱卤类制品时使用八角茴香可增加肉的香味,增进食欲,其作用为其他香料所不及,也是加工五香粉的主要原料。

　　⑨小茴香　小茴香也称小茴香籽或甜小茴香籽、小茴,俗称茴香,双子叶植物纲,伞形科植物,多年生草本,含精油3%～4%,主要成分为茴香脑和茴香醇,占50%～60%,另有小茴香酮及莰烯、d-α-蒎烯等。气味芳香,是用途较广的香料调味品之一,在烹饪鱼、肉、菜时,加入少许小茴香,味香且鲜美。

　　⑩丁香(丁子香)　丁香是桃金娘科常绿乔木丁香的干燥花蕾及果实,含精油17%～23%,主要成分为丁香酚,另含乙酸丁香酚、石竹烯(丁香油烃)等。乙酸丁香酚为丁香花蕾的特有香味,有特殊浓郁的丁香香气;味辛麻微辣,兼有桂皮香味。对肉类、焙烤制品、色拉调味料等兼有抗氧化、防霉作用。但丁香对亚硝酸盐有消色作用,使用时应注意。丁香可整粒或磨成粉末使用,多用于酱卤肉制品、香肠、火腿、沙司的调香料和配制五香粉等。

　　⑪肉桂　肉桂系樟科植物肉桂的树皮及茎部表皮经干燥而成。桂皮含精油1.0%～2.5%,主要成分为桂醛,占80%～95%,另有甲基丁香酚、桂醇等。桂皮用作肉类烹饪用调味料,也是卤汁、五香粉的主要原料之一,加入烧鸡、烧肉、酱卤制品中,更能增加肉品的复合香味。

　　⑫山奈　山奈又称三奈、沙姜,为姜科多年生草本植物地下块状根茎,山奈呈圆形或尖

圆形,直径为 1~2 cm,表面褐色,皱缩不干。断面白色,有粉性,质脆易折断。含有龙脑、樟脑油脂、肉桂乙酯等成分,具有较醇浓的芳香气味,有去腥提香、调味的作用,在炖、卤肉品时加入山柰,则别具香味。

⑬豆蔻和肉豆蔻　豆蔻又称为白豆蔻、圆豆蔻、小豆蔻,是姜科多年生草本植物小豆蔻的果实,种子含精油 2%~8%,主要成分为桉叶素、醋酸萜品酯等。有浓郁的温和香气,味带辛味而味苦,略似樟脑,有清凉舒适感。豆蔻用作酱卤制品卤汁和配制五香粉的调香料,也用于提取精油。肉豆蔻又称为玉果,是肉豆蔻科常绿乔木肉豆蔻的果实,含精油 5%~15%,其主要成分为 α-蒎烯、β-蒎烯、d-莰烯(约 80%)等。皮和仁有特殊浓烈芳香气,味辛,略带甜、苦味。有暖胃止泻、止吐镇呃等功效,也有一定抗氧化作用,肉品加工中常用作酱卤制品卤汁和配制五香粉等调香料。

⑭砂仁　砂仁又称为缩砂仁,春砂仁,是姜科多年生草本植物的干燥颗粒,含香精油 3%~4%,具有樟脑油的芳香味。是肉制品加工中一种重要的调味香料,含有砂仁的食品食之清香爽口、风味别致并具有清凉口感。

⑮草果　为姜科多年生草本植物果实,豆蔻属,又称草豆蔻。草果含有精油、苯酮等,味辛辣,有浓郁的辛香气味,用于烹调,去腥除膻,增进菜肴味道,特别是烹制鱼、肉时,有草果味道更佳。肉制品加工中常用整粒做卤汁,用粉末配制五香粉,具有抑腥调味的作用。

⑯白芷　白芷为伞形科植物兴安白芷、川白芷、杭白芷、云南牛防风的根。含挥发油、香豆素及其衍生物,如当归素、白当归醚、欧前胡乙素、白芷毒素等,挥发油中有 3-亚甲基-6-环己烯、榄香烯、棕榈酸、壬烯醇等,有特殊的香气,味辛,肉品加工中常用作卤汁、五香粉等调味料,是酱卤制品中常用的香料。

⑰陈皮　陈皮即橘皮,为芸香科常绿小乔木植物橘树的干燥果皮,含有挥发油,主要成分为柠檬烯、橙皮甙、川陈皮素等。有强烈的芳香气,味辛苦。肉品加工中常用作卤汁、五香粉等调香料。

⑱荜泊　荜泊为胡椒科植物秋季果实由黄变黑时采摘而得,有调味、提香、抑腥的作用;肉品加工中常用作卤汁、五香粉等调香料。

⑲姜黄　姜黄是襄荷科多年生草本植物郁金的根茎,粉末为黄棕色至深黄棕色。其色素溶于乙醇,不溶于冷水、乙醚。碱性溶液呈深红褐色,酸性时呈浅黄色。耐光性差,耐热性、耐氧化性较佳。染色性佳。遇正铁盐、钼、钛等金属离子,从黄色转变为红褐色。姜黄含精油 1%~5%,主要成分为姜黄酮、姜烯等;商品中一般含姜黄素 1%~5%,非挥发性油约为 2.4%,淀粉 50%。有特殊香味,香气似胡椒。有发色、调香的作用。常用作卤汁、咖喱粉、汤料、人造奶油、水果饮料等的增香和着色剂。

⑳甘草　甘草是豆科多年生草本植物,主要成分为甘草酸(6%~14%)、甘草亭、甘草苦苷等,另含蔗糖、葡萄糖、甘露醇等。肉品加工中常用作卤汁、五香粉的调香料。

㉑月桂叶　月桂叶是樟树科常绿乔木月桂树叶子的干制品,含精油 1%~3%,主要成分为桉叶素,占 40%~50%。此外,尚有丁香酚、α-蒎烯等。有近似玉树油的清香香气,略有樟脑味,与食物共煮后香味浓郁。肉制品加工中常用作矫味、增香料,用于原汁肉类罐头、卤汁、肉类、鱼类调味等。

㉒麝香草　麝香草又称为百里香,是唇形科多年生灌木状芳香草本百里香的花和叶,含精油 1%~2%,主要成分为百里香酚 24%~60%、香芹酚等。有特殊浓郁香气,略苦,稍

有刺激味。具有去腥增香的良好效果,兼有抗氧化、防腐作用。直接用于肉类、水产品、汤类、沙司和调味粉等。

㉓鼠尾草 鼠尾草又称山艾,是唇形多年生宿根草本鼠尾草的叶子,约含精油2.5%,其特殊香味主要成分为侧柏酮,此外有龙脑、鼠尾草素等。主要用于肉类制品,也可作色拉调味料。

(2)混合香辛料

①咖喱粉 咖喱粉是一种混合性香辛料。它是以姜黄、白胡椒、芫荽子、小茴香、桂皮、姜片、辣椒、八角、花椒等配制研磨成粉状而成。色呈鲜艳黄色,味香辣。咖喱牛肉干和咖喱肉片等都以它作调味料。宜在菜肴、制品临出锅前加入。

[配方1] 胡荽子粉5 g,小豆蔻粉40 g,姜黄粉5 g,辣椒粉10 g,葫芦巴子粉40 g。

[配方2] 胡荽子粉16 g,白胡椒1 g,辣椒0.5 g,姜黄1.5 g,姜1 g,肉豆蔻0.5 g,茴香0.5 g,芹菜籽0.5 g,小豆蔻0.5 g,滑榆4 g。

[配方3] 胡荽子70 g,精盐12 g,黄芥子8 g,辣椒3 g,姜黄8 g,黑胡椒4 g,桂皮4 g,香椒4 g,肉豆蔻1 g,芹菜籽1 g,葫芦巴子1 g,莳萝子1 g。

②五香粉 是将5种或超过5种的香料研磨成粉状混合一起,广泛用于东方料理的辛辣口味的菜肴,尤其适合用于烧烤或快炒及炖、焖、煨、蒸、煮菜肴调味,基本成分是花椒、肉桂、八角、丁香、小茴香等。主要用于炖制的肉类或家禽菜肴,或是加在卤汁中增味,或拌馅。

[配方1] 八角1 g,小茴香3 g,桂皮1 g,五加皮1 g,丁香0.5 g,甘草3 g。

[配方2] 花椒4 g,小茴香16 g,桂皮4 g,甘草12 g,丁香4 g。

[配方3] 花椒5 g,八角5 g,小茴香5 g,桂皮5 g。

3)添加剂

食品添加剂是为了改善食品品质和色、香、味,以及为防腐、保鲜和加工工艺的需要而加入食品中的人工合成或者天然的物质。肉品加工中使用的添加剂,根据其目的不同大致可分为发色剂、发色助剂、防腐剂、抗氧化剂和其他品质改良剂等。

(1)发色剂

所谓发色剂其本身一般为无色,但与食品中的色素相结合能固定食品中的色素,或促进食品发色。在肉制品中使用的发色剂一般是硝酸盐和亚硝酸盐,在腌制过程中其产生的一氧化氮能使肌红蛋白或血红蛋白形成亚硝基肌红蛋白或亚硝基血红蛋白,从而使肉制品保持稳定的鲜红色。

《食品添加剂使用标准》(GB 2760—2011)中对硝酸钠和亚硝酸钠的使用量规定如下:

最大使用量 硝酸钠0.5 g/kg,亚硝酸钠0.15 g/kg。

最大残留量(亚硝酸钠计) 西式火腿(熏烤、烟熏、蒸煮火腿)类不得超过70 mg/kg,肉罐头类不得超过50 mg/kg,其余肉制品不得超过30 mg/kg。

(2)发色助剂

发色助剂是指本身并无发色功能,但与发色剂配合使用可以明显提高发色效果,同时并可降低发色剂的用量而提高其安全性的一类物质。肉制品中常用的发色助剂有抗坏血酸和异抗坏血酸及其钠盐、烟酰胺、葡萄糖、葡萄糖醛内脂等,其助色机理与硝酸盐或亚硝酸盐的发色过程紧密相连。

目前许多腌肉都使用 120 mg/kg 的亚硝酸盐和 550 mg/kg 的抗坏血酸盐结合使用。

（3）着色剂

着色剂也称食用色素，系指为使食品具有鲜艳而美丽的色泽，改善感官性状以增进食欲而加入的物质。食用色素按其来源和性质分为食用天然色素和食用合成色素两大类。世界上常用的食用着色剂有 60 种左右，我国允许使用的有 50 余种。食用天然色素主要是由动、植物组织中提取的色素，包括微生物色素。食用天然色素中除藤黄对人体有剧毒不能使用外，其余的一般对人体无害，较为安全。食用合成色素也称合成染料，属于人工合成色素。食用人工合成色素多系以煤焦油为原料制成，成本低廉，色泽鲜艳，着色力强，色调多样；但大多数对人体健康有一定危害且无营养价值。

《食品添加剂使用标准》（GB 2760—2011）规定，食用色素中辣椒红、辣椒橙、高粱红、红曲米、红曲红可应用于熟肉制品的着色，花生红衣可用于火腿肠的着色，胭脂虫红、胭脂树橙可用于熟肉制品、香肠、西式火腿的着色。因此，肉制品中常用的着色剂主要有红曲、胭脂红、辣椒红等。

（4）品质改良剂

①多聚磷酸盐　目前多聚磷酸盐已普遍地应用于肉制品中，以改善肉的保水性能。肉制品生产中使用的磷酸盐有 20 余种，我国用常于肉制品的磷酸盐有 3 种：焦磷酸钠、三聚磷酸钠和六偏磷酸钠，在肉品加工中，使用量一般为肉重的 0.1% ~ 0.4%。用量过大会导致产品风味恶化、组织粗糙、呈色不良。

②小麦面筋　小麦面筋具有胶样的结合性质，可以与肉结合。蒸煮后，其颜色比往肉中添加的面粉深，还会产生膜状或组织样的联结物质，类似结缔组织。在结合碎肉时，裂缝几乎看不出来，就像蒸煮猪肉本身的颜色。一般是将面筋与水或与油混合成浆状物后涂于肉制品表面，另一种方法是先把含 2% 琼脂的水溶液加热，再加 2% 的明胶，然后冷却，再加大约 10% 的面筋。这种胶体可通过机械直接涂擦在肉组织上。此法尤其适于肉间隙或肉裂缝的填补。肉中一般添加量为 0.2% ~ 5.0%。

③大豆蛋白

肉品加工常用的大豆蛋白种类包括粉末状大豆蛋白、纤维大豆蛋白和粒状大豆蛋白。

大豆蛋白兼有容易同水结合的亲水基和容易同油脂结合的疏水基两种特性。因此具有很好的乳化力。

（5）其他品质改良剂

①卡拉胶　可保持制品中的大量水分，减少肉汁的流失，并且具有良好的弹性、韧性。卡拉胶还具有很好的乳化效果，稳定脂肪，表现出很低的离油值，从而提高制品的出品率。因此，可保持自身质量 10 ~ 20 倍的水分。在肉馅中添加 0.6% 时，即可使肉馅保水率从 80% 提高到 88% 以上。另外，卡拉胶能防止盐溶性肌球蛋白及肌动蛋白的损失，抑制鲜味成分的溶出。

②淀粉　作为肉品添加剂，最好使用改性淀粉，如可溶性淀粉、交联淀粉、酸（碱）处理淀粉、氧化淀粉、磷酸淀粉和羟丙基淀粉等。这是由天然淀粉经过化学处理和酶处理等而使其物理性质发生改变，以适应特定需要而制成的淀粉。

改性淀粉不仅能耐热、耐酸碱，还有良好的机械性能，常用于西式肠、午餐肉等罐头、火腿等肉制品，其用量按正常生产需要而定，一般为原料的 3% ~ 20%。优质肉制品用量较少,且多用玉米淀粉。淀粉用量不宜过多,否则会影响肉制品的黏结性、弹性和风味。故许多国家对淀粉使用量作出规定,如日本在灌肠中淀粉最高添加量在 5% 以下,混合压缩火腿在 3% 以下;美国用谷物淀粉为 3.5% ;欧盟为 2% 。

③酪蛋白酸钠　酪蛋白酸钠是牛乳中酪蛋白质的钠盐。酪蛋白作为保水剂的机理是它能与肉中的蛋白质复合形成凝胶。在肉馅中添加 2% 时,可提高保水率 10% ;当添加 4% 时,可提高 16% 。它可与卵蛋白、血浆等并用效果更好。酪蛋白酸钠在形成稳定凝胶时,可吸收自身质量的 5~10 倍水分。用于肉制品时,可增加制品的黏着力和保水性,改进产品质量,提高出品率,多用于午餐肉、灌肠等制品。同时也常作为营养补剂使用。

另外,在肉品加工中,特别是一些高档肉制品,也有使用鸡蛋、蛋白、脱脂乳粉、血清粉、卵磷脂和黄豆粉(蛋白)等作增稠剂、乳化剂和稳定剂,既能增稠又能乳化、保水,但成本较高。

(6)防腐剂

防腐剂是一类具有杀死微生物或抑制微生物生长繁殖,以防止食品腐败变质,延长食品保存期的物质。国际上用于食品的防腐剂,美国有 50 多种,日本约有 40 种,我国允许使用的有 10 多种。肉品加工中常用的主要有苯甲酸及其钠盐和山梨酸及其钾盐。

①苯甲酸　苯甲酸,又名安息香酸,苯甲酸钠也称安息酸钠,是苯甲酸的钠盐。苯甲酸人体每日允许摄入量(ADI)为 $(0~5)×10^{-6}$ 。《食品添加剂使用标准》(GB 2760—2011)规定,苯甲酸与苯甲酸钠作为防腐剂,在果蔬汁(肉)饮料(包括发酵型产品等)中使用时其最大使用量为 1.0 g/kg(以苯甲酸计)。

②山梨酸与山梨酸钾　山梨酸人体每日允许摄入量(ADI)为 $(0~25)×10^{-6}$ 。《食品添加剂使用标准》(GB 2760—2011)规定,山梨酸与山梨钾作为防腐剂用于熟肉制品时最大使用量为 0.075 g/kg(以山梨酸计);用于肉灌肠类为 1.5 g/kg(以山梨酸计);用于蛋制品为 1.5 g/kg(以山梨酸计);用于胶原蛋白肠衣为 0.5 g/kg(以山梨酸计)。山梨酸及山梨酸钾同时使用时,以山梨酸计,不得超过最大使用量。

(7)抗氧化剂

各国使用的抗氧化剂总数约有 30 种。我国常使用的有 7 种。抗氧化剂有油溶性抗氧化剂和水溶性抗氧化剂两大类。油溶性抗氧化剂能均匀地分布于油脂中,对油脂或含脂肪的食品可以很好地发挥其抗氧化作用。油溶性抗氧化剂人工合成的有丁基羟基茴香醚(BHA)、二丁基羟基甲苯(BHT)、没食子酸丙酯(PG)等;天然的有生育酚混合浓缩物等。水溶性抗氧化剂是能溶于水的一类抗氧化剂,多用于对食品的护色(助色剂),防止氧化变色,以及防止因氧化而降低食品的风味和质量等。水溶性抗氧化剂主要有 L-抗坏血酸及其钠盐、异抗坏血酸及其钠盐等。

①二丁基羟基甲苯(BHT)　化学名称为 2,6-二叔丁基-4-甲基苯酚,简称 BHT。本品为白色结晶或结晶粉末,无味、无臭,能溶于多种溶剂,不溶于水及甘油。对热相当稳定,与金属离子反应不会着色。腌腊肉制品类(如咸肉、腊肉、板鸭、中式火腿、腊肠)中 BHT 最大使用量为 0.2 g/kg(以油脂中的含量计)。使用时,可将 BHT 与盐和其他辅料拌匀,一起掺入原料内进行腌制。也可以先溶解于油脂中,喷洒或涂抹肉品表面,或按比例加入。

②丁基羟基茴香脑(BHA)　丁基羟基茴香脑又名特丁基 –4-羟基茴香脑、丁基大茴香脑,简称 BHA。为白色或微黄色的蜡状固体或白色结晶粉末,带有特异的酚类臭气和刺激

味,对热稳定。不溶于水,溶于丙二醇、丙酮、乙醇与花生油、棉籽油、猪油。丁基羟基茴香脑有较强的抗氧化作用,还有相当强的抗菌力,用 1.5×10^{-4} 的 BHA 可抑制金黄色葡萄球菌,用 2.8×10^{-4} 可阻碍黄曲霉素的生成。使用方便,但成本较高。它是目前国际上广泛应用的抗氧化剂之一。腌腊肉制品类(如咸肉、腊肉、板鸭、中式火腿、腊肠)、风干、烘干、压干等水产品中最大使用量(以油脂中的含量计)为 0.2 g/kg。

③没食子酸丙酯(PG) 没食子酸丙酯简称 PG,又名酸丙酯,为白色或浅黄色晶状粉末,无臭、微苦。易溶于乙醇、丙醇、乙醚,难溶于脂肪与水,对热稳定。没食子酸丙酯对脂肪、奶油的抗氧化作用较 BHA 或 BHT 强,三者混合使用时最佳;加增效剂柠檬酸则抗氧化作用更强。但与金属离子作用着色。腌腊肉制品类(如咸肉、腊肉、板鸭、中式火腿、腊肠)、风干、烘干、压干等水产品中最大使用量(以油脂中的含量计)为 0.1 g/kg。

3.2　工作任务

任务 3.2.1　腊肠的加工

腊肠俗称香肠,是指以肉类为主要原料,经切、绞成丁,配以辅料,灌入动物肠衣经发酵、成熟干制而成的一类生干肠制品,食用前需要熟加工,是我国肉类制品中品种最多的一大类产品。主要产地有广东、广西、四川、湖南及上海等。各地腊肠除了用料略有不同外,制法是大致相同的。

1)特点

产品特点有色泽光润、瘦肉粒呈自然红色或枣红色;脂肪雪白、条纹均匀、不含杂质;手感干爽、腊衣紧贴、结构紧凑、弯曲有弹性;切面肉质光滑无空洞、无杂质、肥瘦分明、手质感好,腊肠切面香气浓郁,肉香味突出。

2)工艺流程

原料肉修整→ 切丁 → 拌馅、腌制 → 灌装 → 晾晒 →烘烤→成品

3)操作方法及注意事项

①参考配方(瘦肥比 7∶3) 瘦猪肉 70 kg、白砂糖 5 kg、肥猪肉 30 kg、精盐 3 kg、酱油 1 kg、味精 200 g、白酒 750 g、鲜姜末 150 g、五香粉 250 g。

②原料准备 原料要求新鲜,最好是不经过成熟的肉。瘦肉用绞肉机以 0.4 ~ 1.0 cm 的筛板绞碎,肥肉切成 0.6 ~ 1.0 cm 大小的肉丁,最后冲洗干净、滤干。肥肉丁用开水烫洗后立即用凉水洗净擦干,腌渍。洗净的肥、瘦肉丁混合,按比例配入调料拌匀,搅拌时可逐渐加入 20% 左右的温水,在清洁室内腌渍 4 ~ 8 h。每隔 2 h 上下翻动一次使调味均匀,腌渍时防高温、防日光照晒、防蝇虫及灰尘污染。

③灌制 盐、干肠衣先用温水浸泡 15 min 左右,软化后内外冲洗一遍,另用清水浸泡备用,泡发时水温不可过高,以免影响肠衣强度。将肠衣从一端开始套在灌肠机的漏斗口

上,套到末端时,放净空气,结扎好,然后将肉丁灌入,边灌填肉丁边从口上放出肠衣,待充填满整根肠衣后扎好端口,最后按15 cm左右长度打结,分成小段,灌制时注意不能过紧或过松。

④晾干　传统工艺日光下暴晒2～3 d,再晾挂到通风良好的场所风干10～15 d即为成品,用手指捏试以不明显变形为度。不能暴晒,否则肥肉要定油变味,瘦肉色加深。目前大多50～55 ℃烘烤约4 d即可。

⑤保藏　保持清洁不沾染灰尘,用食品袋罩好,不扎袋口朝下倒挂,既防尘又透气不会长霉。食用前需清洗。

任务3.2.2　腊肉的加工

腊肉是中国腌肉的一种,主要流行于四川、湖南和广东一带,湖南腊肉色彩红亮,烟熏咸香,肥而不腻,鲜美异常。由于通常是在农历的腊月进行腌制,所以称作"腊肉"。

1)特点

腊肉每条质量150 g左右,长33～35 cm,宽3～4 cm,刀工整齐,条头均匀,无骨带皮;产品色泽金黄、肥膘透明、腊香浓郁;肥瘦适中、肉身干爽。

2)工艺流程

原料选择→修整→配料→腌制→烘烤→包装→成品

3)操作方法及注意事项

(1)原料选择

腌肉原料分为带骨和不带骨两种。带骨加工的腌肉,按原料肉的部位不同,分别以连片、小块、蹄髈取料。连片指去头、尾和腿后的片体;小块指每块2.5 kg左右的长方形肉块(腿脚指带爪的猪腿),其尺寸长35～40 cm,宽3～4 cm,重180～200 g。

(2)修整

整理剔除碎肉、污血、淋巴、碎油等。为使食盐渗透,必须在肉块上每隔2～6 cm划一刀,深度一般为肉质的1/3。刀口大小,深浅多少,根据气温和肌肉厚薄而定,如气温在15 ℃以上,刀口要开大些、多些,以加快腌制速度;15 ℃以下则可小些,少些。

(3)配料、腌制

食盐既能防腐,又能促进肉的成熟,增加肉的鲜味,排除肉的水分。用盐太少,不能防止腐败菌的繁殖,导致火腿变质发臭;用盐过多,会抑制酶的活性,火腿缺乏香气。故应严格控制盐的用量,标准分6次用盐。

①出水盐(第一次上盐)用盐量以上大盐不脱盐为原则。做到上盐均匀(刀门处尤应注意)。手托肉片,轻轻堆放,前低后高,堆叠整齐。

②上大盐,一般在第一次上盐的次日。上盐时要沥去盐卤,抹上新盐,上盐要均匀,刀门处要塞进适量的盐,肉面上适当撒盐,堆放整齐。

③上三盐,上大盐4～5 d后,进行翻堆上盐。上盐时适当抹动陈盐,撒上新盐。上盐要均匀,前夹心用盐可稍多,注意咽喉骨、刀门、项颈处上盐,排骨上面必须粘住盐,肉片四周抹上盐,堆叠平整。

④上三盐后经 7 d 左右为嫩咸肉(半成品),以后根据气候情况及时翻堆,继续上盐。从第一次上盐起 25 d 以上为老咸肉(成品)。全部用盐量为每 100 kg 的肉约用盐 18 kg。

(4)贮藏

不能及时销售、外调的成品咸肉,需经过检验后下池(缸)浸卤贮藏,所用工具、容器要干燥、清洁,盐卤要清洁凉透。咸肉下池(缸)应按顺序放平,最上一层要皮面向上,撑压好后灌入盐卤,直到全部浸没为止。平时要经常检查,如发现卤水混浊或有异味,应立即采取措施,重煎卤水。煎卤时火力要猛,随时搅拌,捞去浮沫,煎至食盐全部溶透为止。也可采用真空包装腊肉,其保质期可达 6 个月以上。

任务 3.2.3　金华火腿的加工

金华火腿是我国传统的腌腊精品,相传最早于北宋期间开始生产,距今已有 80 多年历史。以其肉红似火,芳香浓郁,滋味鲜美,形如竹叶等"四绝"而驰名海内外。火腿的吃法很多,一般以清炖和蒸吃为宜。但因火腿的部位不同,做法也不尽一样。整只大腿可分火爪、火瞳、腰峰和滴油 4 个部分。"火爪""火瞳",宜伴以鲜猪蹄、鲜猪爪,用文火清炖,此乃名菜"金银爪""金银蹄"。"滴油",宜烧汤吊味,伴有毛笋、冬笋者,称为火督笋;伴有冬瓜者,称为火督冬瓜;伴有豆腐者,称为火督豆腐等,以"火督笋"为最有名。"腰峰",宜于蒸吃,切成薄片,可制"薄片火腿""排南火腿"和"蜜汁火腿"等名菜,诸名菜中,尤以"薄片火腿"最为世人所欣赏。"薄片火腿",每盘切 48 片,排成拱桥形,切片要均匀,排列要整齐,上面撒些白糖、味精,淋点黄酒,放在蒸笼中蒸 15 min 左右,白糖溶化,酒味入腿。色泽红润,鲜美可口。

1)特点

选用金华猪或以其为母本的杂交商品猪的后腿为原料,经传统工艺要求加工而成,具有形似竹叶、爪小骨细、肉质细腻、皮薄黄亮、肉色似火、香郁味美等特征。

2)工艺流程

原料选择→截腿坯→修整→腌制→洗晒→整形→发酵→修整→成品

3)操作方法及注意事项

(1)原料选择

一般以金华"两头乌"猪种的鲜腿为原料,腿坯重 5.5 ~ 6.0 kg 的后腿为好。然后截腿坯,从倒数第 2—3 腰椎间劈断椎骨。最后修整,主要使腿坯修成柳叶形或琵琶形。

(2)腌制

食盐既能防腐,又能促进肉的成熟,增加肉的鲜味,排除肉的水分。用盐太少,不能防止腐败菌的繁殖,导致火腿变质发臭;用盐过多,会抑制酶的活性,火腿缺乏香气。室温不高于 8 ℃,腿温不低于 0 ℃;在正常气温条件下,金华火腿在腌制过程中共上盐与翻倒 6 ~ 7 次;总用盐量占腿重的 9% ~ 10%;腌制时间为 30 ~ 40 d。

①第一次上盐,俗称出血水盐,目的是使肉中的水分、淤血排出方法则为用盐量为 200 g/5 kg 左右鲜腿,腌制时间为 1 昼夜。

②第二次上盐,又称上大盐 5 kg 重的腿用盐 250 g 左右,一般在"三签头"处多加。腌

制时间为6 d左右。三签头指检验时用竹签插入的膝关节、股关节、髋关节3个部位闻其有无变质气味,因为此三部位易引起微生物腐败。

③第三次上盐(复三盐)。用盐量100~150 g/5 kg。目的根据三签头上的余盐多少和腿质的硬软程度,补缺补差。腌制时间为7 d左右。

④第四次上盐(复四盐)。目的是通过上下翻堆而得以调节腿温,补缺补差。用盐量为150 g/5 kg左右,腌制时间是7 d左右。

⑥第五、六次上盐(复五盐,复六盐)。目的主要是将火腿上下翻堆,并检查盐的溶解程度。腌制时间7 d左右。控制用盐量,以适量为准。

(3)浸腿,洗腿

把腿放入水温16~20 ℃ 符合卫生要求的水池中浸泡6~8 h。然后进行洗刷,刷去腿皮上的残毛、油污和杂质, 刮去脚爪。洗刷过程中不能够伤皮肉。

(4)风干,整形

将洗刷干净的腿用绳子缚住挂于腿架上, 用排风扇进行风干。控制排风扇的风量适宜,以防风量太大,肉的表面结壳,阻止水分的挥发;以防风量太小,延长风干时间。风干至适时即可进行整形,持平皮张,捧拢腿心,矫直腿肉,缚弯脚爪,使之美观。

(5)发酵

腌制和洗晒之后的腿坯,经过较长时间的贮藏过程,使其肉质发生物理化学和微生物变化,产生金华火腿特有的香气和口味,这一过程叫作火腿的发酵,也称作发酵鲜化。发酵时间为3~4个月,季节是3—8月。至肉面上逐渐长出绿、白、黑、黄色霉菌时(这是火腿的正常发酵)即完成发酵。新工艺的发酵期分为失水期、催熟期、后熟期3个阶段。发酵期间适时调换挂腿位置,保持室内微风,保证火腿失水均衡。定时循环室内外空气,保持发酵间空气新鲜。失水期:室温模拟春天室温,控制在较低的温度,湿度>70%,时间为20 d,每5 d调换挂腿位置。在失水期结束时进行干腿修整。催熟期:这是发酵的关键阶段,历时40 d,开始时室温控制在25 ℃左右,湿度<60%,随着火腿中含水量的减低,逐步升高温度,降低湿度。后熟期:保持室温,湿度自然,火腿下架堆叠,每3 d翻堆1次,时间为10 d。

(6)火腿的贮藏

落架、堆叠(保藏):用火腿滴下的原油涂抹腿面,使腿质滋润而光亮;如堆叠过夏则为陈腿,可采用真空包装。

①火腿在贮藏期间,发酵成熟过程并未完全结束,应在通风良好的阴凉房间按级分别堆叠或悬挂贮藏,使其继续发酵,产生香味。

②国外有用动物胶、甘油、苯甲酸钠和水加热熔化而成的发光剂涂抹,不但可以防干耗,防腐,还可增加光泽。

火腿一般可贮存1年以上,品质优良,保存好的可贮藏3年以上。

任务3.2.4 南京板鸭的加工

南京板鸭驰名中外,为金陵人爱吃的菜肴,因而有"六朝风味""百门佳品"的美誉。板鸭色香味俱全。外形饱满、体肥皮白,肉质细嫩紧密,食之酥香、回味无穷。作为江苏三宝之一的南京板鸭驰名中外,素有北烤鸭南板鸭之南京板鸭美名。明清时南京就流传"古书院,琉璃塔,玄色缎子,咸板鸭"的民谣,可见南京板鸭早就声誉斐然了。传统的南京板鸭,由于未经过蒸煮工艺,食用不太方便,目前已经衍生出了一些其他品种。如桂花盐水鸭加工包含了熟制过程,因此南京桂花盐水鸭同样久负盛名。

1)特点

南京板鸭是用盐卤腌制风干而成,分腊板鸭和春板鸭两种。因其肉质细嫩紧密,像一块板似的,故名板鸭。南京板鸭的显著特点有外形方正、宽阔体肥、皮白肉红、肉质细嫩紧密、风味浓郁、回味香甜。

2)工艺流程

选鸭→屠宰→擦盐干腌→制备盐卤→入缸卤制→滴卤叠坯→排坯晾挂→成品

3)操作方法及注意事项

(1)选鸭

制板鸭的原料,鸭胴体越肥越好,并以未生蛋和未换毛者为佳。

(2)屠宰

宰前断食 18~20 h,并进行宰前检验。屠宰时,一般都从下腭脖颈处下刀,刀口离鸭嘴5 cm、深约 0.5 cm 割断食管和气管。最好能用 60~75 V 的电流先进行电麻,这样不但有利于屠宰卫生,同时放血充分。刺杀后放入 60~64 ℃的热水中,水温不宜过高。将鸭胴体仰放,用手紧压胸部,把胸部的前三叉骨压扁,使胴体呈现正规的长方形,即保持外形美观又便于腌制。

(3)腌制

①擦盐　将精盐置于锅中炒干,并加入 0.125% 的茴香,炒至水汽蒸发后,取出磨细。腌制前后将鸭称重,用其体重约 6.25% 的干盐进行加工。将盐的 3/4 从颈部切口中装入,在工作台上反复翻揉,务使盐均匀地粘满腹腔各部。其 1/4 的盐擦于体外,应以胸肌、小腿肌和口腔为主。擦盐后依次码在缸中,经盐渍 12 h 后取出,提起后翅,撑开肛门,使腔中盐水全部流出,这称为扣卤。然后再叠于缸中,经 8 h 左右进行第二次扣卤。

②复腌　第二次扣卤后,用预先经处理的老卤,从肋部切口灌满后再依次浸入卤缸中。所浸数量不宜太多,以免腌制不均。码好后,用竹签制的棚形盖盖上,并压上石头,使鸭全部浸于卤中。复腌的时间按季节而定,在农历小雪至大雪期间,大鸭(活鸭 2 kg 以上)22 h,中鸭(1.5~2 kg)18 h,小鸭(1.5 kg 以下)16 h;大雪至立春期间,大鸭为 18 h,中鸭为 16 h,小鸭为 14 h;也可平均复腌 20~24 h。

(4)卤制

①新卤的配制　将除去内脏后浸泡鸭用的血水,加入精盐 38%,煮沸,使盐全部溶解成饱和盐水。除去上浮的泡沫污物,待澄清后取清液倒入缸中,另加生姜片 0.02%,整粒茴香0.01%,整根葱 0.03%,冷却后即成新卤。

②老卤的复制　由于老卤中含有一定量的萃取物质和蛋白质的中间分解物(如氨基酸等),故由老卤制成的板鸭,风味比新卤好。卤水经复腌后即有血水流出,致浅红色,易引起腐败发臭,故每经复腌 3~4 次后,则需烧卤一次。烧卤一方面是灭菌,另一方面是将其中的可溶性蛋白质加热凝固后除去。烧卤前先用比重计测量其浓度,经维持饱和为原则。

（5）包装

杀菌后的鸭子送入 0 ~ 4 ℃冰箱 8 ~ 12 h,待鸭体中心温度降至 10 ℃下再装入外袋,这样可以延长板鸭产品的保存时间。

任务 3.2.5　风鹅的加工

风鹅是溧阳地方特产,已有 100 多年的历史,有风香鹅的称谓,简称风鹅。风味独特,是淮扬菜系代表菜之一。鹅肉含人体所需的 8 种必需氨基酸。鹅肉为补气、生津、养生食品,补虚益气、养胃生津、通利五脏,产品风味独特,开袋即食,深受消费者喜爱。

1)特点

风鹅制品肉质鲜嫩,腊香浓郁,并含有大量的氨基酸和不饱和脂肪酸,具有高蛋白、低脂肪、味道鲜美、口感香嫩、回味悠长的特点,是一种风味和营养俱佳的美食。

2)工艺流程

原料修整→湿腌→风干→煮制→冷却→真空包装→微波杀菌→冷却→成品

3)操作注意事项

①参考配方　以鹅胴体 10 kg 为计,盐 2.5 ~ 3 kg,白糖 0.5 ~ 0.75 kg,花椒 0.1 ~ 0.2 kg,五香粉 0.1 kg,硝酸钠 50 g。

②原料准备　原料鹅的选择、宰杀放血、褪毛、浸洗:选用 4 个月龄的扬州大白鹅,电麻后颈部放血,血放完后褪毛、浸泡、清洗,浸泡的时间应长一些,尽量将残留在体内的残血浸泡出来。另外风鹅生产的原料可能存在的质量风险有原料肉中的兽药残留、病原微生物、寄生虫等;辅料有白砂糖、食盐等,主要危险因素为重金属等。生产用水是否符合生活饮用水标准也与产品质量密切相关。应严格控制原料的质量。

③抹料腌制　把辅料粉碎混匀,涂抹在鹅体腔、口腔、创口和暴露的肌肉表面。然后平放在案板上或倒挂控制 3 ~ 4 d。也可采用湿腌法:按配方称取各种辅料,混合溶解后,将清洗干净的光鹅浸泡在其内进行腌制,为使鹅体能完全浸泡在液面下,在表面压一层木条框,再在木条框上面压上洗涤干净的石块。

④风干、煮制　腌制结束沥干水分后,将鹅挂在风干设备的挂钩上进行风干,吊挂时应注意鹅与鹅之间应留有一定的隔隙,便于空气流通,应根据试验要求,调整好风速、温度、相对湿度。煮制时应注意控制好煮制时间和温度,以中心温度超过 85 ℃至少保持 30 min 为宜。

⑤冷却、真空包装　煮制结束后,可以在无菌室内通过空气自然冷却至温度为 20 ℃,冷却好后进行真空包装。真空包装后可进行二次微波杀菌、在微波杀菌过程中,应注意控制好温度和时间,防止破袋,微波杀菌结束后,应及时将其送至冷却室进行冷却。

思考练习

1.简述腌肉的呈色机理及影响腌肉制品色泽的因素。

2．试述在腌腊肉制品成熟过程中所发生的变化及其对成品的影响。

3．简述常见的腌制方法及特点。

4．简述影响腌腊肉制品质量的因素及其控制途径。

5．简述典型的金华火腿加工工艺及其未来的发展趋势。

实训操作

实训操作 1　中式香肠的制作

1）目的要求

本实验要求理解腊肠的加工和保藏原理,掌握香肠的主要工艺操作方法。

2）材料用具

①原辅料　新鲜猪肉(包括精瘦肉和肥膘两部分)、盐渍肠衣或干肠衣、食盐、酱油、砂糖、白酒、混合香料。

②用具　绞肉机,切丁机、秤、天平、案板、刀具、拌馅机、灌肠机。

3）方法步骤

①肠衣的准备　用温水浸泡、清洗盐渍肠衣或干肠衣,沥干水后,在肠衣一端打一死结待用。

②原料肉预处理　以新鲜猪后腿精瘦肉为主,不使用冷冻肉,肉膘以背膘为主,腿膘次之。瘦肉绞成 $0.5 \sim 1$ cm³ 的肉丁,肥肉用切丁机切成 1 cm³ 肉丁后用 $35 \sim 40$ ℃热水漂洗去浮油,沥干水备用。

③拌料及腌制　无硝广式腊肠参考配料:瘦猪肉 7 kg,白膘 3 kg,大曲酒 0.3 kg,酱油 0.05 kg,精盐 $0.3 \sim 0.34$ kg,砂糖 0.8 kg,液体葡萄糖 0.2 kg。首先按瘦肥 7∶3 比例的原料肉放入拌馅机中,将配料用少量温开水(50 ℃左右)溶化,加入肉馅中充分搅拌均匀,使肥、瘦肉丁均匀分布,不出现黏结现象,常温腌制 2 h 后即可以灌肠。

④灌制　将搅拌好的肉馅倒入灌肠机中,然后在出料口上套上洗净的肠衣。然后将肉馅灌入肠内,每灌 $12 \sim 15$ cm 时,即可用棉线结扎。注意肠衣套在出料管后要及时使用,否则水分蒸发后会影响使用。

⑤漂洗　使用温水洗净香肠表明多余肉沫,并沥干水分。

⑥晾晒　通常可以防止在采光好且干燥的空间晾晒 14 d 左右,然后放置阴凉地方成熟 14 d 左右即可成成品。

⑦成品　外形完整,肥肉与瘦肉相间分明,肠体干爽,且呈完整的圆柱形,表面有自然皱纹。

4）实训作业

按照要求进行实际操作,并结合实际过程写出实训报告。

实训操作2　奥尔良腌制风味烤鸡的制作

1）目的要求

掌握肉的腌制原理,进一步认识腌制过程中所用腌制剂的种类和作用。掌握奥尔良腌制风味烤鸡的制作技术。

2）材料用具

①原辅料　冰冻整鸡,食盐、奥尔良风味复合腌制料(主要配料包括百里香、罗勒、甘牛至、芹菜籽盐、黑胡椒、干芥末、红辣椒粉、大蒜粉、姜粉),水。

②用具　刀具,案板,电子天平,冰箱,烤禽炉,腌制用器皿。

3）方法步骤

①原料准备　将原料肉解冻清洗,沥干水分。

②腌制　根据原料肉总重,按比例称重(腌料∶水∶原料肉=1∶1∶10),腌料和水,并使其充分溶解调成腌制液。添加一定量食盐后,将原料肉与腌制液充分混合均匀,并置于冰箱冷藏0~4 ℃,静腌12 h,建议隔数小时充分搅拌按摩一次,以便腌制均匀。

③烤制　将湿腌后的鸡胴体控干水分,然后放入烤禽炉中烤制。烤制温度:炉温升至100 ℃时放入肉鸡,然后炉温升至180 ℃时,恒温烤制15~20 min。然后将炉温升高至240~250 ℃烤5~10 min。

④成品　鸡胴体色泽均匀发亮,呈橘红色。外形完整,肉质酥松,奥尔良风味丰富。

4）实训作业

按照要求进行实际操作,并结合实际过程写出实训报告。

项目4
酱卤制品

知识目标

了解酱卤肉制品的概念及其种类;熟悉酱卤肉制品主要特点以及加工方法中的调味分类;掌握酱卤肉制品的质量检测要求。

技能目标

掌握几种典型酱卤肉制品的具体加工工艺、配方、操作方法和注意事项。

 知识点

酱卤制品概念、特点;酱肉制品加工工艺、配方和操作要点;酱卤肉制品质量检测标准。

4.1 相关知识

知识 4.1.1 酱卤肉制品的种类和特点

酱卤肉制品是我国典型的民族传统熟肉制品,已有几千年历史,其主要特点是产品酥润、风味浓郁,有的带卤汁,不宜包装和保藏,适于就地生产,就地供应。其中不乏享誉全国的特产,如德州扒鸡、道口烧鸡、天福号酱肘子、无锡酱排骨、苏州酱汁肉等。由于口味适合我国广大消费者的嗜好,所以酱卤肉制品发展很快,肉类消费市场上这类食品的比重最大。

一般说来,酱卤肉制品指以鲜、冻畜禽肉为原料,加入调味料和香辛料,以水为加热媒介,煮制而成的熟肉制品,酱卤肉制品不使用淀粉和植物蛋白粉。由于各地的消费习惯和加工过程中所用配料、操作技术不同,形成了许多地方特色风味的品种。北方酱卤肉制品咸味重,如符离集烧鸡;南方的制品则味甜、少盐,如苏州酱汁肉。另外,随着季节的变化,制品风味略有变化。夏天口重,冬天口轻。

酱卤肉制品按照加工工艺来分,可分为白煮肉类(Boiled Meat)、酱卤肉类(Stewed Meat in Seasoning)、糟肉类(Meat Flavoured with Fermented Rice)3大类。

1)白煮肉类

白煮也称为白烧、白切。是原料肉经(或未经)腌制后,在水(或盐水)中煮制而成的熟肉类制品。白煮肉类的主要特点是最大限度地保持了原料肉固有的色泽和肉味,一般在食用时才调味。其特点是制作简单,仅用少量的食盐,基本不加其他配料;基本保持原形原色及原料本身的鲜美味道;外表洁白,皮肉酥润,肥而不腻。白煮肉类以冷食为主,吃时切成薄片,蘸以少量酱油、芝麻油、葱花、姜丝、香醋等。

2)酱卤肉类

酱卤肉类是肉在水中加食盐或酱油等调味料和香辛料一起煮制而成的一类熟肉类制品,是酱卤肉制品中品种最多的一类,其风味各异,但主要制作工艺大同小异,只是在具体操作方法和配料的数量上有所不同。根据这些特点,酱卤肉类可划分为以下5种。有的酱卤肉类的原料肉在加工时,先用清水预煮,一般预煮20 min左右,然后再用酱汁或卤汁煮制成熟,某些产品在酱制或卤制后,需再烟熏等工序。酱卤肉类的主要特点是色泽鲜艳、味美、肉嫩、具有独特的风味。产品的色泽和风味主要取决于调味料和香辛料。酱卤肉类主要有酱汁肉、卤肉、烧鸡、糖醋排骨、蜜汁蹄髈等。

①酱制品 也称红烧或五香制品,是酱卤肉类中的主要品种,也是酱卤肉类的典型产品。这类制品在制作中因使用了较多的酱油,以至于制品色深、味浓,故称酱制。又因煮汁的颜色和经过烧熟后制品的颜色都成深红色,所以又称红烧制品。另外,由于酱制品在制作时加入了八角、桂皮、丁香、花椒、小茴香等香辛料,故有些地区称这类制品为五香制品。

②酱汁制品 以酱制为基础,加入红曲米为着色剂,具有鲜艳的樱桃红色,使用的糖量

较酱制品多,在锅内汤汁将干、肉开始酥烂准备出锅时,将糖熬成汁直接刷在肉上,或将糖散在肉上,使制品具有鲜艳的樱桃红色。酱汁制品色泽鲜艳,口味咸中有甜且酥润。

③卤制品　是先调制好卤制汁或加入陈卤,然后将原料放入卤汁中。开始用大火,待卤汁煮沸后改用小火慢慢卤制,使卤汁逐渐浸入原料,直至酥烂即成。卤制品一般多使用老卤。每次卤汁后,都需要对卤汁进行清卤(撇油、过滤、加热、晾凉),然后保存。陈卤使用时间越长,香味和鲜味越浓,产品特点是酥烂,香味浓郁。

④蜜汁制品　蜜汁制品的烧煮时间短,往往需油炸,其特点是块小,以带骨制品为多。蜜汁制品的制作中加入多量的糖分和红曲米水,方法有两种:第一种是待锅内的肉块基本煮烂,汤汁煮至发稠,再将白糖和红曲米水加入锅中。待糖和红曲米熬至起泡发稠,与肉块混匀,起锅即成。第二种是先将白糖与红曲米水熬成浓汁,浇在经过油炸的制品上即成(油炸制品多带骨,如大排、小排、肋排等)。蜜汁制品表面发亮,多为红色或红褐色,蜜汁甜蜜浓稠。制品色泽味甜,鲜香可口。

⑤糖醋制品　方法基本同酱汁,在辅料中需加入糖和醋,使制品具有甜酸的滋味。

酱汁肉类制作简单,操作方便,成品表面光亮,颜色鲜艳;因重香辛料、重酱卤,煮制时间长,制品外部都粘有较浓的酱汁或糖汁。因此,制品具有肉烂皮酥、浓郁的酱香味或甜香味等特色。我国著名的酱卤肉类有酱汁肉、卤肉、烧鸡、糖醋排骨、蜜汁蹄髈等。

3)糟肉类

糟肉是用酒糟或陈年香糟代替酱汁或卤汁制品的一类产品。它是原料肉经白煮后,再用"香糟"糟制的冷食熟肉类制品。其主要特点是制品胶冻白净,清凉鲜嫩,保持原料固有的色泽和曲酒香气,风味独特。糟制品需要冷藏保存,食用的需要添加冻汁,携带不便,因而受到一定的限制。糟肉类有糟肉、糟鸡、糟鹅等产品。

知识4.1.2　酱卤肉制品的加工过程

酱卤肉制品的加工方法主要是3个过程,一是选料和整理,二是调味,三是煮制(酱制)。

1)选料和整理

酱卤制品所用的原料很多,诸如猪、牛、羊、鸡、鸭的肌肉、头、蹄和下水。选料时应考虑两个重要因素,一是选择新鲜的符合卫生检验要求的肉作加工的原料;二是根据制品的要求,选择相应的畜禽品种、年龄、体重等作为加工原料。例如,酱牛肉以腿部肌肉为佳;烧鸡多选择重1 kg左右的童子鸡为佳。

2)调味

调味方法根据加入调味料的时间可分为基本调味、定性调味和辅助调味。

①基本调味　在原料肉整理之后,对原料肉进行不同时间的腌制,腌制时加入盐、酱油或其他调料,奠定产品的咸味称为基本调味。

②定性调味　加热煮制或红烧时,原料下锅后,随时加入主要配料,如酱油、酒、盐、香料等决定产品的口味而定性调味。

③辅助调味　加热煮制之后或即将出锅时加糖、味精等调味料,以增进产品的色泽和

鲜味称为辅助调味。辅助调味要注意掌握好调味料加入的时间和温度,否则,某些调味料遇热会变性。

3)煮制

煮制是对原料肉进行热加工处理,以改变肉的感官性质,降低肉的硬度,使产品达到熟制。同时,加热煮制过程中吸收各种配料,改善了产品的色、香、味。

(1)煮制的火力

在煮制过程中,按火焰的大小可将火力分为 3 种,即旺火、文火和微火。旺火(大火、武火、急火)火焰高而稳定。文火(中火、温火)火焰低而摇晃。微火(小火)保持火焰不灭。火力的分类在实际运用中,对旺火的掌握大多一致,但对文火和微火的掌握,则随操作习惯而各异,也有把温火称微火的。

酱卤制品煮制过程中的火力,除个别品种外,一般都是先旺火,后文火。旺火煮制的时间一般比较短,其作用是将原料肉由生煮熟。但不能使肉酥润,文火和微火的煮制时间一般比较长,其作用可使肉酥润可口,配料逐步渗入产品内部,使产品达到内外咸淡均匀的目的。有的产品在加入食糖后,往往再用旺火短时间煮制,其目的的是食糖加速融化。卤制内脏,由于口味的要求和原料鲜嫩的特点,在煮制过程中,自始至终采用文火烧煮,其加热煮制时间随品种不同而异,一般体积大,块头大的原料,加热煮制时间较长,反之较短。总之,以产品烧熟到符合规格要求为前提。

(2)煮制的方法

①清煮和红烧 在酱卤制品加工中,除少数品种外,大多数品种的煮制过程可分清煮和红烧两个阶段。清煮也称"白锅",他是辅助性的煮制工序,其目的是消除原料肉的膻腥气味。清煮的方法是将成形原料投入沸水锅中,不加任何调料进行煮制,并加以翻拌,捞出浮油、血沫和杂质。清煮时间随成形原料的大小而异。一般为 10~60 min。清煮时的肉汤称白汤,其味鲜量多,要妥善保存,红烧时使用清煮所产生的鲜汤作为汤汁的基础。

红烧也称"红锅",它是产品的决定性程序。红烧的方法是将清煮过的坯料放入加有各种调味料的汤中进行煮制。红烧所需的时间随产品而异,一般为数小时。红烧后剩余的汤汁称红汤(老汤),应注意保管,待以后继续使用。存放时应装入带盖的容器中,防止生水和新汤掺入,否则应及时回炉烧沸,以防变质。红汤由于不断使用,其性能和成分经常发生变化,使用时应根据其咸淡程度,酌量增减配料数量。

②宽汤和紧汤 在煮制过程中,肉中的部分营养物质会随肉汁流入汤水中,因此,煮制时汤汁的多少直接影响产品质量。根据煮制时加入的汤量,有宽汤和紧汤两种煮制方法。宽汤煮制是将汤加至和肉的平面基本相齐或淹没肉体。这种煮制方法适用于块大肉厚的产品,如酱肉。紧汤煮制时将汤加至距肉平面 1/3~1/2 处,这种煮制方法适用于色深、味浓的产品,如酱汁肉。

③白汤和红汤 预煮时肉汤为白汤,味鲜量多,要妥善保存,红烧时使用白汤作基础,即红烧时汤汁少需加水时,应加白汤而不是加自来水。红烧时剩余的汤汁待以后使用的称为老汤(老卤),老汤都带有酱色或调味料色泽,颜色发红,俗称为红汤,老汤应置于有盖的容器中,防止生水和新汤掺入。老汤越用越陈,越陈越好,若在夏天,要经常检查质量,每天至少烧开一次,以防变质。使用时应注意其咸淡程度,酌情增减配料数量。

4.2　工作任务

任务4.2.1　五香酱牛肉的加工

1)特点

五香酱牛肉作为一种传统的熟肉制品,营养丰富,口味好,一直深受大众的喜爱。牛肉富含丰富蛋白质,氨基酸组成比猪肉更接近人体需要,能提高机体抗病能力,对生长发育及术后、病后调养的人在补充失血、修复组织等方面特别适宜。

2)工艺流程

选料→清洗→切块→盐水注射→真空滚揉→切块→卤制→成品

3)操作方法及注意事项

①参考配方　以50 kg牛肉计算,其中腌制用料:汤骨20 kg,食盐1 200 g,白糖400 g,葡萄糖200 g,焦磷酸钠90 g,三聚磷酸盐100 g,大豆蛋白粉60 g,亚硝酸钠5 g,白酒100 mL,味精100 g,八角20 g,花椒20 g,丁香10 g,小茴香30 g,草果10 g,桂皮10 g,水7 500 mL。煮制用料:八角40 g,花椒30 g,丁香10 g,桂皮30 g,小茴香60 g,豆蔻30 g,草果30 g,葱600 g,姜200 g,味精200 g,白酒100 mL。

②选料与整理　选择经过检验检疫的合格的牛肉,清除残毛、污物,并剔除筋腱,沥干水分,切成1 kg的均匀块型备用。

③腌制液配制　首先将汤骨放入水中煮开,文火熬制1 h后放入香辛料,再熬制1 h,期间不断撇去浮油,用纱布过滤肉汤,待温度降至常温后,按配方把食盐、糖、磷酸盐(事先用少量水化开)、抗坏血酸、亚硝酸钠、白酒、味精等加入并不断搅拌均匀,配成腌制混合液。

④盐水注射　用单针头盐水注射机进行注射,注射腌制液量占肉重的20%,注射时针头缓慢移动,以确保注射均匀,严格控制注射量。

⑤真空滚揉　滚揉在真空滚揉机中进行,滚揉机放在0~4 ℃的冷库中,间断滚揉8~10 h,正转20 min,反转20 min,再停止30 min。

⑥卤制　卤制用水与肉比例为1∶1,如第一次煮肉,需首先熬制酱汤,即用排骨、鸡骨架等汤骨,加上鲜猪皮,加配料中的双倍香辛料熬制,并加入酱色。酱色的制法:将麻油入锅,加入白糖,用火熬制,并不断炒动,待锅中起青烟,移开火,加入开水即成。酱汤烧开后,放入滚揉好的肉块,大火烧开,保持大火20 min,期间不断撇去浮油,改为小火焖煮1 h,温度保持在95 ℃左右。当用筷子容易插入肉块时,则可出锅。

任务4.2.2　烧鸡的加工

烧鸡是享誉全国的风味菜肴。将涂过饴糖的鸡油炸,然后用香料制成的卤水煮制而成。香味浓郁,味美可口。以河南道口烧鸡、江苏古沛郭家烧鸡、安徽的符离集烧鸡和徽香源烧鸡、山东德州烧鸡最为著名。其中道口烧鸡是河南滑县道口镇"义兴张"烧鸡店所制,是该省著名的特产。创业于清朝顺治十八年(1616 年),至今已有 300 多年的历史。道口烧鸡的制作技艺历代相传,形成自己的独特风格。1981 年被商业部评为全国名特优产品。道口烧鸡与北京烤鸭、金华火腿齐名,被誉为"天下第一鸡"。

1)特点

鸡身呈浅红色,鸡皮不破不裂,鸡肉完整,鸡味鲜美,肥而不腻。

2)工艺流程

选料 → 造型 → 油炸 → 卤制 → 冷却 → 成品

3)操作方法和注意事项

①参考配方　按 100 只鸡为原料计算,肉桂 90 g、砂仁 15 g、良姜 90 g、丁香 5 g、白芷 90 g、肉豆蔻 15 g、草果 30 g、硝酸钠 10 ~ 15 g、陈皮 30 g、食盐 2 ~ 3 kg。

②选料　选择无病健康活鸡,体重 1.5 kg 左右,鸡龄 1 年左右,鸡龄太长则肉质粗老,太短则肉风味欠佳。一般不用肉鸡做原料。鸡在宰杀前需停食 15 h 左右,同时给予充足饮水,以利于消化道内容物排出,便于操作,减少污染,提高肉的品质。

③选型　烧鸡造型的好坏关系到顾客购买的兴趣,故烧鸡历来重视造型的继承和发展。道口烧鸡的造型似三角形(或元宝形),美观别致。先将两后肢从跗关节处割除脚爪,然后背向下腹向上,头向外尾向里放在案子上。用剪刀从开膛切口前缘向两大腿内侧呈弧形扩开腹壁(也可在屠宰加工开膛时,采用从肛门前边向两大腿内侧弧形切开腹壁的方法,去内脏后切除肛门),并在腹壁后缘中间切一小孔,长约 0.5 cm。用解剖刀从开膛处切口介入体腔,分别置于脊柱两侧根部,刀刃向着肋骨,用力压刀背,切断肋骨,注意切勿用力太大切透皮肤。再把鸡体翻转侧卧,用手掌按压胸部,压倒肋骨,将胸部压扁。把两翅肘关节角内皮肤切开,以便翅部伸长。取长约 15 cm、直径约 1.8 cm 的竹棍一根,两端削成双叉型,一端双叉卡住腰部脊柱,另一端将胸脯撑开,将两后肢断端穿入腹壁后缘的小孔。把两翅在颈后交叉,使头颈向脊背折抑,翅尖绕至颈腹侧放血刀口处,将两翅从刀口向口腔穿出。造型后,外形似三角形,美观别致。造型后,鸡体表面用清水洗净,晾干水分。

④炸鸡　把饴糖或蜂蜜与水按 3∶7 之比混合,加热溶解后,均匀涂擦于造型后的鸡外表。打糖均匀与否直接影响油炸上色的效果,如打糖不匀,造成油炸上色不匀,影响美观,打糖后要将鸡挂起晾干表面水分。炸鸡用油要选用植物油或鸡油,不能用其他动物油。油量以能淹没鸡体为度,先将油加热至 170 ~ 180 ℃,将打糖后晾干水分的鸡放入油中炸制,其目的主要是使表面糖发生焦化,产生焦糖色素,而使体表上色。约经 30 s,等鸡体表面呈柿黄色时,立即捞出。由于油炸时色泽变化迅速,操作时要快速敏捷。炸制时要防止油温波动太大,影响油炸上色效果。鸡炸后放置时间不宜长,特别是夏季应尽快煮制,以防变质。

⑤煮鸡　其按配料配制卤汤。已炸好的鸡顺序平摆在锅内,兑入陈年老汤和化开的盐水后,再放入砂仁等 8 味配料,用竹箅压住鸡体,使老汤浸住最上一层鸡体的一半。先用旺火将汤烧开,然后把 12 ~ 18 g 火硝放入鸡汤沸入溶化,将汤煮开后再用文火焖煮,直到煮熟为止,从开锅时算起,煮 3 ~ 5 h。捞出时要注意保持造型美观。

不同品种的烧鸡风味各有差异,关键在于配料不同。配料的选择和使用是烧鸡加工中的重要工序,关系到烧鸡口味的调整和质量的优劣以及营养的互补。煮制时,要依白条鸡的质量按比例称取配料。香辛料须用纱布包好放在锅下面。把油炸后的鸡逐层排放入锅内,大鸡和老鸡放在锅下层,小鸡和幼龄鸡放在上层。上面用竹算压住,再把食盐、糖、酱油加入锅中。然后加老汤使鸡淹没入液面之下,先用旺火烧开,把硝酸钠用少量汤液溶解后洒入锅中。改为微火烧煮,锅内汤液能徐徐起泡即可,切不可大沸,煮至鸡肉酥软熟透为止。从锅内汤液沸腾开始计时,煮制时间,一年左右鸡约 1.5 h,两年左右的鸡约 3 h。煮好出锅即为成品。煮制时若无老汤可用清水,注意配料适当增加。

⑥保藏　将卤制好的鸡静置冷却,既可鲜销,也可真空包装,冷藏保存。

任务 4.2.3　盐水鸭的加工

南京盐水鸭是江苏省南京市著名的传统名优肉制品。南京盐水鸭加工制作的季节不受限制,一年四季都可以加工。尤其农历 8—9 月是稻谷飘香、桂花盛开的季节,此时加工的盐水鸭又名桂花鸭。

1)特点

南京盐水鸭的特点是腌制期短,表皮洁白,鸭体完整,鸭肉鲜嫩,食之肥而不腻,口味鲜美,营养丰富,细细品尝时,有香、酥、嫩的特色。

2)工艺流程

原料选择与整理→腌制→沥干→煮制→冷却→包装

3)操作方法及注意事项

①参考配方　以一只鸭为计算(重约 2 000 g),精盐 230 g,姜 50 g,葱 50 g,大料适量。

②原料选择与整理　选用当年健康肥鸭,宰杀拔毛后切去翅膀和脚爪,然后在右翅下开膛,取出全部内脏,用清水冲净体内外,再放入冷水中浸泡 1 h,挂起晾干待用。

③腌制　先干腌,即用食盐和大料粉炒制的盐,涂擦鸭体内腔和体表,每只鸭用盐量 100～150 g,擦后堆码腌制 2～4 h,冬春季节长些,夏秋季节短些。然后抠卤,鸭子经腌制后,肌肉中的一部分水和余血渗出,留存在腹腔内,这时用右手提起鸭的右翅,用左手指或者中指插入鸭的肛门内,使腹腔内的血卤排出,故称抠卤。再行复卤 2～4 h 即可出缸。复卤即用老卤腌制,老卤是加生姜、葱、大料熬煮加入过饱和盐水而制成。按每 50 L 水加食盐 35～37 kg 的比例放入锅中煮沸,冷却过滤后加入姜片 100 g、大料 50 g 和香葱 100～150 g 即为新卤。新卤经一年以上的循环使用即称为老卤。复卤即用老卤腌制,复卤时间为 2～3 h。复卤后的鸭坯经整理后用沸水浇淋鸭表体,使鸭子肌肉和外皮绷紧,外形饱满。

④烘干　腌后的鸭体沥干盐卤,把鸭子逐只挂于架子上,推至烘干房内,以除去水气,其温度为 40～50 ℃,时间 20～30 min,烘干后,鸭体表色未变色即可取出散热。注意烘炉要通风,温度绝不宜高,否则会影响盐水鸭品质。

⑤煮制　煮制前用 6 cm 长中指粗的中空竹管或芦苇管插入鸭的肛门,再从开口处插入腹腔,姜 2～3 片,大料 2 粒,葱 1～2 根,然后用开水浇淋鸭的体表,使肌肉和外表皮绷紧,外形饱满。然后水中加入 3 种料(葱、生姜、大料)煮沸,停止加热,将鸭子放入锅中,开

水很快进入体腔内,提鸭头放掉腔内热水,再将鸭胚放入锅中,压上竹盖使鸭全浸在液面以下,焖煮 20 min 左右,此时锅中水温在 85 ℃。然后加热升温到锅边出现小泡,这时锅内水温 90~95 ℃时,提鸭倒汤,然后焖 5~10 min,即可起锅。在焖煮过程中水不能开,始终维持在 85~95 ℃,否则水开肉中脂肪熔解,导致肉质变老,失去鲜嫩特色。

4.3 质量检测

酱卤制品质量要求

1)感官要求
酱卤制品感官要求应符合表4.1的规定。

表4.1 酱卤制品感官要求

项　目	指　标
外观形态	外形整齐,无异物
色　泽	酱制品表面为酱色或褐色,卤制品为该品种应有的正常色泽
口感风味	咸淡适中,具有酱卤制品特有风味
组织形态	组织紧密
杂　质	无肉眼可见的外来杂质

2)理化指标
酱卤制品理化指标应符合表4.2的规定。

表4.2 酱卤制品理化指标

项　目	指　标		
	畜肉类	禽肉类	畜禽内脏、杂类
蛋白质/(g · 100 g^{-1})	≥20.0	≥215.0	≥28.0
水分/(g · 100 g^{-1})	≤70		≤75
食盐(以 NaCl 计)/(g · 100 g^{-1})	≤4.0		
铅/(Pb)/(mg · kg^{-1})	≤0.5		
无机砷/(mg · kg^{-1})	≤0.05		
镉/(mg · kg^{-1})	≤0.1		
总汞(以 Hg 计)/(mg · kg^{-1})	≤0.05		

续表

项　目	指　标		
	畜肉类	禽肉类	畜禽内脏、杂类
亚硝酸盐/(以 NaCl 计)/(mg·kg^{-1})		应符合 GB 2726 规定	
食品添加剂		应符合 GB 2760 规定	

注:a 包括畜、禽类头颈、爪、蹄、尾等部分的制品。

3)微生物指标

酱卤制品微生物指标应符合 GB 2726 的规定(表 4.3)。罐头工艺生产的酱卤肉制品应符合罐头食品商业无菌的要求。

表 4.3　酱卤制品微生物指标

项　目	指　标
菌落总数/(cfu·g^{-1})	
烧烤肉、肴肉、肉灌肠	≤50 000
酱肉	≤80 000
熏煮火腿、其他熟肉制品	≤30 000
肉松、油酥肉松、肉松粉	≤30 000
肉干、肉脯、肉糜脯、其他熟肉干制品	≤10 000
大肠菌群/(MPN/100 g)	
肉灌肠	≤30
烧烤肉、熏煮火腿、其他熟肉制品	≤90
肴肉、酱卤肉	≤150
肉松、油酥肉松、肉松粉	≤40
肉干、肉脯、肉糜脯、其他熟肉干制品	≤30
致病菌(沙门氏菌、金黄色葡萄球菌、志贺氏菌)	不得检出

4)净含量

净含量应符合《定量包装商品计量监督管理办法》。

思考练习

1.酱卤肉制品的种类有哪些?

2.简述酱卤肉制品的特点。

3.制作酱卤制品有哪几道重要工序？应如何控制？

4.简要叙述酱卤肉制品有关标准中的重要条款？

实训操作

实训操作 1　五香牛肉的加工制作

1)目的要求

通过实训,基本掌握酱卤肉制品的调味和煮制方法,初步掌握五香牛肉的加工技术。

2)材料用具

①原辅料　鲜牛肉,食盐、香辛料等。

②用具　蒸煮锅,刀具,天平,盆等。

3)方法步骤

①原料整理　去除较粗的筋腱或结缔组织,用温水洗除肉表明的杂物和血渍,以垂直牛肉纤维纹路的方式切成 0.5 kg 左右的肉块。

②腌制　将颗粒盐洒在肉坯上,并反复揉擦,放入盆中腌制 8 ~ 24 h(夏季时稍短)。腌制过程中可适量翻动。

③预煮　将腌制好的肉坯用清水冲洗干净,主要是洗去表面的颗粒盐,然后放入蒸煮锅中,用大功率烧沸,注意撇去浮沫和杂物,煮制约 20 min 后,捞出牛肉块,放入清水中漂洗干净。

④卤制　五香牛肉卤制配方请见任务 4.2.1 五香酱牛肉加工。把腌制好并清洗过的牛肉放入蒸煮锅内,加入清水,水量依据肉重而定,一般以盖过牛肉并超过 3 ~ 5 cm 为宜,同时放入以上全部辅料,用大功率煮沸,改为小功率焖煮 2 ~ 3 h 出锅。煮制过程需适量翻动 3 ~ 4 次。

⑤成品　成品表面色泽酱红,筋腱呈透明或黄色,切片完整性好。口味五香调和,美味可口。

4)实训作业

按要求进行实际操作,并结合实际过程写出实训报告。

实训操作 2　烧鸡的加工制作

1)目的要求

通过实训,基本掌握酱卤肉制品加工流程,了解烧鸡的加工技术。

2)材料用具

①原辅料　冰鲜整鸡,食盐、香辛料等。

②用具　蒸煮锅,天平,刀具,电子秤等。

3)操作方法

①原料清洗　用温水洗除肉表面的杂物和血渍,以及鸡嘴内部的污物。

②造型　将鸡两爪交叉并插入鸡腹腔内(屠宰时腹腔部位留有刀口),并把鸡头别在左翅下。

③上色　将整形好的鸡放入90 ℃左右的热水中浸烫1~2 min捞出沥干。糖液主要成分是饴糖溶液,其糖水质量比是1:3。用刷子将糖液均匀涂擦于造型后鸡胴体表面,并晾干备用。

④油炸　将上好糖液的鸡放入约180 ℃左右的植物油中翻炸5~8 min,待鸡胴体表面呈金黄色即可。炸鸡时注意不要弄破鸡皮。

⑤卤制　烧鸡配方请见任务4.2.2烧鸡加工。将主要香辛料加适量水放入蒸煮锅中用大功率煮沸,然后放入上色后的鸡胴体,并同时加入其他辅料,用大功率烧开,后改为小火焖煮2~4 h,待烂熟后捞出即可。

⑥成品　外形完整,造型美观,色泽金黄,味香肉烂,出品率64%。

4)实训作业

写出实训报告。

项目5
干肉制品

知识目标

理解干制对肉制品的作用和干制原理;掌握干肉制品的主要加工工艺和操作技术;掌握干肉制品的质量检测标准。

技能目标

能正确选择干制方法和熟悉干制设备的操作;能设计干肉制品的加工方案并实施;能独立完成至少一种干肉制品的加工工作。

知识点

干肉制品的概念和种类、干肉制品的加工原理和加工工艺;干肉制品的质量检测标准。

5.1 相关知识

知识 肉品干制的方法与原理

干肉制品是指将原料肉先经熟加工,再成型、干燥,或先成型,再经熟加工制成的易于常温下保藏的干熟类肉制品。干肉制品一般指的是脱水熟肉制品,主要包括是肉干、肉松和肉脯等。它是以新鲜的畜禽瘦肉为原料,在自然条件或人工条件下脱去肉品中的一部分水,抑制微生物的活动和酶的活力,从而达到延长贮藏时间的目的,并且使肉品发生物理化学变化,改变其色泽、气味、口味和成分,以达到加工新颖产品的目的。

根据干肉制品使用原料的不同,肉松可以分为猪肉松、牛肉松、鸡肉松、鱼肉松等;肉干也可分为猪肉干、牛肉干、兔肉干、鸡肉干、鱼肉干等;肉脯有猪肉脯和牛肉脯等。按配料不同又可分为五香肉干、咖喱肉干、香辣肉干等;在形状上可以区分成肉片、肉条、肉丁、肉粒等。尽管干肉制品有一定的区别,但其制法均大同小异,质量要求也基本一致。干肉制品颇受大众喜爱的主要原因还是其具有营养丰富、美味可口、质量轻、体积小、食用方便、便于携带和保存的优良特点。

1)常压干燥

常压干燥过程包括恒速干燥和减速干燥两个阶段,而后者又由减速干燥第一阶段和第二阶段组成。

在恒速干燥阶段,肉块内部水分扩散的速率要大于或等于表面蒸发速度,此时水分的蒸发是在肉块表面进行,蒸发速度由蒸汽穿过周围空气膜的扩散速率控制,其干燥速度取决于周围热空气与肉块之间的温度差,而肉块温度可近似认为与热空气湿球温度相同。在恒速干燥阶段将除去肉中绝大部分的游离水。

当肉块中水分的扩散速率不能再使表面水分保持饱和状态时,水分扩散速率便成为干燥速度的控制因素。此时,肉块温度上升,表面开始硬化,干燥进入减速干燥阶段。水分移动开始稍感困难阶段为第一减速干燥阶段,以后大部分成为胶状水的移动则进入第二减速干燥阶段。

肉品进行常压干燥时,内部水分扩散的速率影响很大。干燥温度过高,恒速干燥阶段缩短,很快进入降速干燥阶段,但干燥速度下降。因为在恒速干燥阶段,水分蒸发速度快,肉块的温度较低,不会超过其湿球温度,因而加热对肉的品质影响较小。进入降速干燥阶段,表面蒸发速度大于内部水分扩散速率,致使肉块温度升高,极大地影响肉的品质,且表面形成硬膜,使内部水分扩散困难,降低了干燥速率,导致肉块内部水分含量过高,这样的干肉制品贮藏性能差,易腐烂变质。因此,在干燥初期,肉品水分含量高,可适当提高干燥温度,随着水分减少应及时降低干燥温度。据报道在完成恒速干燥阶段后,采用回潮后再进行干燥的工艺效果良好。

除了干燥温度外,湿度、通风量、肉块的大小、摊铺厚度等都影响干燥速度。

常压干燥时温度较高,且内部水分移动,易于组织蛋白酶作用,常导致成品品质变劣,挥发性芳香成分逸失等缺陷,并且干燥时间较长。

2)减压干燥

食品置于真空环境中,随真空度的不同,在适当温度下,其所含水分会蒸发或升华。肉品的减压干燥有真空干燥和冷冻升华干燥两种。

①真空干燥 是指肉块在未达结冰温度的真空状态(减压)下水分的蒸发而进行干燥。真空干燥时,在干燥初期,与常压干燥时相同,也存在着水分的内部扩散和表面蒸发。但在整个干燥过程中,则主要为内部扩散与内部蒸发共同进行。因此,与常压干燥相比较,干燥时间缩短,表面硬化现象减小。真空干燥常采用的真空压力为 533 ~ 6 666 Pa,干燥室中温度低于 70 ℃。真空干燥虽蒸发温度较低,但也有芳香成分的逸失及轻微的热变性。

②冷冻升华干燥 通常是将肉块急速冷冻至 -30 ~ -40 ℃,将其置于可保持真空压力 13 ~ 133 Pa 的干燥室中,因冰的升华而脱水干燥。冰的升华速度决定于干燥室的真空压力及升华所需要给予的热量。另外,肉块的大小、厚薄均有影响。冷冻升华干燥法虽需加热,但并不需要高温,只供给升华潜热并缩短其干燥时间即可。冷冻升华干燥后的肉块组织为多孔质,未形成水不浸透性层,且其含水量少,故能迅速吸水复原,是方便面等速食食品的理想辅料,也是当代最理想的干燥方法。但在保藏过程中制品也非常容易吸水,且其多孔质与空气接触面积增大,在贮藏期间易氧化变质,特别是脂肪含量高时更是如此。冷冻升华干燥设备较复杂,一次性投资较大,费用较高。

③微波干燥 微波干燥是指用波长为厘米段的电磁波(微波),在透过被干燥食品时,使食品中的极性分子(水、糖、盐)随着微波极性变化而以极高频率震动,产生摩擦热,从而使被干燥食品内、外部同时升温,迅速放出水分,达到干燥的目的。这种效应在微波一旦接触到肉块时就会在肉块内外同时产生,无须热传导、辐射、对流,故干燥速度快,且肉块内外加热均匀,表面不易焦煳。但微波干燥设备投资费用较高,干肉制品的特征性风味和色泽不明显。

国际上规定 915 MHz 和 2 450 MHz 为微波加热专用频率。微波干燥包括常规干燥法和与其他干燥方法组合的干燥法。后者在食品工业中广泛采用以提高干燥产品质量及降低成本。如牛肉干生产中采用将肉原料经自然干燥(或烘房干燥),降低其初始含水量达 20% ~ 25%,再行微波干燥,效果较好。

5.2 工作任务

任务 5.2.1 肉干的加工制作

肉干是以精选瘦肉为原料,经煮制、复煮、干制等工艺加工而成的肉干制品。肉干可以按原料、风味、形状、产地等进行分类。按原料分有牛肉干、猪肉干、兔肉干、鱼肉干等;按风味分五香、咖喱、麻辣、孜然等;按形状有片、条、丁状肉干等。现就肉干的一般加工方法介绍如下：

　　1）工艺流程

　　原料选择→预处理→预煮与成型→复煮→烘烤→冷却包装→检验→成品

　　2）操作要点

　　①原料选择　肉干多选用健康、育肥的牛、猪肉为原料,选择新鲜的后腿及前腿瘦肉最佳,因为腿部肉蛋白质含量高,脂肪含量少,肉质好。

　　②原料预处理　将选好的原料肉剔骨、去脂肪、筋腱、淋巴、血管等不宜加工的部分,然后切成 500 g 左右大小的肉块,并用清水漂洗后沥干备用。

　　③预煮与成型　将切好的肉块投入沸水中预煮 60 min,同时不断去除液面的浮沫,待肉块切开呈粉红色后即可捞出冷凉成型,然后按产品的规格要求切成一定的形状。

　　④复煮　取一部分预煮汤汁(约为半成品的一半),加入配料,熬煮,将半成品倒入锅内,用小火煮制,并不时轻轻翻动,待汤汁快干时,把肉片(条、丁)取出沥干。配料因风味的不同而异。常见肉干的配料如下：

　　［配方1］　咖喱肉干配方(以上海产咖喱牛肉干为例)　鲜牛肉 100 kg,精盐 3.0 kg,酱油 3.1 kg,白砂糖 12.0 kg,白酒 2.0 kg,咖喱粉 0.5 kg。

　　［配方2］　麻辣肉干配方(以四川生产的麻辣猪肉干为例)　鲜肉 100 kg,精盐 3.5 kg,酱油 4.0 kg,老姜 0.5 kg,混合香料 0.2 kg,白砂糖 2.0 kg,酒 0.5 kg,胡椒粉 0.2 kg,味精 0.1 kg,辣椒粉 1.5 kg,花椒粉 0.8 kg,菜油 5.0 kg。

　　［配方3］　果汁肉干配方(以江苏靖江生产的果汁牛肉干为例)　鲜肉 100 kg,食盐 2.50 kg,酱油 0.37 kg,白砂糖 10.00 kg,姜 0.25 kg,白酒 0.37 kg,大茴香 0.19 kg,果汁露 0.20 kg,味精 0.30 kg,鸡蛋 10 枚,辣酱 0.38 kg,葡萄糖 1.00 kg。

　　［配方4］　传统五香肉干配方　瘦肉 100 kg,精盐 2.0 kg,酱油 6.0 kg,生姜 0.25 kg,香葱 0.25 kg,白砂糖 8.0 kg,黄酒 1.0 kg,味精 0.2 kg,甘草粉 0.25 kg。

　　⑤烘烤　将沥干后的肉片或肉丁平铺在不锈钢网盘上,放入烘房或烘箱,温度控制在 50~60 ℃,烘烤 4~8 h 即可。为了均匀干燥,防止烤焦,在烘烤的过程中,应及时地进行翻动。

　　⑥冷却及包装　肉干烘好后,应冷却至室温,如未经冷却直接进行包装,在包装容器的内面易产生蒸汽的冷凝水,使肉片表面湿度增加,不利保藏。

任务 5.2.2　肉松的加工制作

　　肉松是我国著名的特产。肉松可以按原料进行分类,有猪肉松、牛肉松、鸡肉松、鱼肉松等,也可以按形状分为绒状肉松和粉状(球状)肉松。猪肉松是大众最喜爱的一类产品,以太仓肉松和福建肉松最为著名,太仓肉松属于绒状肉松,福建肉松属于粉状肉松。

　　1）工艺流程

　　原料选择→预处理→煮制→炒压或擦松→炒制→冷却→包装

　　2）操作要点

　　①原料肉选择　肉松加工选用健康家畜的新鲜精瘦肉为原料。

②原料肉预处理　符合要求的原料肉,先剔除骨、皮、脂肪、筋腱、淋巴、血管等不宜加工的部分,然后顺着肌肉的纤维纹路方向切成 3 cm 左右宽的肉条,清洗干净,沥水备用。

③煮制　先把肉放入锅内,加入与肉等量的水,煮沸,按配方加入香料,继续煮制,直到将肉煮烂。在煮制的过程中,不断翻动并去浮油。煮制时的配料无固定的标准。

肉松加工配方主要有以下几种:

〔配方 1〕　太仓肉松　瘦猪肉 100 kg,酱油 10 kg,白糖 3.0kg,食盐 2.5 kg,黄酒 1.5 kg,生姜 0.5 kg,茴香 0.12 kg。

〔配方 2〕　福建肉松　瘦猪肉 100 kg,酱油 8 kg,白糖 8 kg,食盐 3.1 kg,黄酒 0.5kg,生姜 0.1 kg,红糖 5 kg,猪油 5 kg。

〔配方 3〕　牛肉松　瘦牛肉 50 kg,酱油 5 ~ 9 kg,精盐 1 kg,白糖 3 kg,味精 200 g,绍兴酒 1.5 kg,生姜 250 g。

〔配方 4〕　鸡肉松　鸡肉 10 kg,精盐 0.28 kg,白糖 0.46 kg,老姜、白酒各 24 g。

〔配方 5〕　江南肉松　瘦猪肉 100 kg,酱油 11 kg,白糖 3.0kg,食盐 2.2 kg,黄酒 4.0 kg,生姜 1.0 kg,茴香 0.12 kg。

④擦松　擦松的主要目的是将肌纤维分散,它是一个机械作用过程,比较容易控制,因而,可以用机械(擦松机)来完成操作。

⑤炒干　在炒干阶段,主要目的是为了炒干水分并炒出颜色和香气。炒制时,要注意控制水分蒸发程度,颜色由灰棕色转变为金黄色,成为具有特殊香味的肉松为止。

如果要加工福建肉松,则将上述肉松放入锅内,煮制翻炒,待80%的绒状肉松成为酥脆的粉状时,过筛,除掉大颗粒,将筛出的粉状肉松坯置入锅内,倒入已经加热熔化的猪油,然后不断翻炒成球状的团粒,即为福建肉松。

任务 5.2.3　肉脯的加工制作

肉脯是一种制作考究,美味可口,耐贮藏和便于运输的熟肉制品。我国加工肉脯已经有 60 多年的历史。传统的肉脯是以大块的肌肉为原料,经过冷冻、切片、腌制、烘烤、压片、切片、检验、包装等工艺加工制成。原料选择局限于猪、牛、羊肉,产品品种少。因此,充分利用肉类资源,开发肉脯新产品成为重要的课题之一。

近几年开始重组肉脯的研究,重组肉脯原料来源广泛,营养价值高,成本低,产品入口化渣,质量优良。同时也可以应用现代连续化机械生产,它是肉脯发展的重要方向。现就重组兔肉脯的加工工艺介绍如下。

1)工艺流程

胴体剔骨→原料肉检验→整理→配料→斩拌→成型→烘干→熟制→压片→切片→质量检验→成品包装→出厂销售

2)操作要点

①原料肉检验　在非疫区选购健康的畜禽,屠宰剔骨后,必须经过检验,原料肉的质量必须符合 GB 2722、GB 2723、GB 2724 标准中的各项卫生指标。达到一级鲜度标准的肉才能用于肉脯生产。

②原料整理　对符合要求的原料肉,先剔去剩余的碎骨、皮下脂肪、筋膜肌腱、淋巴、血污等,清洗干净,然后切成 3~5 cm³ 的小块备用。

③配料　辅料有白糖、鱼露、鸡蛋、亚硝酸钠、味精、五香粉、胡椒粉等。按照原辅料的配比称重后,某些辅料如亚硝酸钠等需先行溶解或处理,才能在斩拌或搅拌时加入原料肉中去。

④斩拌　整理后的原料肉,应采用斩拌机尽快斩拌成肉糜,在斩拌的过程中加入各种配料,并加适量的水。斩拌肉糜要细腻,原辅料混合要均匀。

⑤成型　斩拌后的肉糜需先静置 20 min 左右,以使各种辅料渗透到肉组织中去。成型时先将肉铺成薄层,然后再用其他的器具将薄层均匀抹平,薄层的厚度一般为 0.2 cm 左右,太厚,不利于水分的蒸发和烘烤,太薄则不易成型。

⑥烘干　将成型的肉糜迅速送入已经升温至 65~70 ℃ 的烘箱或烘房中,烘制 2.5~4 h。烘制温度最初应该适当的高一点,以加快脱水的速度,同时提高肉片的温度,避免微生物的大量繁殖。烘制的设备以烘箱或烘房为好,使用其他设备要能保证温度的稳定,避免温度的大幅波动。待大部分水分蒸发,能顺利揭开肉片时,即可揭片翻边,进一步进行烘烤。等烘烤至肉片的水分含量降到 18%~20% 时,结束烘烤,取出肉片,自然冷却。

⑦烘烤熟制　将第一次烘烤成的半成品送入 170~200 ℃ 的远红外高温烘烤炉或高温烘烤箱内,进行高温烘烤,半成品经过高温预热、蒸发收缩、升温出油直到成熟,烘烤成熟的肉片呈棕黄色或棕红色,成熟后应立即从高温炉中取出,不然很容易焦糊。出炉后肉片尽快用压平机压平,使肉片平整。烘烤后的肉片水分含量不超过 13%~15%。

⑧切片　根据产品规格的要求,将大块的肉片切成小片。切片尺寸根据销售及包装要求而定,例如,可以切成 8 cm×12 cm 或 4 cm×6 cm 的小片,每千克 60~65 片或 120~130 片。

⑨成品包装　将切好的肉脯放在无菌的冷却室内冷却 1~2 h。冷却室的空气经过净化及消毒杀菌处理。冷凉的肉脯采用真空包装,也可以采用听装包装。

3)传统肉脯的配料

[配方1]　靖江肉脯　鲜猪肉 100 g,特级酱油 0.5 g,白糖 13.5 g,鲜鸡蛋 3 g,味精 0.5 g,胡椒 0.1 g。

[配方2]　上海肉脯　鲜猪肉 100 g,酱油 8 g,白糖 15 g,曲酒 4 g,食盐 2 g,硝酸钠 0.05 g,香料 0.4 g,小苏打 0.6 g。

[配方3]　广州肉脯　鲜猪肉 100 g,酱油 14 g,白糖 14 g,曲酒 3 g,味精 0.03 g,食盐 0.3 g,硝酸钠 0.03 g。

5.3　质量检测

质量检测 5.3.1　肉干质量标准

肉干的质量标准应符合国家标准《肉干、肉脯卫生标准》(GB 16327—1996)和行业标准《肉干》(SB/10282—1997)。

1)感官指标

形态呈块状(片、条、粒状),同一品种的厚薄、长短、大小基本均匀,表面可带有细微绒毛或香辛料。色泽呈棕黄色或褐、黄褐色,棕红色或枣红色,色泽基本一致,均匀。滋味鲜美醇厚,甜咸适中,回味浓郁,具有麻辣、五香、咖喱、果汁等味,无不良味道,无杂质。

2)理化指标

肉干理化指标见表5.1。

表 5.1　肉干理化指标

种类	水分/%	脂肪/%	蛋白质/%	盐分/%	总糖/%	亚硝酸盐残留量/(mg·kg^{-1})
牛肉干	≤20	≤10	≥40	≤7	≤30	≤30
猪肉干	≤20	≤12	≥36	≤7	≤30	≤30

3)微生物指标

细菌总数≤30 000 个/g;
大肠菌群≤40 个/100 g;
致病菌不得检出。

质量检测5.3.2　肉脯质量标准

肉脯的质量标准应符合国家标准《肉干、肉脯卫生标准》(GB 16327—1996)和行业标准《肉脯》(SB/T 10283—1997)。

1)感官指标

形态呈片状,规则整齐,厚薄基本均匀,厚度不超过2 mm,允许有少量脂肪析出,无焦片,无生片。色泽呈棕红、深红、暗红色、色泽均匀,油润有光泽,有透明感。滋味鲜美、醇厚、甜咸适中,香味纯正,无异味,无杂质。

2)理化指标

肉脯理化指标见表5.2。

5.2　肉脯理化指标

种类	水分/%	脂肪/%	蛋白质/%	盐分/%	总糖/%	亚硝酸盐残留量/(mg·kg^{-1})
肉脯	≤16	≤14	≥40	≤7	≤30	≤30
肉糜脯	≤16	≤18	≤28	≤7	≤40	≤30

3)微生物指标

细菌总数≤30 000 个/g;
大肠菌群≤40 个/100 g;
致病菌不得检出。

质量检测5.3.3 肉松质量标准

肉松的质量应符合国家标准《肉松卫生标准》(GB 2729—94)和行业标准《肉松》(SB/T 10281—1997)。

1)感官指标

太仓式肉松形态呈絮状,纤维柔软蓬松,允许少量结头无焦头,色泽呈均匀金黄色或淡黄色,稍有光泽。滋味浓郁鲜美,甜咸适中,香味纯正,无不良气味,无杂质。油酥肉松和肉粉松形态呈疏松颗粒状或纤维状,无焦头,无糖块,色泽呈棕褐色或黄褐色,色泽均匀,有光泽。滋味浓郁鲜美,甜咸适中,具有酥甜特色,油而不腻,香味纯正,无不良气味,无杂质。

2)理化指标

肉松的理化指标见表5.3。

表5.3 肉松的理化指标

种类	水分/%	脂肪/%	蛋白质/%	盐分/%	总糖/%	亚硝酸盐残留量/($mg \cdot kg^{-1}$)	淀粉/%
太仓式肉松	≤20	≤10	≥36	≤7	≤25	≤30	不得检出
油酥肉松	≤4	≤35	≥25	≤7	—	≤30	不得检出
肉粉松	≤4	30	14	7	30	≤30	≤20

3)微生物指标

细菌总数≤30 000 个/g;
大肠菌群≤40 个/100 g;
致病菌不得检出。

思考练习

1.试述肉品干制的方法和原理。
2.肉干、肉松和肉脯在加工工艺上有哪些不同之处?
3.肉品干制的目的是什么?干制品有哪些优缺点?
4.肉干、肉松和肉脯的质量标准。

实训操作

实训操作 五香猪肉干的制作

1）实验目的及要求

通过本次实验,要求对肉干的加工原理、加工过程有所了解,并熟练掌握其加工方法。

2）实验材料和设备

原材料:新鲜猪肉,食盐,酱油,白糖,生姜,胡椒粉,五香粉,山梨酸钾(食品级),味精,洋葱。

设备:蒸煮锅、烘箱、天平1架、刀具、托盘等。

3）实验方法

(1)工艺流程

原料肉的选择与处理→水煮→配料→复煮→烘烤→成品

(2)配料

五香猪肉干:猪肉100 kg,白糖2.2 kg,五香粉250 g,辣椒粉250 g,食盐4 kg,味精300 g,苯甲酸钠50 g,曲酒1 kg,茴香粉100 g,特级酱油3 kg,玉果粉100 g。

(3)操作要点

①原料肉的选择与处理 多采用新鲜的猪肉,以前后腿的瘦肉为最佳。先将原料肉的脂肪和筋腱剔去,然后洗净沥干,切成0.5 kg左右的肉块。

②水煮 将肉块放入锅中,用清水煮开后撇去肉汤上的浮沫,浸烫20～30 min,使肉发硬,然后捞出,切成1.5 cm³的肉丁或切成0.5 cm×2.0 cm×4.0 cm的肉片(按需要而定)。

③配料 按上述配方进行配料。

④复煮 又称为红烧。取原汤一部分,加入配料,用大火煮开。当汤有香味时,改用小火,并将肉丁或肉片放入锅内,用锅铲不断轻轻翻动,直到汤汁将干时,将肉取出。

⑤烘烤 将肉丁或肉片铺在铁丝网上用50～55 ℃进行烘烤,要经常翻动,以防烤焦,需8～10 h,烤到肉发硬变干,具有芳香味美时即成肉干,猪肉干的成品率为50%左右。

4）产品质量要求

感官指标:色泽红润,咸甜适中,香味浓郁,无异味。

理化指标:水分≤20%,食盐≤2.5%,蛋白质≥40%。

微生物指标:细菌总数<100 cfu/g,大肠杆菌<40 cfu/100 g,致病菌不得检出。

5）注意事项

①传统工艺煮制温度95 ℃左右,汤微沸,易焦粘锅底,需不停地翻动,肉丁极易碎。应选择80～85 ℃煮制效果较好。

②加入山梨酸钾,可大大延长保存期。但因长时间煮制,山梨酸钾易被破坏,所以需在出锅前加入。

③烘干过程中温度不宜过高,否则颜色偏深,50～55 ℃为宜。在此温度下,水分的含量由时间和湿度来决定。

6) 实训作业

写出实训报告。

项目6
烧烤制品

 知识目标

掌握熏制和烤制的方法与特点。

技能目标

明确熏烤和烧烤的一般操作方法;能独立完成至少一种烧烤肉制品的加工。

📚 **知识点**

熏制、烧烤的概念;熏烤和烧烤的方法、特点。

6.1 相关知识

知识 熏制与烤制

烧烤制品主要包括以熏制和烤制为主要加工工艺的肉类制品,一般分为熏烤制品和烧烤制品两大类。

1)熏制的方法与作用

熏制方法按制品的加工过程,分为熟熏法和生熏法两种。熏制前已经是熟制的产品叫熟熏,如酱卤类制品、烧鸡等都是采用熟熏。熏制前只经过原料的整理、腌制等过程,没有经过热加工的产品叫生熏,如西式火腿、培根、灌肠等均采用生熏。按熏烟的接触方式分,有直接火烟熏法和间接发烟熏法。所谓直接火烟熏法,是在熏烟室内用火燃烧木材和木屑进行熏制,这种方法的缺点是熏烟的密度和温度有分布不均匀的状况;而间接发烟熏法,是用发烟装置将燃烧好的具有一定温度和湿度的熏烟送入熏烟室,这种方式不仅可以克服前者的缺点,而且燃烧的温度控制在400 ℃以下,产生的强致癌物质3,4-苯并芘少,故间接法广泛采用。按熏制温度的不同又分为冷熏法、温熏法和焙熏法(熏烤法)3种。另外有特殊的电熏法和液熏法。

（1）熏制方法

①冷熏法 低温(15 ~ 30 ℃)下进行较长时间(4 ~ 7 d)的熏制,熏前原料须经过较长时间的腌渍。冷熏法宜在冬季进行,夏季由于气温高,温度很难控制,特别是在当发烟很少的情况下,容易发生酸败现象。冷熏法生产的食品水分含量在40%左右,其贮藏期较长,但烟熏风味不如温熏法。冷熏法主要用于干制的香肠,如色拉米香肠、风干香肠等,也可用于带骨火腿及培根的熏制。

②温熏法 温熏法指原料经过适当的腌渍(有时还可加调味料)后用较高的温度(30 ~ 80 ℃,最高90 ℃)经过一段时间的烟熏。温熏法又分为中温法和高温法。

● 中温法 温度为30 ~ 50 ℃,用于熏制脱骨火腿和通脊火腿及培根等,熏制时间通常为1 ~ 2 d,熏材通常采用干燥的橡材、樱材、锯木,熏制时应控制温度缓慢上升,用这种温度熏制,质量损失少,产品风味好,但耐贮藏性差。

● 高温法 温度为50 ~ 85 ℃,通常在60 ℃左右,熏制时间4 ~ 6 h,是应用较广泛的一种方法。因为熏制的温度较高,制品在短时间内就能形成较好的熏烟色泽。熏制的温度必须缓慢上升,不能升温过急,否则易导致发色不均匀,一般灌肠产品的烟熏采用这种方法。

③焙熏法(熏烤法) 烟熏温度为90 ~ 120 ℃,熏制的时间较短,是一种特殊的熏烤方法,火腿、培根不采用这种方法。由于熏制的温度较高,熏制过程完成熟制,不需要重新加工就可食用,应用这种方法熏烟的肉贮藏性差,应迅速食用。

④电熏法 在烟熏室配制电线,电线上吊挂原料后,给电线通$(1 ~ 2) \times 10^4$ V高压直流电或交流电,进行放电,熏烟由于放电而带电荷,可以更深地进入肉内,以提高风味,延长贮

藏期。

电熏法使制品贮藏期增加,不易生霉;烟熏时间缩短,只有温熏法的1/2;制品内部的甲醛含量较高,使用直流电时烟更容易渗透。但用电熏法时在熏烟物体的尖端部分沉积较多,造成烟熏不均匀,再加上成本较高等因素,目前电熏法还不普及。

⑤液熏法 用液态烟熏制剂代替烟熏的方法称为液熏法,又称无烟熏法,目前在国外已广泛使用,它代表烟熏技术的发展方向。液态烟熏制剂一般是指从硬木干馏制成并经过特殊净化而含有烟熏成分的溶液。

使用烟熏液和天然熏烟相比有不少优点:a.不再需用熏烟发生器,可以减少大量的投资费用;b.过程有较好的重复性,因为液态烟熏制剂的成分比较稳定;c.制得的液态烟熏制剂中固相已去净,无致癌的危险。

利用烟熏液的方法主要有两种:a.用烟熏液代替熏烟材料,用加热方法使其挥发,包附在制品上;这种方法仍需要熏烟设备,但其设备容易保持清洁状态,而使用天然熏烟时常会有焦油或其他残渣沉积,以致经常需要清洗;b.通过浸渍或喷洒法,使烟熏液直接加入制品中,省去全部的熏烟工序。采用浸渍法时,将烟熏液加3倍水稀释,将制品在其中浸渍10~20 h,然后取出干燥,浸渍时间可根据制品的大小、形状而定。如果在浸渍时加入0.5%左右的食盐,则风味更佳,一般来说在稀释池中长时间浸渍可以得到风味、色泽、外观均佳的制品,有时在稀释后的烟熏液中加5%左右的柠檬酸或醋,便于形成外皮,这主要用于生产去肠衣的肠制品。

用液态烟熏剂取代熏烟后,肉制品仍然要蒸煮加热,同时,烟熏溶液喷洒处理后要立即蒸煮,还能形成良好的烟熏色泽,因此,烟熏制剂处理宜在即将开始蒸煮前进行。

(2)熏制的作用

熏制是利用燃料没有完全燃烧的烟气对肉品进行烟熏,以熏烟来改变产品风味,提高产品质量和保藏性的一种加工方法。

熏制的作用主要有:赋予制品特殊的烟熏风味,增进香味;使制品外观具有特有的烟熏色,对加硝肉制品促进发色作用;脱水干燥,杀菌消毒,防止腐败变质,使肉制品耐贮藏;烟气成分渗入肉内部可防止脂肪氧化。

①呈味作用 烟气中的许多有机化合物附着在制品上,赋予制品特有的烟熏香味,如有机酸(蚁酸和醋酸)、醛、醇、酯、酚类等,特别是酚类中的愈创木酚和4-甲基愈创木酚是最重要的风味物质。

②发色作用 熏烟成分中的羰基化合物可以和肉蛋白质或其他含氮物中的游离氨基发生美拉德反应。

熏烟加热促进硝酸盐还原菌增殖及蛋白质的热变性,游离出半胱氨酸,从而促进一氧化氮血素原形成稳定的颜色;受热有脂肪外渗起到润色作用。

③杀菌作用 熏烟中的有机酸、醛和酚类的杀菌作用较强。熏烟的杀菌作用较为明显的是在表层,经熏制后产品表面的微生物可减少至1/100,大肠杆菌、变形杆菌、葡萄球菌对熏烟最敏感,接触3 h即死亡,只有霉菌及细菌芽孢对熏烟的作用较稳定。

④抗氧化作用 熏烟中许多成分具有抗氧化作用。烟中抗氧化作用最强的是酚类,其中以邻苯二酚、邻苯三酚及其衍生物的作用尤为显著。试验表明,熏制品在温度15 ℃下保存30 d,过氧化值无变化,而未经过烟熏的肉制品的过氧化值增加8倍。

2) 烤制的方法

肉制品的烤制也称烧烤,烧烤制品系指将原料肉腌制,然后经过烤炉的高温将肉烤熟的肉制品。原料肉经过高温烤制,表面变得酥脆,产生美观的色泽和诱人的香味。肉类经烧烤产生的香味,是由于肉类中的蛋白质、糖、脂肪、盐和金属等物质在加热过程中,经过降解、氧化、脱水、脱羧等一系列变化,生成醛类、酮类、醚类、内酯、硫化物、低级脂肪酸等化合物,尤其是糖与氨基酸之间的美拉德反应,不仅生成棕色物质,同时伴随着生成多种香味物质;脂肪在高温下分解生成的二烯类化合物,赋予肉制品特殊的香味;蛋白质分解产生谷氨酸,使肉制品带有鲜味。

此外,在加工过程中,腌制时加入的辅料也有增香的作用,如五香粉含有醛、酮、醚、酚等成分,葱、蒜含有硫化物。在烤猪、烤鸭、烤鹅时,浇淋糖水用麦芽糖,烧烤时这些糖与蛋白质分解生成的氨基酸发生美拉德反应,不仅起着美化外观的作用,而且产生香味物质。烧烤前浇淋热水,使皮层蛋白凝固,皮层变厚、干燥,烤制时,在热空气作用下,蛋白质变性而酥脆。

利用烤炉或烤箱在高温下干烤,温度一般可以达到 $180 \sim 220 \ ℃$,由于温度较高,使肉品表面产生一种焦化物,从而使制品香脆酥口,有特殊的烤香味,产品已熟制,可直接食用。烤制使用的热源有木炭、无烟煤、红外线电热装置等。烤制方法主要分为明烤和暗烤两种。

(1)明烤　把制品放在明火或明炉上烤制称明烤。从使用设备来看,明烤分为3种:第一种是将原料肉叉在铁叉上,在火炉上反复炙烤,烤匀烤透,烤乳猪就是利用这种方法;第二种是将原料肉切成薄片状,经过腌渍处理,最后用铁钎穿上,架在火槽上,边烤边翻动,炙烤成熟,烤羊肉串就是用这种方法;第三种是在盆上架一排铁条,先将铁条烧热,再把经过调好配料的薄肉片倒在铁条上,用木筷翻动搅拌,成熟后取下食用,这是北京著名风味烤肉的做法。

明烤设备简单,火候均匀,温度易于控制,操作方便,着色均匀,成品质量好;但烤制时间较长,需劳力较多,一般适用于烤制少量制品或较小的制品。

(2)暗烤　把制品放在封闭的烤炉中,利用炉内高温使其烤熟,称为暗烤。又由于制品要用铁钩钩住原料,挂在炉内烤制,又称挂烤。北京烤鸭、叉烧肉都是采用这种烤法。

暗烤的烤炉最常用的有3种:第1种是砖砌炉,中间放有一个特制的烤缸(用白泥烧制而成,可耐高温),烤缸有大小之分,一般小的烤缸一次可烤6只烤鸭,大的一次可烤12~15只烤鸭,这种炉的优点是制品风味好,设备投资少,保温性能好,省热源,但不能移动;第2种是铁桶炉,炉的四周用厚铁皮或不锈钢制成,作成桶状,可移动,但保温效果差,用法与砖砌炉相似,均需人工操作;第3种为红外电热烤炉,比较先进,炉温、烤制时间、旋转方式均可设定控制,操作方便,节省人力,生产效率高,但投资较大,成品风味不如前面两种暗烤炉。前两种炉都是用炭作为热源,因此风味较佳。

6.2 工作任务

任务6.2.1 北京烤鸭的加工

北京烤鸭历史悠久,在国内外久负盛名,是我国著名的特产。北京城最早的烤鸭店创立于明代嘉靖年间,叫"便宜坊"饭店,距今已有400多年的历史,全聚德便宜坊始建于咸丰年间,全聚德目前在国外开有多家分店,已成为世界品牌。在传统制作的基础上,现已开发出烤鸭软罐头等产品,北京烤鸭生产已经开始步入一个新的发展时期。

1)工艺流程

选料→造型→烫皮→浇挂糖色→打色→烤制→包装→保藏

2)工艺要点

①选料 北京烤鸭要求必须是经过填肥的北京鸭,饲养期在55~65 d,活重在2.5 kg以上的为佳。

②宰杀造型 填鸭经过宰杀、放血、褪毛后,先剥离颈部食道周围的结缔组织,打开气门,向鸭体皮下脂肪与结缔组织之间充气,使鸭体保持膨大壮实的外形。然后从腋下开膛,取出全部内脏,用8~10 cm长的秫秸(去穗高粱秆)由切口塞入膛内充实体腔,使鸭体造型美观。

③冲洗烫皮 通过腋下切口用清水(水温4~8 ℃)反复冲洗胸腹腔,直到洗净为止。拿钩钩住鸭胸部上端4~5 cm外的颈椎骨(右侧下钩,左侧穿出),提起鸭坯用100 ℃的沸水淋烫表皮,使表皮的蛋白质凝固,减少烤制时脂肪的流出,并达到烤制后表皮酥脆的目的。淋烫时,第一勺水要先烫刀口处,使鸭皮紧缩,防止跑气,然后再烫其他部位。一般情况下,用3~4勺沸水即能把鸭坯烫好。

④浇挂糖色 浇挂糖色的目的是改善烤制后鸭体表面的色泽,同时增加表皮的酥脆性和适口性。浇挂糖色的方法与烫皮相似,先淋两肩,后淋两侧。一般只需3勺糖水即可淋遍鸭体。糖色的配制用1份麦芽糖和6份水,在锅内熬成棕红色即可。

⑤灌汤打色 鸭坯经过上色后,先挂在阴凉通风处,进行表面干燥,然后向体腔灌入100 ℃汤水70~100 mL,鸭坯进炉烤制时能激烈汽化,通过外烤内蒸,使产品具有外脆内嫩的特色。为了弥补挂糖色时的不均匀,鸭坯灌汤后,要淋2~3勺糖水,称为打色。

⑥挂炉烤制 鸭坯进炉后,先挂在炉膛前梁上,使鸭体右侧刀口向火,让炉温首先进入体腔,促进体腔内的汤水汽化,使鸭肉快熟。等右侧鸭坯烤至橘黄色时,再使左侧向火,烤至与右侧同色为止。然后旋转鸭体,烘烤胸部、下肢等部位。反复烘烤,直到鸭体全身呈枣红色并熟透为止。

整个烘烤的时间一般为30~40 min,体型大的约需40~50 min。炉内温度掌握在230~250 ℃,炉温过高,时间过长会造成表皮焦煳,皮下脂肪大量流失,皮下形成空洞,失去烤鸭的特色。时间过短,炉温过低会造成鸭皮收缩,胸部下陷,鸭肉不熟等缺陷,影响烤鸭的食用价值和外观品质。

烤鸭皮质松脆,肉嫩鲜酥,体表焦黄,香气四溢,肥而不腻,是传统肉制品中的精品。

任务 6.2.2　盐焗鸡的加工

1) 工艺流程

原料整理→盐焗→成品

2) 操作要点

①选料、宰杀　选用尚未生产的母鸡,经育肥后胸肉饱满,活重约 1.5 kg。颈部放血,热水烫毛,腹下开膛取内脏,洗净后沥干水分。

②盐焗　取姜 5 g,葱一根,大茴香一瓣,捣碎后放入一只鸡膛内。在一张牛皮纸上均匀地薄薄涂上一层花生油,将鸡包裹好(不能露出鸡身)。取食盐 2 kg,放在铁锅内,用火炒热到盐粒爆跳时,取出 1 kg 左右,放在有盖的瓦锅内,把纸包的鸡放在盐上,将剩余的盐均匀地盖满鸡身,再盖上瓦锅盖,放在炉上用微火加热 15~20 min,鸡已焗熟。取出冷却,剥去包纸。成品有光泽,味醇香,肉质细嫩,骨头酥脆。

任务 6.2.3　广东烤乳猪的加工

1) 工艺流程

原料整理→上料腌制→烧烤→成品

2) 操作要点

①配料　一只 5~6 kg 的乳猪使用:香料粉 7.5 g,食盐 75 g,白糖 150 g,干酱 50 g,芝麻酱 25 g,南味豆腐乳 5 g,蒜和酒少许,麦芽糖溶液少许。

②原料整理　选用皮薄、身躯丰满的小猪。宰后的猪身要符合卫生标准,并冲洗干净。

③上料腌制　将猪体洗净,消除毛、皮垢等杂物,将香料粉炒过,加入食盐拌匀,涂于猪的腹腔内,腌 10 min 后,再在内腔中按配料比例加入白糖、干酱、麻酱、南味豆腐乳、蒜、酒等,用长铁叉把猪从后腿穿至嘴角,再用 70 ℃的热水烫皮,浇上麦芽糖溶液,挂在通风处吹干表皮。

④烧烤　烧烤有明炉烤法和挂炉烤法两种。明炉烤法:用铁制的长方形烤炉,将炉内的炭烧红。把腌好的猪用长铁叉叉住,放在炉上烧烤,先烤猪的胸腹部,约烤 30 min 后,再在腹腔安装木条支撑,使猪坯成型,顺次烤头、尾、胸、腹部的边缘部分和猪皮。猪的全身特别是鬃部和腰部,须进行针刺和扫油,使其迅速排出水分,保证全猪受热均匀。使用明火烤法须有专人将猪频频滚转,并不时针刺和扫油,费工较大,但质量好。挂炉烤法:用一般烧烤鹅鸭的炉,将炭烧至高温,再将乳猪挂入炉内,烤 30 min 左右,在猪皮开始转色时取出针刺,并在猪身泄油时用棕刷将油扫匀。烤乳猪成品色泽鲜艳,皮脆肉香,入口松化。

任务6.2.4　新疆烤全羊

1）工艺流程

宰杀整理→固定→烤制→成品

2）操作要点

①配料　羯羊一只,胴体重10～15 kg,需鸡蛋2.5 kg,姜黄25 g,富强粉150 g,精盐0.05 kg,胡椒粉和孜然粉适量。

②宰杀整理　将羊宰后剥皮,去头、蹄和内脏。取内脏时腹部开口要小。

③固定　用一根粗约3 cm,长50～60 cm的木棍(一端钉有大铁钉)从胸腔穿进,经胸腹、骨盆,由肛门露出,使带铁钉的一端恰好卡在颈部胸腔进口处。

④配料　将鸡蛋打破,取其蛋黄,搅匀,加上盐水、姜黄、孜然粉、胡椒粉和富强粉调成糊状的涂料,备用。

⑤烤制　把搭好的烤羊馕坑烧热后,堵住通风口,将火拨开,取出还在燃烧的木炭,保留余火。用直径30～40 cm的铁盘一个,盛半盘水,平放坑内,用于收取烤羊时滴下的油珠,盘中的水还能受热蒸发,增加湿度,加速熟制。然后在羊身上涂上调料,头部朝下挂在馕坑中,将坑盖好,盖严,并用湿布密封坑盖,焖烤1.5 h左右。当木棍附近的羊肉呈现白色,肉表面呈现金黄色时即成。

成品外表金黄油亮,外焦脆,里绵软,肉味清香,颇为可口。

思考练习

1.简述烟熏的作用与方法。

2.烧烤的方法有哪几种?各有何特点?

3.肉类烧烤制品加工应注意什么?

4.烧烤制品的色泽及风味形成的原因是什么?

实训操作

实训操作　烤羊肉串的制作

1）实验目的

了解烤羊肉串的工艺流程和烤制方法。

2）实验材料和设备

①原料　瘦羊肉 500 g（腿肉最好）、精盐 15 g、胡椒粉 5 g、芝麻 50 g、小茴香 3 g、孜然 5 g、花椒粉 5 g、洋葱 20 g、鸡蛋 1 个、面粉 20 g、味精、辣椒粉各少许。

②设备　炭烤炉或烤箱、优质木炭、毛刷、中号不锈钢盆、刀、菜板、竹签、锡纸等。

3）实验方法

①选料　在做羊肉串时，一般取羊后腿，因其肉精、肥瘦相宜。

②腌制　取净羊后腿肉 500 g，放入清水中漂洗干净，滤干水分后，切成直径 5 cm、厚约 1 cm 的块，加入精盐、芝麻、胡椒粉、小茴香、花椒粉、洋葱、鸡蛋、面粉等，加适量清水揉搓拌匀，腌制 30 min 以上。

③穿制　取竹签一根，左手拿肉平放，将竹签从肉的背面传入、正面穿出，再从正面的中间位置穿入背面，最后从正面穿出，尽可能将肉穿得平整，厚薄均匀。

④烤制　将羊肉串横架在点燃、煽旺的炭烤炉上（不得有明火）边煽边烤（或者在 270 ℃ 的高温烤箱中烤制），将羊肉串放无明火上烤制 3～5 min，边烤边翻，同时撒上 5 g 孜然粉、5 g 辣椒粉即成。

4）注意事项

①选肉多、肉精的羊后腿较好，前腿次之，不宜选肚档、羊脖等部位。

②切块不宜太大，太大不宜成熟，烤制时间长了羊肉发干、发柴；切得太小，易焦。

③腌制时不宜加味精、嫩肉粉等致鲜、致嫩物质，因温度过高会使味精、嫩肉粉等变质影响口味。

④烤时一定要无明火，最好是不冒烟的炭火。

⑤用烤箱烤制时要在烤箱的底部铺上一层锡纸，以防止滴落的油脂沾在烤箱内壁难以清洗。

5）实训作业

写出实训报告。

项目7
灌肠制品

知识目标

掌握灌肠制品的分类及特点;了解灌肠制品的加工方法和工艺流程;掌握灌肠制品的质量标准。

技能目标

能正确说明灌肠制品的种类和特点;能独立完成一种灌肠制品的加工。

 知识点

灌肠制品的概念、灌肠的种类;灌肠制品的工艺流程及操作注意事项;灌肠制品的质量标准。

7.1 相关知识

知识 7.1.1 灌肠制品的概念与种类

1）概念

灌肠（sausage）拉丁语的意思为保藏，意大利语为盐腌，而由于其要使用动物肠衣，故我国称之为灌肠或香肠。灌肠制品是以畜禽肉为主要原料，经腌制（或未经腌制）、绞碎或斩拌乳化成肉糜状，并混合各种辅料，然后充填入天然肠衣或人造肠衣中成型，根据品种不同再分别经过烘烤、蒸煮、烟熏、冷却或发酵等工序制成的肉制品。

2）种类

灌肠制品的种类繁多，据报道，法国有 1 500 多个品种，我国各地生产的灌肠品种至少也有数百种。

按原料肉切碎的程度，可分为绞肉型和肉糜型肠；按原料肉腌制程度，可分为鲜肉型和腌肉型肠；按制品加热程度，可分为生肠和熟肠；按熏烟程度，可分为烟熏和不烟熏肠；按发酵程度，可分为发酵和不发酵肠；按添加填充料，可分为纯肉和非纯肉肠；按所用原料肉，可分为猪肉肠、牛肉肠、兔肉肠、混合肉肠等；按口味分：有川味香肠，广味香肠；按产地分：有广东、北京、南京、江苏如皋、哈尔滨等；按形状分：有枣状、环形、直长形、佛珠形等；按香型分：有香蕉、桂花、金钩、麻辣等。其中，美国的分类较具代表性，它将灌肠制品分为生鲜香肠、生熏肠、熟熏肠和干制、半干制香肠 4 大类。

①生鲜香肠（fresh sausage）　原料肉（主要是新鲜猪肉，有时添加适量牛肉）不经腌制，绞碎后加入香辛料和调味料充人肠衣内而成。这类肠制品需在冷藏条件下贮存，食用前需经加热处理，如意大利鲜香肠（Italian sausage）、德国生产的 Bratwurst 香肠等。目前，国内这类香肠制品的生产量很少。

②生熏肠（uncooked smoked sausage）　这类制品可以采用腌制或未经腌制的原料，加工工艺中要经过烟熏处理但不进行熟制加工，消费者在食用前要进行熟制处理。

③熟熏肠（cooked and smoked sausage）　经过腌制的原料肉，绞碎、斩拌后充入肠衣，再经熟制、烟熏处理而成。我国这种香肠的生产量最大。

④干制和半干制香肠（dry and semi-dry sausage）　干香肠起源于欧洲的南部，属意大利发酵香肠，主要是由猪肉制成，不经熏制或煮制。其定义为：经过细菌的发酵作用，使肠馅的 pH 值达到 5.3 以下，然后干燥除去 20% ~50% 的水分，使产品中水分与蛋白质的比例不超过 2.3∶1 的肠制品。半干香肠最早起源于北欧，属德国发酵香肠，它含有猪肉和牛肉，采用传统的熏制和蒸煮技术制成。其定义为绞碎的肉，在微生物的作用下，pH 值达到 5.3 以下，在热处理和烟熏过程中（一般均经烟熏处理）除去 15% 的水分，使产品中水分与蛋白质的比例不超过 3.7∶1 的肠制品。

知识 7.1.2 灌肠制品的加工工艺

1）工艺流程

原料肉的选择与初加工→腌制→绞碎→斩拌→灌制→烘烤→熟制→烟熏、冷却

2）加工工艺

（1）原料肉的选择与初加工

生产香肠的原料范围很广，主要有猪肉和牛肉，另外羊肉、兔肉、禽肉、鱼肉及其内脏均可作为香肠的原料。生产香肠所用的原料肉必须是健康的，并经兽医检验确认是新鲜卫生的肉。原料肉经修整，剔去碎骨、污物、筋、腱及结缔组织膜，使其成为纯精肉，然后按肌肉组织的自然块形分开，并切成长条或肉块备用。

（2）肠衣选择

肠衣（Casing）是灌肠制品的特殊包装物，主要分为两大类，即天然肠衣和人造肠衣。

①天然肠衣　即猪、牛、羊的大肠、小肠、盲肠、食管（牛）和膀胱等。因加工方法不同，分干制和盐渍两类。天然肠衣弹性好，保水性强，可食用。但规格和形状不整齐，数量有限。

②人造肠衣　人造肠衣使用方便，安全卫生，标准规格，填充量固定，易印刷，价格便宜，损耗少。人造肠衣包括以下几种：

a.纤维素肠衣：用天然纤维如棉绒、木屑、亚麻和其他植物纤维制成。此肠衣不能食用，不能随肉馅收缩。可作大、小红肠包装之用。

b.胶原肠衣：用动物胶制成，分可食和不可食两类。使用时保持相对湿度40% ~ 50%。

c.塑料肠衣：用聚丙二氯乙烯、聚乙烯膜制成，品种样式较多，只能蒸煮，不能食用。

（3）腌制

腌制的目的是使原料肉呈现均匀的粉红色，使肉含有一定量的食盐以保证产品具有适宜的咸味，同时提高制品的保水性和风味。根据不同产品的配方将瘦肉加食盐、亚硝酸钠、多聚磷酸盐等添加剂混合均匀，送入 2 ± 2 ℃的冷库内腌制 $24 \sim 72$ h。肥膘只加食盐进行腌制。原料肉腌制结束的标志是瘦猪肉呈现均匀粉红色、结实而富有弹性。

（4）绞碎

将腌制的原料精肉和肥膘分别通过不同筛孔直径的绞肉机绞碎。绞肉时投料量不宜过大，否则会造成肉温上升，对肉的黏着性产生不良影响。

（5）斩拌

斩拌操作是乳化肠加工过程中一个非常重要的工序，斩拌操作控制得好与坏，直接影响产品品质。斩拌时，首先将瘦肉放入斩拌机内，并均匀铺开，然后开动斩拌机，继而加入（冰）水，以利于斩拌。加（冰）水后，最初肉会失去黏性，变成分散的细粒子状，但不久黏着性就会不断增强，最终形成一个整体，然后再添加调料和香辛料，最后添加脂肪。在添加脂肪时，要一点一点地添加，使脂肪均匀分布。斩拌时，斩刀的高速旋转，肉料的升温是不可避免的，但过度升温会使肌肉蛋白质变性，降低其工艺特性，因此，斩拌过程中应添加冰屑以降温。以猪肉、牛肉为原料肉时，斩拌的最终温度不应高于 16 ℃，以鸡肉为原料时斩拌

的最终温度不得高于 12 ℃,整个斩拌操作控制在 6 ~ 8 min。

（6）灌制

灌制又称充填。是将斩好的肉馅用灌肠机充入肠衣内的操作。灌制时应做到肉馅紧密而无间隙,防止装得过紧或过松。过松会造成肠馅脱节或不饱满,在成品中有空隙或空洞。过紧则会在蒸煮时使肠衣胀破。灌制所用的肠衣多为 PVDC 肠衣、尼龙肠衣、纤维素肠衣等。

灌好后的香肠每隔一定的距离打结(卡)。选用真空定量灌肠系统可提高制品质量和工作效率。

（7）烘烤

是用动物肠衣灌制的香肠必要的加工工序,传统的方法是用未完全燃烧的木材的烟火来烤,目前用烟熏炉烘烤是由空气加热器循环的热空气烘烤的。烘烤的目的主要是使肠衣蛋白质变性凝固,增加肠衣的坚实性;烘烤时肠馅温度提高,促进发色反应。

一般烘烤的温度为 70 ℃左右,烘烤时间依香肠的直径而异,约为 10 ~ 60 min。

（8）熟制

目前国内应用的煮制方法有两种,一种是蒸气煮制,适于大型企业。另一种为水浴煮制,适于中、小型企业。无论哪种煮制方法,均要求煮制温度在 80 ~ 85 ℃之间,煮制结束时肠制品的中心温度大于 72 ℃。

（9）烟熏、冷却

烟熏主要是赋予制品以特有的烟熏风味,改善制品的色泽,并通过脱水作用和熏烟成分的杀菌作用增强制品的保藏性。

烟熏的温度和时间依产品的种类、产品的直径和消费者的嗜好而定。一般的烟熏温度为 50 ~ 80 ℃,时间为 10 min 到 24 h。

熏制完成后,用 10 ~ 15 ℃的冷水喷淋肠体 10 ~ 20 min,使肠坯温度快速降至室温,然后送入 0 ~ 7 ℃的冷库内,冷却至库温,贴标签再进行包装即为成品。

7.2　工作任务

任务 7.2.1　哈尔滨风干肠的加工

1）配方

见表 7.1。

表 7.1　哈尔滨风干肠配方

猪精肉/kg	猪肥肉/kg	酱油/kg	砂仁粉/g	豆蔻粉/g	桂皮粉/g	花椒粉/g	鲜姜/g
90	10	18 ~ 20	125	200	150	100	100

2）加工工艺

①原料肉选择　原料肉一般以猪肉为主，以腿肉和臀肉为最好，肥肉一般选用背部的皮下脂肪。选用的精盐应色白、粒细、无杂质；酒选用酒精体积分数50%的白酒或料酒。

②切肉　剔骨后的原料肉，首先将瘦肉和肥膘分开，分别切成1~1.2 cm的立方块，最好用手工切。用机械切由于摩擦产热使肉温提高，影响产品质量。目前为了加快生产速度，一般采用筛孔1.5 cm直径的绞肉机绞碎。

③制馅　将肥瘦猪肉倒入拌馅机内，开机搅拌均匀，再将各种配料加入，搅拌均匀即可。

④灌制　肉馅拌好后要马上灌制，用猪或羊小肠衣均可。灌制不可太满，以免肠体过粗。灌后要每根长1 m，且要用手将每根肠撸匀，即可上杆晾挂。

⑤日晒与烘烤　将香肠挂在木杆上，送到日光下暴晒2~3 d，然后挂于阴凉通风处，风干3~4 d。烘烤时，室内温度控制在42~49 ℃；最好温度保持恒定。温度过高使肠内脂肪融化，产生留油现象，肌肉色泽发暗，降低品质。如温度过低，延长烘烤时间，肠内水分排出缓慢，易引起发酵变质。烘烤时间为24~28 h。

⑥捆把　将风干后的香肠取下，按每6根捆成一把。把捆好的香肠横竖码垛，存放在阴凉、湿度合适的场所，一般干制条件为22~24 ℃，相对湿度为75%~80%。干制香肠成熟后，肠内部水分含量很少，在30%~40%之间。

⑦煮制　产品在食用前应该煮制，煮制前先用温水洗一次，刷掉肠体表面的灰尘和污物。开水下锅，煮制15 min即出锅，装入容器晾凉即为成品。

任务7.2.2　火腿肠的加工

1）工艺流程

原料肉的处理→绞肉→斩拌→填充→灭菌

2）加工工艺

①原料肉的处理　选择经兽医卫检合格的热鲜肉或冷冻肉，经修整处理去除筋、腱、碎骨与污物，用切肉机切成5~7 cm宽的长条后，按配方要求将辅料与肉拌匀，送入2±2 ℃的冷库内腌制至终点。

②绞肉　将腌制好的原料肉，送入绞肉机，用筛孔直径为3 mm的筛板绞碎。

③斩拌　将绞碎的原料肉倒入斩拌机的料盘内，开动斩拌机用搅拌速度转动几圈后，加入冰屑的2/3，高速斩拌至肉馅温度4~6 ℃，然后添加剩余数量的冰屑斩拌，直到肉馅温度低于14 ℃，最后再用搅拌速度转几圈，以排除肉馅内的气体。斩拌时间视肉馅黏度而定。斩拌过度和不足都将影响制品质量。

④填充　将斩拌好的肉馅倒入充填机料斗，按照预定充填的重量，充入PVDC肠衣内，并自动打卡结扎。

⑤灭菌　填充完毕经过检查的肠坯（无破袋、夹肉、弯曲等）排放在灭菌车内，顺序推灭菌锅进行灭菌处理。规格为58 g的火腿肠，其灭菌参数为：15~23~20 min/121 ℃（反压2.0~2.2 kg/cm^2）

灭菌处理后的火腿肠,经充分冷却,贴标签后,按生产日期和品种规格装箱,并入库或发货。

任务 7.2.3　香肚的加工

香肚是用猪肚皮作外衣,灌入调制好的肉馅,经过晾晒而制成的一种肠类制品。

1)工艺流程

选料→拌馅→灌制→晾晒→贮藏

2)原料辅料

猪瘦肉 80 kg,肥肉 20 kg,250 g 的肚皮 400 只,白糖 5.5 kg,精盐 4~4.5 kg,香料粉 25 g(香料粉用花椒 100 份、大茴香 5 份、桂皮 5 份,焙炒成黄色,粉碎过筛而成)。

3)加工工艺

①浸泡肚皮　不论干制肚皮还是盐渍肚皮都要进行浸泡。一般要浸泡 3 h 乃至几天不等。每万只膀胱用明矾末 0.375 kg。先干搓,再放入清水中搓洗 2~3 次,里外层要翻洗,洗净后沥干备用。

②选料　选用新鲜猪肉,取其前、后腿瘦肉,切成筷子粗细、长约 3.5 cm 的细肉条,肥肉切成丁块。

③拌馅　先按比例将香料加入盐中拌匀,加入肉条和肥丁,混合后加糖,充分拌和,放置 15 min 左右,待盐、糖充分溶解后即行灌制。

④灌制　根据膀胱大小,将肉馅称量灌入,大膀胱灌馅 250 g,小膀胱灌馅 175 g。灌完后针刺放气,然后用手握住膀胱上部,在案板上边揉边转,直至香肚肉料呈苹果状,再用麻绳扎紧。

⑤晾晒　将灌好的香肚,吊挂在阳光下晾晒,冬季晒 3~4 d,春季晒 2~3 d,晒至表皮干燥为止。然后转移到通风干燥室内晾挂,1 个月左右即为成品。

⑥贮藏　晾好的香肚,每 4 只为 1 扎,每 5 扎套 1 串,层层叠放在缸内,缸的中央留一钵口大小的圆洞,按百只香肚用麻油 0.5 kg,从顶层香肚浇洒下去。以后每隔 2 d 1 次,用长柄勺子把底层香油舀起,复浇至顶层香肚上,使每只香肚的表面经常涂满香油,防止霉变和氧化,以保持浓香色艳。用这种方法可将香肚贮存半年之久。

7.3　质量检测

质量检测 7.3.1　灌肠质量标准

灌肠质量标准系引用中华人民共和国灌肠卫生标准 GB 2725.1—94。

1)感官指标

肠衣(肠皮)干燥完整,并与内容物密切结合,坚实而有弹力,无黏液及霉斑,切面坚实而湿润,肉呈均匀的蔷薇红色,脂肪为白色,无腐臭,无酸败味。

2)理化指标

灌肠卫生指标见表7.2。

表7.2 灌肠理化指标

项　目	指　标
亚硝酸盐(以 NaNO$_2$ 计)/(mg·kg^{-1})	≤30
食品添加剂	按GB 2760规定

3)细菌指标

灌肠细菌指标见表7.3。

表7.3 灌肠细菌指标

项　目	指　标	
	出　厂	销　售
菌落总数/(个·g^{-1})	≤20 000	≤50 000
大肠菌群/(个·100 g^{-1})	≤30	≤30
致病菌(系指肠道致病菌及致病性球菌)	不得检出	不得检出

质量检测7.3.2　香肚质量标准

香肚质量标准系引用中华人民共和国国家标准香肚卫生标准 GB 10147—88。

1)感官指标

香肚感官指标见表7.4。

表7.4 香肚感官指标

项　目	一级鲜度	二级鲜度
外　观	肚皮干燥完整且紧贴肉馅,无黏液及霉点,坚实或有弹性	肚皮干燥完整且紧贴肉馅,无黏液及霉点,坚实或有弹性
组织状态	切面坚实	切开齐,有裂隙,周缘部分有软化现象
色泽	切面肉馅有光泽,肌肉灰红至玫瑰红色,脂肪白色或稍带红色	部分肉馅有光泽,肌肉深灰或咖啡色,脂肪发黄
气味	具有香肚固有的风味	脂肪有轻微酸味,有时肉馅带有酸味

2)理化指标

香肚理化指标见表7.5。

表7.5　香肚理化指标

项　目	指　标
水分/%	≤25
食盐(以 NaCl 计)/%	≤9
酸价(脂肪,以 KOH 计)/(mg · g^{-1})	≤4
亚硝酸盐(以 NaNO$_2$ 计)/(mg · kg^{-1})	≤20

3)细菌指标

香肚细菌指标见表7.6。

表7.6　香肚细菌指标

项　目	指　标	
	出　厂	销　售
菌落总数/(个 · g^{-1})	≤20 000	≤50 000
大肠菌群/(个 · 100 g^{-1})	≤30	≤30
致病菌(系指肠道致病菌及致病性球菌)	不得检出	不得检出

思考练习

1.试述肠制品的概念和种类。

2.简述香肠和灌肠的主要区别。

3.试述中式香肠的加工工艺及质量控制。

4.试述熟制灌肠加工的基本工艺及质量控制。

5.试述南京香肚的加工工艺及操作要点。

实训操作

实训操作　火腿肠的制作

1）**实验目的**

了解火腿肠制作的工艺流程和操作要点。

2）**实验材料和设备**

①原材料　瘦肉 80 kg,肥肉 20 kg,淀粉 7 kg,水 30 kg,食盐 3～3.5 kg,白胡椒粉 0.25 kg,味精 2.5 kg,大蒜 0.5 kg,糖 0.5 kg。

②设备　绞肉机,斩拌机,灌肠设备,夹层锅,刀,菜板,肠衣。

3）**实验方法**

（1）工艺流程

原料肉的处理→绞肉→斩拌→加料搅拌→灌肠→灭菌(15～40～20/90 ℃)→成品

（2）操作要点

①原料肉的处理　去筋腱、碎骨,切成 5～7 cm 宽的长条。

②绞肉　将瘦肉肥肉分别绞碎。

③加料斩拌　将绞好的瘦肉投入斩拌机,依次加入水、食盐、味精、胡椒液、白糖、淀粉糊,最后将绞好的肥肉加入搅拌。

④灌肠　均匀灌肠。

⑤灭菌　采用 15～40～20 min/90 ℃灭菌工艺进行灭菌。

4）**产品要求**

①外观　肠体均匀饱满,无损伤,表面干净、完好,结扎牢固,密封良好,肠衣的结扎部位无内容物渗出。

②色泽　具有产品固有的色泽。

③组织状态　组织致密,有弹性,切片良好,无软骨及其他杂质,无密集气孔。

④风味　咸淡适中,鲜香可口,具固有风味,无异味。

5）**实训作业**

写出实训报告。

情景二　乳品加工与检测

项目8
原料乳的验收和预处理

知识目标

了解乳中的各种成分及其作用,了解牛乳的理化性质,重点掌握乳酸度概念及其计算;熟悉乳及乳制品中微生物的来源、种类,了解各种微生物的特性;掌握异常乳的概念、类型及其产生的原因。

技能目标

掌握乳主要成分和乳密度的测定方法,能够对乳的酸度滴定和计算。

 知识点

原料乳的概念、乳的化学组成、性质;异常乳的概念和种类;生乳的国家质量标准、验收和预处理。

8.1　相关知识

知识　原料乳的基本知识

乳是哺乳动物分娩后,由乳腺分泌出的一种白色或微黄色的具有生理作用与胶体特性的液体。由于泌乳期的不同,常将乳分为初乳、常乳和末乳3类。饮用和用于加工乳制品的乳主要是常乳。

1)乳的化学组成

乳的化学成分很复杂,主要的成分是水分、脂肪、蛋白质、乳糖、无机盐、维生素和酶等。牛乳的基本组成见图8.1。

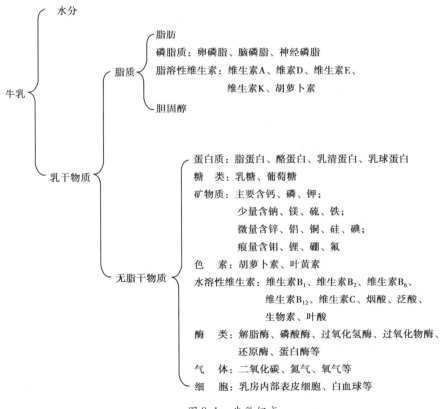

图8.1　牛乳组成

正常牛乳中各种成分的组成大体上是稳定的,但也受乳牛的品种、个体、地区、泌乳期、畜龄、挤乳方法、饲料、季节、环境、温度及健康状态等因素的影响而有差异,其中变化最大的是乳脂肪,其次是蛋白质,乳糖及灰分则比较稳定。不同品种的乳牛其乳汁组成不尽相同。

（1）水分

水分是乳中的主要组成部分，牛乳中水分占85.0%～89.0%，水中溶有有机质、无机盐和气体。

乳中水可分为游离水、结合水和结晶水3种，绝大部分为游离水，是乳的分散剂，很多生化过程与游离水有关，其次是结合水，它与蛋白质结合存在，无溶解其他物质的特性，冰点以下也不结冰，此外还有极少量与乳糖晶体一起存在的水叫结晶水。奶粉中之所以保留3%左右的水分，就是因为有结合水与结晶水的存在。

（2）乳脂质

乳脂质是乳中脂肪和类脂肪的总称，占2.5%～6.0%，其中，97%～99%的是乳脂肪，还有约1.0%的磷脂和少量固醇、游离脂肪酸、甾醇等类脂肪。

乳脂肪是由一个甘油分子和三个脂肪酸分子组成的甘油三酯的混合物。脂肪不溶于水，而以脂肪球状态分散于乳浆中，形成乳浊液。脂肪球呈圆形或略带椭圆形，球面有一层脂肪球膜，具有保持乳浊液稳定的作用，使脂肪球稳定地分散于乳浆中，互不黏联结合。

脂肪球膜系由蛋白质、磷脂、高熔点甘油三酯、甾醇、维生素、金属、酶类及结合水等复杂的化合物所构成，其中起主导作用的是卵磷脂和蛋白质络合物。这些物质有层次地定向排列在脂肪球与乳浆的界面上。膜的内侧有磷脂层，它的疏水基朝向脂肪球中心，并吸附着高熔点甘油三酯，形成膜的最内层，磷脂间还夹杂着甾醇与维生素A。磷脂的亲水基向外朝向乳浆，并联结着具有强大亲水基的蛋白质，构成了膜的外层，表面具有大量结合水，从而形成了由脂相到水相的过渡。这种脂肪球膜只有在强酸或强碱或机械搅拌撞击下才被破坏，脂肪球才能结合。

乳脂肪中含有较多的挥发性脂肪酸，在室温下呈液态，易挥发。因此，乳脂肪具有特殊的香味和柔软的质体，易于消化吸收，但易受光、热、氧、金属的作用，使脂肪氧化而产生脂肪氧化味。乳中的酪酸在解脂酶的作用下易产生带有刺激性的脂肪分解味。另外，磷脂类的卵磷脂在空气中能分解形成胆碱，继而分解为具有鱼腥味的三甲胺。

乳中脂肪含量，受牛的品种、季节、饲料等因素影响。乳脂肪不仅与乳的风味有关，也是稀奶油、全脂奶粉的主要成分。

（3）乳蛋白质

牛乳中蛋白质占2.9%～5.0%，其中，83%属酪蛋白质，乳清蛋白仅占16%左右，另外，还有少量的脂肪球膜蛋白质。

酪蛋白属于结合蛋白质，与钙、磷结合形成酪蛋白胶粒，以胶体悬浮液的状态存在于牛乳中，一般认为其结合方式是一部分钙与酪蛋白结合成酪蛋白酸钙，再与胶体状的磷酸钙形成酪蛋白酸钙—磷酸钙复合体胶粒，其形状大体上是球形。

酪蛋白在弱酸或皱胃酶作用下产生凝固，当乳加酸调节pH时，酪蛋白胶粒中的钙与磷酸盐会逐渐游离出来，到pH值达到酪蛋白的等电点4.6时，酪蛋白就形成沉淀。另外，由于微生物的作用，使乳中的乳糖分解为乳酸，当乳酸量足以使pH值达到酪蛋白的等电点时，同样可发生酪蛋白的酸沉淀，这就是牛乳的自然酸败现象。

除去酪蛋白质剩下的液体称为乳清，乳清中存在的蛋白称乳清蛋白，乳清蛋白分为两类：一类是对热不稳定的乳清蛋白，有a-乳白蛋白，血清白蛋白，β-乳球蛋白及免疫性球蛋白，这类蛋白的特点是，当乳清的pH值为4.6～4.7时，煮沸20 min则产生沉淀；另一类属于对热稳定的乳清蛋白,主要是胨、胨仍能溶解于乳中。乳清蛋白都不含磷,并溶于水中。乳清蛋白对婴儿营养有重要作用。

（4）乳糖

乳中糖类的99.8%以上是乳糖,此外还有极少量的葡萄糖、果糖、半乳糖等。牛乳中约含4.8%的乳糖,乳糖的甜味比蔗糖弱,其甜度约为蔗糖的1/6左右。牛乳中的乳糖有a-乳糖及β-乳糖。由于a-乳糖只要稍有水分存在就会与一分子结晶水结合而变为a-乳糖水合物,即普通乳糖,所以实际上共有3种类型的乳糖。

乳中a-乳糖水合物与β-乳糖保持着平衡状态。加工炼乳时,当乳糖浓缩到饱和状态,再使其冷却到饱和温度以下,则生成过饱和溶液,再继续冷却,a-乳糖水合物脱水即析出a-乳糖结晶,这时原来的a-乳糖水合物与β-乳糖之间的平衡被破坏,β-乳糖又开始向a-乳糖水合物转化,以达到重新平衡,这种现象直到相当于该温度的饱和状态为止。

乳糖易被落入乳中的乳酸菌分解生成乳酸,使乳的酸度升高,严重时会使乳凝结,失去加工奶粉、炼乳等的价值,故鲜乳必须及时处理。

（5）无机盐类

牛乳中含无机盐为0.6%～0.9%,主要有钾、钠、钙、镁、磷、硫、氯等,乳中的钾、钠大部分是以氯化物、磷酸盐及柠檬盐呈可溶状态存在,钙、镁除少部分呈可溶性存在外,大部分与酪蛋白、磷酸及柠檬酸结合呈胶体状态存在乳中。牛乳中可溶性和胶体性无机盐含量见表8.1。

表8.1　100 mL牛乳中可溶性和胶体状无机盐含量

成　分	总量/mg	可溶性/mg	胶体状/mg
钙	132.1	51.8	80.3
镁	10.8	7.9	2.9
磷	95.8	36.3	59.6
柠檬酸	156.6	141.6	15.0

牛乳中的盐类平衡,特别是钙、镁和磷酸、柠檬酸之间的平衡,对牛乳的稳定性很重要,如在较低的温度下牛乳产生凝固,就是因为钙、镁过剩,若向牛乳中添加磷酸钠盐或柠檬酸钠盐,即可达到稳定作用。生产淡炼乳时,常利用这种关系,向牛乳中添加这种稳定剂。再如低酸度酒精阳性乳,一般也是因为钙离子含量高,柠檬酸钙或磷酸钙含量低所致。

乳中的微量元素在有机体的生理过程和营养上具有重要意义。牛乳中铁的含量比人乳少,在考虑婴儿营养时有必要给予强化。铜、铁(尤其是铜)有促进脂肪氧化的作用,污染时容易产生氧化臭味,在加工中应注意防止玷污。

（6）维生素

牛乳中的维生素种类很多,虽然含量极微,但在营养上有着重要的意义,牛乳中的维生素可分为脂溶性与水溶性两类。乳中维生素含量易受品种、个体、泌乳期、年龄、饲料、季节等因素影响而变化。乳在杀菌过程中除维生素A、维生素D、维生素B2等,其他维生素都不同程度遭到破坏,一般损失10%～20%,灭菌处理往往损失可达50%以上。维生素B及维生素C在日光照射下会遭到破坏,故常用褐色避光容器包装乳与乳制品,避免日光直射,减少维生素的损失。

（7）酶类

乳中存在多种酶,对乳的质量影响极大,其来源有两个途径,一种由乳腺所分泌,为乳中原来就有的酶,另一种是挤乳时落入乳中的微生物代谢所产生的酶,现将与乳品加工有关的酶分述如下。

①磷酸酶　牛乳中的磷酸酶主要是碱性磷酸酶,也有少量酸性磷酸酶。碱性磷酸酶在62.8 ℃条件下经30 min或72 ℃条件下经15 s加热后钝化。可以利用这种性质来检验低温巴氏杀菌处理的消毒牛乳杀菌是否充分。这项试验很有效,即使在消毒乳中混入0.5%的生乳也能被检出。

②过氧化物酶　是最早从乳中发现的一种酶,它能使过氧化氢分解产生活泼的新生态氧,使多元酚、芳香胺及某些无机化合物氧化。过氧化物酶作用的最合适温度是25 ℃,最合适的pH值是6.8。牛乳经85 ℃、10 s加热杀菌,过氧化物酶即可钝化失去活力。

过氧化物酶主要来自白细胞成分,是乳中原有的酶,与细菌无关,因此,可通过测定过氧化物酶的活性来判断杀菌是否合格。

③解脂酶　乳中解脂酶除少部分来自乳腺外,大部分来源于外界微生物,通过均质、搅拌、加热处理被激活,并为脂肪球所吸收,能使脂肪产生游离脂肪酸和酸败气味(焦臭味)。由于解脂酶对热的抵抗力较强,所以加工奶油时需在不低于80～85 ℃的温度下进行杀菌。

④还原酶　系来源于落入乳中微生物的代谢产物,乳中往往随着细菌数增多,还原酶含量升高,还原能力增强,为此,可采用还原酶测定法来判断乳中细菌数的多少。一般常用亚甲基蓝还原试验,还原酶能使亚甲基蓝还原为无色。

（8）乳中的其他成分

鲜乳中除含上述各主要物质外,尚有少量的有机酸、气体、色素、免疫体、细胞、风味成分及激素。

2）乳的物理性质

乳的物理性质对于选择正确的工艺条件及鉴定乳的品质有着与化学性质同样重要的意义。

（1）乳的色泽

新鲜正常的牛乳呈不透明的乳白色或稍带淡黄色。乳白色是乳的基本色调,这是由于乳中的酪蛋白酸钙——磷酸钙胶粒及脂肪球等微粒对光的不规则反射的结果。牛乳中的脂溶性胡萝卜素和叶黄素使乳略带淡黄色。而水溶性的核黄素使乳清呈荧光性黄绿色。

（2）乳的滋味与气味

乳中含有挥发性脂肪酸及其他挥发性物质,所以牛乳带有特殊的香味。这种香味随温度的高低而异。乳经加热后香味强烈,冷却后减弱。牛乳除了原有的香味之外很容易吸收外界的各种气味,所以挤出的牛乳如在牛舍中放置时间太久即带有牛粪味或饲料味。与鱼虾类放在一起则带有鱼腥味。贮存器不良时则产生金属味。消毒温度过高则产生焦糖味。总之,乳的气味易受外界因素的影响,所以每一个处理过程都必须注意周围环境的清洁以及各种因素的影响。

新鲜纯净的乳稍带甜味,这是由于乳中含有乳糖的缘故。乳中除甜味外,因其中含有氯离子,所以稍带咸味。常乳中的咸味因受乳糖、脂肪、蛋白质等所调和而不易觉察,但异常乳如乳房炎乳,氯的含量较高,故有浓厚的咸味。

（3）乳的冰点、沸点

①冰点　牛乳的冰点一般为 $-0.525 \sim -0.565$ ℃,牛乳中的乳糖和盐类是导致冰点下降的主要因素。正常的牛乳其乳糖及盐类的含量变化很小,所以冰点很稳定。如果在牛乳中掺10%的水,其冰点约上升 0.054 ℃。可根据冰点变动用下列公式来推算掺水量:

$$X = \frac{(T - T_1)}{T} \times 100\%$$

式中　X——掺水量,% ;

　　　T——正常乳的冰点;

　　　T_1——被检乳的冰点。

如果以质量百分率计算加水量,则按下式计算:

$$W = \frac{(T - T_1)}{T_1} \times (100 - T_s)$$

式中　T_s——被检乳的乳固体;

　　　W——以质量计的掺水量。

酸败的牛乳其冰点会降低,所以测定冰点要求牛乳的酸度在 200 T 以内。

②沸点　牛乳的沸点在 101.33 kPa（1 个大气压）下为 100.55 ℃,乳的沸点受其固形物含量影响。浓缩过程中沸点上升,浓缩到原体积的一半时,沸点上升到 101.05 ℃。

（4）乳的酸度和氢离子浓度

乳蛋白分子中含有较多的酸性氨基酸和自由的羧基,而且受磷酸盐等酸性物质的影响,故乳是偏酸性的。刚挤出的新鲜乳的酸度称为固有酸度或自然酸度。若以乳酸百分率计,牛乳自然酸度为 0.15% ~0.18%。挤出后的乳在微生物的作用下发生乳酸发酵,导致乳的酸度逐渐升高。由于发酵产酸而升高的这部分酸度称为发酵酸度或发生酸度。固有酸度和发酵酸度之和称为总酸度。一般情况下,乳品工业所测定的酸度就是总酸度。

乳品工业中俗称的酸度,是指以标准碱液用滴定法测定的滴定酸度。我国《乳、乳制品及其检验方法》就规定酸度试验以滴定酸度为标准。

滴定酸度亦有多种测定方法及其表示形式。我国滴定酸度用吉尔涅尔度简称"°T"或乳酸百分率（乳酸%）来表示。

①吉尔涅尔度（T）　取 10 mL 牛乳,用 20 mL 蒸馏水稀释,加入 0.5% 的酚酞指示剂0.5 mL,以 0.1 mol/L 氢氧化钠溶液滴定,将所消耗的 NaOH 毫升数乘以 10,即为中和100 mL牛乳所需的 0.1 mol/L 氢氧化钠毫升数,消耗 1 mL 为 1 °T,也称 1 度。

正常牛乳的酸度为 16 ~ 18 °T。这种酸度与贮存过程中因微生物繁殖所产生的乳酸无关。自然酸度主要由乳中的蛋白质、柠檬酸盐、磷酸盐及 CO_2 等酸性物质所构成。例如,新鲜的牛乳自然酸度为 16 ~ 18 °T,其中 3 ~ 4 °T 来源于蛋白质,约 2 来源于 CO_2,10 ~ 12 °T来源于磷酸盐和柠檬酸盐。

②乳酸度（乳酸%）　用乳酸量表示酸度时,按上述方法测定后用下列公式计算:

乳酸度 =0.1 mol/L NaOH 毫升数 ×0.009/乳样毫升数 × 密度（g/mL）×100%

正常牛乳酸度为 0.15% ~0.18%。

以上是牛乳的滴定酸度,若从酸的含义出发,酸度可用氢离子浓度指数（pH）表示。pH

值为离子酸度或活性酸度。正常新鲜牛乳的 pH 值为 6.4 ~ 6.8,一般酸败乳或初乳的 pH 值在 6.4 以下,乳房炎乳或低酸度 pH 值在 6.8 以上。

（5）乳的比重和密度

乳的比重以 15 ℃ 为标准,即在 15 ℃ 时一定容积牛乳的质量与同容积同温度水的质量比,正常乳的比重平均为 1.032。

乳的相对密度指乳在 20 ℃ 时的质量与同容积水在 4 ℃ 时的质量之比。正常乳的密度平均为 1.030。乳的比重和密度在同温度下其绝对值相差甚微,乳的密度较比重小 0.001 9,乳品生产中常以 0.002 的差数进行换算。

乳的相对密度在挤出后 1 h 内最低,其后逐渐上升,最后可升高 0.001 左右,这是由于气体的逸散、蛋白质的水合作用及脂肪的凝固使容积发生变化的结果。故不宜在挤乳后立即测试比重。

乳的比重与乳中所含的乳固体含量有关。乳中各种成分的含量大体是稳定的,其中乳脂肪含量变化最大。如果脂肪含量已知,只要测定比重,就可以按下式计算出乳固体的近似值:

$$T = 1.2F + 0.25L + C$$

式中　　T——乳固体,% ;

　　　　F——脂肪,% ;

　　　　L——牛乳比重计的读数;

　　　　C——校正系数,约为 0.14。

为了使计算结果与各地乳质相适应,C 值需经大量试验数据取得。

（6）乳的黏度与表面张力

牛乳大致可认为属于牛顿流体。20 ℃ 时水的绝对黏度为 0.001 Pa·s。正常乳的黏度为 0.001 5 ~ 0.00 2 Pa·s。牛乳的黏度随温度升高而降低。在乳的成分中,脂肪及蛋白质对黏度的影响最显著。在一般正常的牛乳成分范围内,非脂乳固体含量一定时,随着含脂率的增高,牛乳的黏度亦增高。当含脂率一定时,随着乳固体的含量增高,黏度也增高。初乳、末乳的黏度都比正常乳高。在加工中,黏度受脱脂、杀菌、均质等操作的影响。

黏度在乳品加工上有重要意义。例如,在浓缩乳制品方面,黏度过高或过低都不是正常情况。以甜炼乳而论,黏度过低则可能分离或糖沉淀,黏度过高则可能发生浓厚化。贮藏中的淡炼乳,如黏度过高则可能产生矿物质的沉积或形成冻胶体(即网状结构)。此外,在生产乳粉时,如黏度过高可能妨碍喷雾,产生雾化不完全及水分蒸发不良等现象。

牛乳的表面张力与牛乳的起泡性、乳浊状态,微生物的生长发育、热处理、均质作用及风味等有密切关系。测定表面张力的目的是为了鉴别乳中是否有其他添加物。

牛乳表面张力在 20 ℃ 时为 0.04 ~ 0.06 N/cm。牛乳的表面张力随温度的上升而降低,随含脂率的减少而增大,乳经均质处理,则脂肪球表面积增大,由于表面活性物质吸附于脂肪球界面处,从而增加了表面张力。但如果不将脂肪酶先经热处理而使其钝化,均质处理会使脂肪酶活性增加,使乳脂水解生成游离脂肪酸,使表面张力降低,而表面张力与乳的泡沫性有关。加工冰淇淋或搅打发泡稀奶油时希望有浓厚而稳定的泡沫形成,但运送、净化、稀奶油分离、杀菌时则不希望形成泡沫。

3)异常乳

①异常乳的概念 当乳牛受到生理、病理、饲养管理以及其他各种因素的影响,乳的成分和性质往往发生变化,这时与常乳的性质有所不同,也不适于加工优质的产品,这种乳称为异常乳。在乳制品生产中,原料乳的质量直接影响着产品的质量,因此,控制和改善原料乳的品质具有很重要的意义。

②异常乳的种类 异常乳可分为生理异常乳、病理异常乳、化学异常乳及微生物污染乳等几大类。

a.生理异常乳 生理异常乳是由于生理因素的影响,而使乳的成分和性质发生改变。主要有初乳、末乳以及营养不良乳。

• 初乳 初乳是指分娩后一周之内分泌的乳。其特征是色泽呈明显的黄褐色或红褐色,干物质含量高,质地黏稠(俗称胶乳),有异臭、苦味,脂肪含量高,蛋白质尤其是乳清蛋白质含量很高,乳糖含量低,矿物质特别是钾和钙含量高,维生素 A、维生素 D、维生素 E 及水溶性维生素含量比常乳高。初乳中还含有大量抗体。

由于初乳的化学成分和物理性质与常乳差异较大,酸度高,对热稳定性差,遇热易形成凝块,所以初乳不能作为乳制品的加工原料。但初乳具有丰富的营养价值,含有大量的免疫球蛋白,能给予牛犊抵抗疾病的能力。

• 末乳 末乳是指母畜停乳前一周所分泌的乳。末乳的成分与常乳也有明显的差别。末乳中除脂肪外,其他成分均比常乳高,略带苦而微咸味,酸度降低,因其中脂酶含量增高,所以带有油脂氧化味。一般泌乳期乳的 pH 值达到 7.0 左右,细菌数明显增加,每毫升乳中可达 250×10^4 个,所以,末乳也不能作为加工乳制品的原料。

• 营养不良乳 饲料不足、营养不良的乳牛所产的乳对皱胃酶几乎不凝固,所以,这种乳不能制造干酪。当喂以充足的饲料,加强营养之后,牛乳即可恢复正常,对皱胃酶即可凝固。

b.化学异常乳 化学异常乳是指由于乳的化学性质发生变化而形成的异常乳。包括酒精阳性乳、低成分乳、风味异常乳和混入杂质乳等。

• 酒精阳性乳 酒精阳性乳是指用 68% 或 72% 的酒精进行检验时,产生絮状凝块的乳。酒精阳性乳主要包括高酸度酒精阳性乳、低酸度酒精阳性乳和冻结乳。

• 低成分乳 低成分乳是指由于其他因素影响,而使其中营养成分低于常乳的乳。形成低成分乳的影响因素主要是品种、饲养管理、营养配比、环境温度、疾病等。

遗传因素对乳成分的影响较大,选育和改良乳牛品种对提高原料乳的质量尤为重要。有了好的品种,还需考虑其他外在因素对乳成分的影响。首先是季节和环境温度的影响,一般在夏、秋青草丰富的季节,乳的产量提高,非脂乳固体含量高,但乳脂率低,而在冬季舍饲期,乳脂率含量高,非脂乳固体含量低。其原因主要是青草的营养价值高,同时,青草中带一定的发情激素对乳分泌也有影响。其次是饲料营养价值的影响,优质的牧草及适当的热能是保证乳量和乳质的必要条件。长期营养不良会使产乳量降低,使非脂乳固体和蛋白质的含量减少。

• 风味异常乳 风味异常乳是指风味与常乳不同的乳。乳中异常风味来源较广,主要是通过畜体或空气吸收的饲料味;由于乳中酶的作用而使脂肪分解产生的脂肪分解味;盛乳器带来的金属味及畜体的气味,乳脂肪氧化产生的氧化味及阳光照射产生的日光味等。

带有这些气味的乳会给乳制品造成风味上的缺陷,要注意畜舍及畜体卫生,防止这些异味的出现。另外,将乳储存在有农药及其他化学药品的房间,会出现农药等气味。这种异常乳对人体有害。所以,储存乳时要避免和农药存放,杜绝乳吸收农药味。

●混入杂质乳 主要指无意识混进杂质的异常乳。如畜体卫生及畜舍环境卫生差时,在挤乳过程中饲料、粪便、昆虫、尘埃等污物掉入乳中,使乳中细菌数增加,乳的品质下降;另外,用机器挤乳时,不严格按要求进行,使金属、棉纱等混入,也对乳质有较大的影响。所以,在挤乳过程中,无论采取什么方法,均要严格按卫生要求进行,同时要注意畜体及环境卫生,防止各种杂质混入乳中。

③微生物污染乳 原料乳被微生物严重污染产生异常变化,而成为微生物污染乳。最常见的微生物污染乳是酸败乳。造成这种乳的主要原因是挤乳时对乳房不认真清洗及挤乳器具盛乳桶未严格清洗消毒、乳不及时冷却及运输过程不卫生等,从而导致乳被细菌严重污染。一般在挤乳卫生情况良好时,刚刚挤出的鲜乳每毫升中约有细菌300～1 000个,这些细菌主要是从乳头进入乳层的。如果挤乳卫生差时,挤出的乳中细菌数每毫升可达1～10万个,这种乳在贮藏运输过程中,细菌数会大幅度增加,以致变质不能作乳制品原料。

④病理异常乳 病理异常乳是指由于病菌污染而形成的异常乳。主要包括乳房炎乳、其他病牛乳。这种乳不仅不能作为加工原料,而且对人体健康有危害。

●乳房炎乳

由于外伤或者细菌感染,使乳房发生炎症,这时乳房分泌的乳,其成分和性质都发生变化,使乳中乳糖含量低,氯含量增加及球蛋白含量升高,酪蛋白含量下降,并且细胞(上皮细胞)数量多,以致无脂干物质含量较常乳少。造成乳房炎的原因主要是乳牛体表和牛舍环境不合乎卫生要求,挤奶方法不合理,挤乳器具不彻底清洗杀菌等,使乳房炎发病率升高。

●其他病牛乳

主要由患口蹄疫、布氏杆菌病等的乳牛所产的乳,乳的质量变化大致与乳房炎乳相类似。另外,患酮体过剩、肝机能障碍、繁殖障碍等的乳牛,易分泌酒精阳性乳。

8.2 工作任务

任务8.2.1 原料乳的验收

原料乳送到加工厂时,须立即进行逐车逐批验收,以便按质核价和分别加工,这是保证产品质量的有效措施。

1)感官检验

鲜乳的感官检验主要是进行嗅觉、味觉、视觉等的鉴定。正常鲜乳为乳白色或微带黄色;不得含有肉眼可见的异物;不能有苦、涩、咸的滋味和饲料、青涩、发霉等异味;组织状态均匀一致,无凝块和沉淀。

2) 酸度测定

牛乳的酸度通常用滴定酸度来表示。滴定酸度就是用相应的碱中和鲜乳中的酸性物质,根据碱的用量确定鲜乳的酸度和热稳定性。一般用 0.1 mol/L 的 NaOH 滴定,计算乳的酸度。

测定方法:吸取 10 mL 牛乳,置于 250 mL 三角瓶中,加入 20 mL 水,再加入 0.5 mL 0.5% 的酚酞乙醇溶液,小心摇匀,用 0.1 N 氢氧化钠标准溶液滴定至微红色,在 1 min 内不消失为止。消耗 0.1 N 氢氧化钠标准溶液的毫升数乘以 10,即为酸度(°T),在生产中有时用乳酸度来表示酸度,则可按下式换算为乳酸%:

$$乳酸\% = (0.1 \text{ mol/L NaOH 毫升数} \times 0.009)/测定乳样的重量(g)$$
$$= °T \times 0.009$$

注意:滴定酸度终点判定标准颜色的制备方法如下,取滴定酸度测定的同批和同数量的样品牛乳 10 mL 置于 250 mL 三角烧瓶中,加入 20 mL 蒸馏水,再加入 3 滴 0.005% 碱性品红溶液,摇匀后作为该样品滴定酸度终点判定的标准颜色。

3) 酒精检验法

酒精检验是为观察鲜乳的抗热性而广泛使用的一种方法。通过酒精的脱水作用,确定酪蛋白的稳定性。新鲜牛乳对酒精的作用表现出相对稳定;而不新鲜的牛乳,其中蛋白质胶粒已呈不稳定状态,当受到酒精的脱水作用时,则加速其聚沉。此法可验出鲜乳的酸度,以及盐类平衡不良乳、初乳、末乳及细菌作用产生凝乳酶的乳和乳房炎乳等。

酒精试验与酒精浓度有关,一般以一定容量浓度中性酒精与原料乳等量相混合摇匀,无凝块出现为合格,正常牛乳的滴定酸度不高于 18 °T 不会出现凝块。但影响乳中蛋白质稳定性的因素较多,如乳中钙盐增高时,在酒精试验中会由于酪蛋白胶粒脱水失去溶剂化层,使钙盐容易和酪蛋白结合,形成酪蛋白酸钙沉淀。

新鲜牛乳的滴定酸度为 16~18 °T。为了合理利用原料乳和保证乳制品质量,用于制造淡炼乳和超高温灭菌乳的原料乳,用 75% 酒精试验;用于制造乳粉的原料乳,用 68% 酒精试验(酸度不得超过 20 °T)。酸度不超过 22 °T 的原料乳尚可用于制造奶油,但其风味较差。酸度超过 22 °T 的原料乳只能供制造工业用的干酪素、乳糖等。

4) 乳的密度检验

乳的比重以 15 ℃ 为标准,即在 15 ℃ 时一定容积牛乳的重量与同容积同温度水的重量比,正常乳的比重平均为 1.032。

乳的相对密度指乳在 20 ℃ 时的质量与同容积水在 4 ℃ 时的质量之比。正常乳的密度平均为 1.030。乳的比重和密度在同温度下其绝对值相差甚微,乳的密度较比重小 0.001 9,乳品生产中常以 0.002 的差数进行换算。

乳的相对密度在挤乳后 1 h 内最低,其后逐渐上升,最后可大约升高 0.001 左右,这是由于气体的逸散、蛋白质的水合作用及脂肪的凝固使容积发生变化的结果。故不宜在挤乳后立即测试比重。

乳的比重与乳中所含的乳固体含量有关。乳中各种成分的含量大体是稳定的,其中乳脂肪含量变化最大。如果脂肪含量已知,只要测定比重,就可以按下式计算出乳固体的近似值:

$$T = 1.2F + 0.25L + C$$

式中　T——乳固体,%;

F——脂肪,%;

L——牛乳比重计的读数;

C——校正系数,约为 0.14。

为了使计算结果与各地乳质相适应,C 值需经大量试验数据取得。

5)煮沸试验

取乳样 10 mL 于试管中,置沸水浴中加热 5 min 后观察,不得有凝块或絮片状物产生,否则表示乳不新鲜,而且其酸度大于 16 °T。

6)乳成分的测定

乳品企业目前一般采用乳成分分析仪快速测定出乳中脂肪、蛋白质、乳糖及总干物质的含量。

7)乳的卫生检验

（1）微生物检验

一般现场收购鲜乳不做细菌检验,但在加工以前,必须检查细菌总数、体细胞数,以确定原料乳的质量和等级。

①细菌检查　细菌检查方法很多,有美蓝还原试验、细菌总数测定、直接镜检等方法。

a. 亚甲蓝还原试验　亚甲蓝还原试验是用来判断原料乳的新鲜程度的一种色素还原试验。新鲜乳加入亚甲基蓝后染为蓝色,如污染大量微生物产生还原酶则使颜色逐渐变淡,直至无色,通过测定颜色变化速度,可间接地推断出鲜乳中的细菌数。

该方法除可间接迅速地查明细菌数外,对白细胞及其他细胞的还原作用也敏感。因此,还可检验异常乳(乳房炎乳及初乳或末乳)。

b. 稀释倾注平板法　该法是指取样稀释后,接种于琼脂培养基上,培养 24 h 后计数,测定样品的细菌总数。该法测定样品中的活菌数,测定需要时间较长。

c. 直接镜检法(费里德氏法)　指利用显微镜直接观察确定鲜乳中微生物数量的一种方法。取一定量的乳样,在载玻片涂抹一定的面积,经过干燥、染色、镜检观察细菌数,根据显微镜视野面积,推断出鲜乳中的细菌总数,而非活菌数。

直接镜检法比平板培养法更能迅速判断结果,通过观察细菌的形态,推断细菌数增多的原因。

②细胞数检验　正常乳中的体细胞多数来源于上皮组织的单核细胞,如有明显的多核细胞(白细胞)出现,可判断为异常乳。常用的方法有直接镜检法(同细菌检验)或加利福尼亚细胞数测定法(GMT 法)。GMT 法是根据细胞表面活性剂的表面张力,细胞在遇到表面活性剂时会收缩凝固。细胞越多,凝集状态越强,出现的凝集片越多。

（2）抗生素残留检验

抗生素残留量检验是验收发酵乳制品原料乳的必检指标。常用的方法有以下两种。

①TTC 试验　如果鲜乳中有抗生素的残留,在被检乳样中,接种细菌进行培养,细菌不能增殖,则此时加入的指示剂 TTC 保持原有的无色状态(未经过还原)。反之,如果无抗生素残留,试验菌就会增殖,使 TTC 还原,被检样变成红色。可见,被检样保持鲜乳的颜色,即为阳性;如果变成红色,即为阴性。

②纸片法　将指示菌接种到琼脂培养基上,然后将浸过被检乳样的纸片放在培养基

上,进行培养。如果被检乳样中有抗生素残留,会向纸片的四周扩散,阻止指示菌的生长,在纸片的周围形成透明的阻止带,根据阻止带的直径,判断抗生素的残留量。

任务8.2.2　原料乳的预处理

1)原料乳的净化

原料乳净化的目的是去除乳中的机械杂质并减少微生物数量。净化乳的方法有过滤法和离心净乳法两种。

（1）过滤

过滤的方法有很多种。可在收乳槽上装一个过滤网并铺上多层纱布,也可在乳的输送管道连接一个过滤套筒,或者在管路的出口端装一个过滤布袋,进一步过滤还可以使用双筒过滤器或双联过滤器,但必须注意滤布的清洗和灭菌,不清洁的滤布往往是细菌和杂质的污染源。滤布或滤筒通常在连续过滤 5 000 ~ 10 000 L 牛乳后,就应进行更换、清洗和灭菌。一般连续生产都备有两个过滤器交替使用。

（2）净化

原料乳经过数次过滤后,虽然除去了大部分的杂质,但是,由于乳中污染了很多极为微小的机械杂质和细菌细胞,难以用一般的过滤方法除去。为了达到最高的纯净度,一般采用离心净乳机净化。离心净乳机由一组装在转鼓内的圆锥形碟片组成,靠电机驱动,碟片高速旋转。牛乳在离心作用下达到圆盘的边缘,不溶性物质因为密度较大,被甩到机壳周围的污泥室,从而达到净乳的目的。离心净乳一般设在粗滤之后,冷却之前。净乳时乳温以 30 ~ 40 ℃ 为宜,在净乳过程中要防止泡沫的产生。现代的离心净乳机既能处理冷乳（低于 8 ℃）及热乳（50 ~ 60 ℃）,而且还能自动定时排污。

净化后的乳最好直接加工,如果短期贮藏时,必须及时进行冷却,以保持乳的新鲜度。

2)原料乳的冷却

（1）冷却的作用

刚挤下的乳温度约 36 ℃ 左右,是微生物繁殖最适宜的温度,如不及时冷却,混入乳中的生物就会迅速繁殖。故新挤出的乳,经净化后需冷却到 4 ℃ 左右。冷却对乳中微生物的抑制作用见表 8.2。

表8.2　乳的冷却与乳中细菌数的关系　　单位:cfu/mL

贮存时间	刚挤出的乳	3 h	6 h	12 h	24 h
冷却乳菌落数	11 500	11 500	8 000	7 800	62 000
未冷却乳菌落数	11 500	18 500	102 000	114 000	1 300 000

由表 8.2 看出,未冷却的乳其微生物增加迅速,而冷却乳则增加缓慢。6 ~ 12 h 微生物有减少的趋势,这是因为低温和乳中自身抗菌物质——乳烃素使细菌的繁殖受抑制。

新挤出的乳迅速冷却到低温可以使抗菌特性保持较长的时间。另外,原料乳污染越严重,菌作用时间越短。例如,乳温 10 ℃ 时,挤乳时严格执行卫生制度的乳样,其抗菌期是未严格执行卫生制度乳样的 2 倍。因此,刚挤出的乳迅速冷却,是保证鲜乳较长时间保持新鲜度的必要条件。通常可以根据贮存时间的长短选择适宜的温度(表8.3)。

表8.3　牛乳的贮存时间与冷却温度的关系

乳的贮存时间/h	6～12	12～18	18～24	24～36
应冷却的温度/ ℃	10～8	8～6	6～5	5～4

(2)冷却的方法

①水池冷却　将装乳桶放在水池中,用冷水或冰水进行冷却,可使乳温度冷却到比冷却水温度高约3～4 ℃。水池冷却的缺点是冷却缓慢、消耗水量较多、劳动强度大、不易管理。

②浸没式冷却器冷却　这种冷却器可以插入贮乳槽或乳桶中以冷却牛乳。浸没式冷却器中带有离心式搅拌器,可以调节搅拌速度,并带有自动控制开关,可以定时自动进行搅拌,故可使牛乳均匀冷却,并防止稀奶油上浮。适合于奶站和较大规模的牧场。

③板式热交换器冷却　乳流过板式热交换器与制冷剂进行热交换后流入贮乳罐中。这种冷却器克服了浸没式冷却器因乳液暴露于空气而容易污染的缺点。用冷盐水作冷媒,构造简单,冷却效率高,目前许多乳品厂及奶站都用板式热交换器对乳进行冷却。

3)原料乳的贮存

为了保证工厂连续生产的需要,必须有一定的原料乳贮存量,一般应不少于工厂1 d的处理量。冷却后的乳应尽可能保持低温,以防止温度升高导致保存性降低。因此,贮存原料乳的设备要有绝热保温措施,并配有适当的搅拌机构,定时搅拌乳液防止乳脂肪上浮而造成分布不均匀。

贮乳设备一般采用不锈钢材料制成,应配有不同容量的贮乳缸,保证贮乳时每一缸能尽量装满。贮乳罐外边有绝缘层(保温层)或冷却夹层,以防止罐内温度上升。贮罐要求保温性能良好,一般乳经过24 h贮存后,乳温上升不得超过2～3 ℃。

贮乳罐的容量应根据各厂每天牛乳总收纳量、收乳时间、运输时间及能力等因素决定。一般贮乳罐的总容量应为日收纳总量的2/3～1。而且贮乳罐的容量应与每班生产能力相适应。每班的处理量一般相当于两个贮乳罐的乳容量,否则用多个贮乳罐会增加调罐、清洗的工作量和增加乳的损耗。贮乳罐使用前应彻底清洗、杀菌,待冷却后贮入牛乳。每罐需放满,并加盖密封,如果装半罐,会加快乳温上升,不利于原料乳的贮存。贮存期间要开动搅拌机,24 h内搅拌20 min,乳脂率的变化在0.1%以下。

4)原料乳的标准化

标准化就是调整原料乳中的脂肪含量,使乳制品中的脂肪含量和非脂乳固体含量保持一定的比例关系。原料乳的脂肪与非脂固体含量因牛的品种、地区、季节和饲养管理等条件的不同存在有较大差别。乳制品生产中为了使产品符合规格,具有一定化学组成,需要原料乳中脂肪与无脂干物质之间有一定的比例,即对原料乳进行标准化,也就是调整原料乳中脂肪与非脂肪固体间的比例。在标准化时,脂肪不足,添加稀奶油或除去一部分脱脂乳;原料乳脂肪过高则要除去一部分稀奶油或添加一些脱脂乳。

生产中标准化方法一般以皮尔逊的方块图解法较为方便,其计算原理如下:

设牛乳的含脂率$p\%$,脱脂乳或稀奶油的含脂率为$q\%$,将其按适当比例混合,使其含脂率成为$r\%$,设牛乳的量为X;脱脂乳或稀奶油的量为Y,则形成下列关系:

$$pX + qY = r(X + Y)$$

式中　pX——牛乳的脂肪量；

$\quad\quad qY$——脱脂乳或稀奶油的脂肪量；

$r(X + Y)$ 为混合乳的脂肪量。故可得到以下关系：

$$X(p - r) = Y(r - q)$$

则
$$\frac{X}{Y} = \frac{r - q}{p - r}$$

当添加稀奶油时，则 $q > r$，而 $p < r$，若添加脱脂乳时，则 $q < -r$ 但 $p > r$。以方块图可表示为下图。

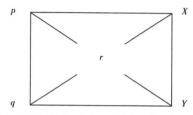

根据上述关系，如果原料乳中含脂率过高，可添加部分脱脂乳进行标准化。

例：含脂率为 3.5% 的牛乳 100 kg 原料乳中应加入多少千克脱脂乳？

解：因用加入脱脂乳调整脂肪含量则 $q < r, p > r$，采用方块法计算。

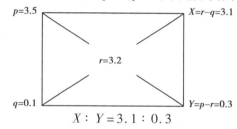

则
$$X : Y = 3.1 : 0.3$$

设 W 为需要加入脱脂乳量

$$100 : W = 3.1 : 0.3$$

$$W = 100 \times \frac{0.3}{3.1}$$

$$= 9.68(\text{kg})$$

即每 100 kg 原料乳中应加入 9.68 kg 含脂率为 0.1% 的脱脂乳。

如原料乳中含脂率不足时，可以用加入稀奶油进行调节。

又例：今有含脂率 3.0% 的原料乳 100 kg，拟用脂肪含量为 30% 的奶油进行标准化，以保证混合原料乳的含脂率达到 3.2%。试问需加多少稀奶油？

解：采用稀奶油标准化：则 $q > r, p < r$，则方块图解为：

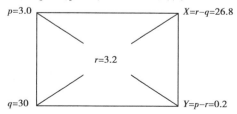

假设 G 为需加入的稀奶油量

则 $\qquad X:Y=26.8:0.2$

故 $\qquad 100:G=26.8:0.2$

$$G=100\times\frac{0.2}{26.8}$$

$$=0.75(\text{kg})$$

需加 0.75 kg 稀奶油。

8.3　质量检测

质量检测　生鲜牛乳的国家质量标准

我国规定生鲜乳收购的质量标准(GB 19301—2010)包括感官指标、理化指标及微生物指标。

1)感官指标

色泽:正常牛乳呈乳白色或微带黄色,滋味、气味:具有乳固有的香味,无异味;组织状态:呈均匀一致的液体,无凝块、无沉淀、无肉眼可见的异物。

2)理化指标

理化指标只有合格指标,不再分级。我国颁布标准规定原料乳验收时的理化指标见表8.4。

表 8.4　鲜乳理化指标

项　目	指　标
密度(20 ℃/4 ℃)	$\geqslant 1.028(1.028\sim1.032)$
脂肪/%	$\geqslant 3.10(2.8\sim5.00)$
蛋白质/%	$\geqslant 2.95$
酸度(以乳酸表示)/%	$\leqslant 0.162$
杂质度/(mg·kg^{-1})	$\leqslant 4$
汞/(mg·kg^{-1})	$\leqslant 0.01$
滴滴涕/(mg·kg^{-1})	$\leqslant 0.1$
维生素/(IU·L^{-1})	< 0.03

3)微生物指标

细菌指标有下列两种,均可采用。采用平皿培养法计算细菌总数,或采用亚甲蓝还原褪色法,按亚甲蓝褪色法时间分级指标进行评级,两者只允许用一个,不能重复。细菌指标分别为4个级别,按表8.5中细菌总数分级指标进行评级。

表8.5 原料乳的细菌指标

分级	平皿细菌总数分级指标法（10^4 cfu/mL）	美蓝褪色时间分级指标法
1	≤50	≥4 h
2	≤100	≥2.5 h
3	≤200	≥1.5 h
4	≤400	≥40 min

思考练习

1. 牛乳的主要化学成分包括哪些？
2. 试述牛乳的物理性质及其对鉴定牛乳的品质的作用？
3. 试述异常乳的种类和产生的原因？
4. 简述原料乳如何验收和贮存？
5. 如何对原料乳进行标准化？

实训操作

实训操作1 乳新鲜度的检验

1）目的要求

鲜乳挤出后若不及时冷却，微生物就会迅速繁殖，使乳中细菌数增多，酸度增高，风味恶化，新鲜度下降，影响乳的品质和加工利用。通过本次实验，要求掌握对原料乳进行新鲜度检验的方法。

2）材料用具

牛乳、采样试管、乳样瓶、200 mL 烧杯、表面器、玻璃棒、150 mL 三角瓶、20 mL 量筒、温度计、酒精灯、25 mL 或 50 mL 碱式滴定管、20 mL 试管、2 mL 刻度吸管、20 mL 灭菌有塞刻度试管、10 mL 灭菌吸管、水浴锅等，0.5% 酚酞，0.1 mol NaOH，68%、70%、72% 酒精，0.05% 刃天青。

3）方法步骤

（1）乳的感官检验

正常牛乳应为乳白色或稍带黄色，有特殊的乳香味，无异味，组织状态均匀一致，无凝

块和沉淀,不黏滑。评定方法如下:

①色泽和组织状态检查。将乳少许倒入培养皿中观察颜色。静置30 min后将乳小心倒掉,观察有无沉淀和絮状物。用手指醮乳汁,检查有无黏稠感。

②气味的检查。将少许乳倒入试管中加热后,嗅其气味。

③滋味的检查。口尝加热后乳的滋味。

根据各项感官鉴定,判断乳样是正常乳或异常乳。

（2）酒精试验

取乳样2 mL于清洁试管中,加入等量的68%酒精溶液,迅速轻轻摇动使其充分混合,观察有无白色絮片生成。如无絮片出现,则表明是新鲜乳,其酸度不高于20 °T,称为酒精阴性乳。出现絮片的乳,为酸度较高的不新鲜乳,称为酒精阳性乳。根据产生絮片的特征,可大致判断乳的酸度。

酒精试验应注意的事项:

①非脂乳固体较高的水牛乳、牦牛乳和羊乳,酒精试验呈阳性反应,但稳定性不一定差,乳不一定不新鲜。因此对这些乳进行酒精试验,应选用低于68%的酒精溶液。由于地区不同,尚无统一标准。

②牛乳冰冻也会形成酒精阳性乳,但这种乳热稳定性较高,可作为乳制品原料。

③酒精要纯,pH值必须调到中性,使用时间超过5~10 d必须重新调节（表8.6）。

表8.6　用不同浓度的酒精判断乳的酸度

酒精浓度/%	界限酸度（不产生絮片的酸度°T）
68	20 以下
70	19 以下
72	18 以下

（3）煮沸试验

取5 mL乳样于清洁试管中,在酒精灯上加热煮沸1 min,或在沸水浴中保持5 min,然后进行观察。如果产生絮片或发生凝固,则表示乳不新鲜,酸度在20 °T以上或混有初乳。牛乳的酸度与凝固温度的关系见表8.7。

表8.7　牛乳的酸度与凝固温度的关系

酸度/(°T)	凝固的条件	酸度/(°T)	凝固的条件
18	煮沸时不凝固	40	加热至65 ℃时凝固
22	煮沸时不凝固	50	加热至40 ℃时凝固
26	煮沸时能凝固	60	22 ℃时自行凝固
28	煮沸时能凝固	65	16 ℃时自行凝固
30	加热至77 ℃时凝固	—	—

（4）刃天青（利色唑林）试验

刃天青为氧化还原反应的指示剂,加入正常鲜乳时呈青蓝色。如果乳中有细菌活动时能使刃天青还原,发生如下色变:青蓝色→蓝色→红色→白色。故可根据变色程度和变到一定颜色所需时间推断乳中细菌数,进而判定乳的质量。

①吸取 10 mL 乳样于刻度试管中,加刃天青工作液 1 mL,混匀,用灭菌胶塞塞好,但不要塞严。

②将试管置于(37±0.5)℃的恒温水浴锅水浴加热。当试管内混合物加热到 37 ℃ 时(用另一只加奶的对照试管测温),将管口塞紧,开始计时,慢慢转动试管(不振荡),使受热均匀,于 20 min 时第一次观察试管内容物的颜色变化、记录;水浴到 60 min 时进行第二次观察,记录结果。

③根据两次观察结果,按表 8.8 的项目判定乳的等级质量。

表 8.8　乳的等级质量

级别	乳的质量	乳的颜色		每毫升乳中的细菌数
		经过 20 min	经过 60 min	
1	良好	—	青蓝色	100 万以下
2	合格	青蓝色	蓝紫色	100 万～200 万
3	不好	蓝紫色	粉红色	200 万以上
4	很坏	白色	—	—

(5)酸度的测度

用吸管量取 10 mL 经混匀的乳样,放入三角瓶中,加入 20 mL 蒸馏水和 0.5 mL(或 10 滴)酚酞指示剂。将混合物摇匀后,以 0.1 mol/L NaOH 滴定,边滴边摇,直至出现微红色在 1 min 内不消失为止。将用去的 0.1 mol/L NaOH 的毫升数×10,即为 100 mL 乳样的滴定酸度。如所用碱液并非精确到 0.1 mol/L,则可按下式计算:

$$滴定酸度(°T) = 用去碱液毫升数 × 碱液的实际浓度$$

4)实训思考与作业

根据本次实验的各项检测结果,对被检乳样进行质量评定。

实训操作 2　乳掺假的检验

1)目的要求

掺假有碍乳的卫生,降低乳的营养价值,影响乳的加工及乳制品的质量。通过本实训掌握乳样掺假的检验方法。

2)材料用具

乳样 200～250 mL 量筒、200 mL 烧杯、温度计、密度计、200 mL 试管、20 mL 试管、5 mL 吸管、20 mL 试管、1 mL 吸管、5 mL 吸管;0.05% 玫瑰红酒精液、碘化钾、结晶碘、0.01 mol/L 硝酸银溶液、10% 铬酸钾水溶液。

3)方法步骤

（1）掺水的检验

对于感官检查发现乳汁稀薄、色泽发灰（即色淡）的乳，有必要作掺水检验。目前常用的是比重法。因为牛乳的比重一般为 1.028 ~ 1.034，其与乳的非脂固体物的含量百分数成正比。当乳中掺水后，乳中非脂固体含量百分数降低，比重也随之变小。当被检乳的比重小于 1.028 时，便有掺水的嫌疑，并可用比重数值计算掺水百分数。

①将乳样充分搅拌均匀后，小心沿量筒壁倒入筒内 2/3 处，防止产生泡沫面影响读数。将乳稠计小心放入乳中，使其沉入到 1.030 刻度处，然后任其在乳中自由游动（防止与量筒壁接触），静止 2 ~ 3 min 后，两眼与乳稠汁同乳面接触处成水平位置进行读数，读出弯月面上缘处的数字。

②用温度计测定乳的温度。

③计算乳样的密度。乳的密度是指 20 ℃时乳与同体积 4 ℃水的质量之比，所以，如果乳温不是 20 ℃时，需进行校正。在乳温为 10 ~ 25 ℃ 范围内，乳密度随温度升高而降低，随温度降低而升高。温度每升高或降低 1 ℃时，实际密度减小或增加 0.000 2。故校正为实际密度时应加或减去 0.000 2。例如，乳的温度为 18 ℃时测得密度为 1.034，则校正为 20 ℃乳的密度应为：

$$1.034 - [0.000\,2 \times (20 - 18)] = 1.034 - 0.000\,4 = 1.033\,6$$

④计算乳样的比重。将求得的乳样密度数值加上 0.002，即换算为被检乳样的比重。与正常的比重对照，以判定掺水与否。

⑤用比重换算掺水百分数。测出被检乳的比重后，可按以下公式求出掺水百分数：

$$掺水量 = \frac{正常乳比重的度数 - 被检乳的度数 \times 100\%}{正常乳比重的度数}$$

例如，某地区规定正常牛乳的比重为 1.029，测知被检乳比重为 1.025，则：

$$掺水量 = \frac{(29 - 25)}{29} \times 100\% = 14\%$$

（2）掺碱（碳酸钠）的检验

于 5 mL 乳样中加入 5 mL 玫瑰红酸液，摇匀，乳呈肉桂黄色为正常，呈玫瑰红色为加碱。加碱越多，玫瑰红色越鲜艳，应以正常乳作对照。

（3）掺淀粉的检验

取乳样 5mL 注入试管中，加入碘溶液 2 ~ 3 滴。乳中有淀粉时，即出现蓝色、紫色或暗红色及其沉淀物。

（4）掺盐的检验

取乳样 1 mL 于试管中，滴入 10% 铬酸钾 2 ~ 3 滴后，再加入 0.1 mol/L 硝酸银 5 mL 摇匀，观察溶液颜色。溶液呈黄色者表明掺有食盐，呈棕红色者表明未掺食盐。

4)实训思考与作业

写出各被检乳样掺假物的种类，并对乳样进行质量评定。

项目9
液态乳

知识目标

掌握巴氏杀菌乳、超高温灭菌乳、再制乳的加工工艺和质量控制及牛乳杀菌技术。

技能目标

能够指导巴氏杀菌乳、保鲜乳、超高温灭菌乳、再制乳的生产;能够熟练应用各种杀菌设备。

 知识点

巴氏杀菌乳、保鲜乳、超高温灭菌乳、再制乳概念、加工工艺、质量控制技术。

9.1　相关知识

知识　液态乳的概念及分类

1)概念

液态乳是以生鲜乳、乳粉等为原料,经过离心净乳、标准化、均质、杀菌或灭菌、冷却和灌装等加工工艺处理,可供消费者直接饮用的液体状的商品乳。

2)液态乳的种类

液态乳的种类很多,通常采用以下方法分类:

(1)根据杀菌方法分类

可将液态乳分为:巴氏杀菌乳、保鲜乳、超高温灭菌乳及保持式灭菌乳。

(2)根据脂肪含量分类

我国将液态乳分为:全脂乳、部分脱脂乳、脱脂乳和稀奶油。

(3)根据营养成分或特性分类

可将液态乳分为:纯牛乳、再制乳、调味乳、营养强化乳及含乳饮料。

3)乳的杀菌方法

乳品厂所采用的杀菌方法主要是以下几种:

(1)预热杀菌(Thermalization)

是一种比巴氏温度更低的热处理,通常为 57 ~ 68 ℃,15 s。预热杀菌可以减少原料乳的细菌总数,尤其是嗜冷菌。因为它们中的一些菌会产生耐热的脂酶和蛋白酶,这些酶可以使乳产品变质;另外预热杀菌在乳中引起的变化较小。若将牛乳冷却并保存在 0 ~ 1 ℃,贮存时间可以延长到 7 d 而其品质保持不变。

(2)低温巴氏杀菌(Low Pasteurization)

这种杀菌是采用 63 ℃,30 min(低温长时间巴氏杀菌乳 LTLT)或 72 ℃,15 ~ 20 s(高温短时间巴氏杀菌乳 HTST)加热而完成。此法由于受热时间短,热变性现象很少,风味有浓厚感,无蒸煮味。

(3)高温巴氏杀菌(Hight Pasterurization)

采用 70 ~ 75 ℃,20 min 或 85 ℃,5 ~ 20 s 加热。有时一直到 100 ℃,此法使除芽孢外所有细菌生长体都被杀死,部分乳清蛋白发生变性,乳中产生明显的蒸煮味。除了损失 VC 之外,营养价值没有重大变化。

(4)超巴氏杀菌(ESL 奶)

采用 125 ~ 138 ℃,2 ~ 4 s,并冷却到 7 ℃以下。

(5)超高温瞬时灭菌(UHT)

指乳在连续流动的状态下通过热交换器加热到 135 ~ 150 ℃,保持 0.5 ~ 4 s,使产品达到商业无菌的水平。

这种热处理能杀死所有微生物包括芽孢,但容易形成灭菌乳气味,损失一些赖氨酸,维生素含量降低。

9.2 工作任务

任务 9.2.1 巴氏杀菌乳的加工

1）概念

巴氏杀菌乳又称市售乳,是以鲜牛乳为原料,经过离心净化、标准化、均质、杀菌和冷却,以液体状态灌装,供消费者直接食用的商品乳。在国家相关部委发布的《巴氏消毒乳与 UHT 超高温灭菌乳中复原乳的鉴定》标准中将巴氏消毒乳定义为:巴氏消毒乳是指经低温长时间(62 ~ 65 ℃,保持 30 min)或经高温短时间(72 ~ 76 ℃,保持 15 s;或 80 ~ 85 ℃,保持 10 ~ 15 s)处理方式生产的乳。巴氏杀菌乳因脂肪不同,可分为全脂乳、低脂乳、脱脂乳;按风味不同分为可可乳、巧克力乳、草莓乳、果汁乳等;按营养成分不同分为普通消毒乳、强化牛乳、调制乳等。

2）工艺流程

原料乳验收→预处理→标准化→均质→巴氏杀菌→冷却→灌装→检验→冷藏

3）操作要点

（1）原料乳的验收和分级

消毒乳的质量取决于原料乳的质量。因此,对原料乳的质量必须严格管理,认真检验。验收时,通常对原料乳进行嗅觉、味觉、外观、尘埃、温度、酒精、酸度、相对密度、脂肪率和细菌数等严格检验后进行分级。只有符合标准的原料乳才能生产消毒乳。

（2）预处理

①脱气　牛乳刚刚被挤出后含 5.5% ~ 7.0% 的气体,经过贮存、运输和收购后,一般其气体含量在 10% 以上,而且绝大部分为非结合的分散气体。这些气体对乳品的加工和产品质量具有一定的影响,因此,在牛乳处理的不同阶段进行脱气是非常必要的。

②过滤和净化　过滤和净化的目的是去除混入到原料乳中的机械杂质,并可以少量去除牛乳中的部分微生物。

（3）标准化

巴氏杀菌乳标准化的目的是保证牛乳中含有规定的最低限度的脂肪。各国牛乳标准化的要求有所不同。一般说来低脂乳含脂率为 0.5%,普通乳为 3.0%。我国规定消毒乳的含脂率为 3.0%,凡不合乎标准的乳都必须进行标准化。

（4）均质

均质乳具有下列优点:①风味良好,口感细腻;②在瓶内不产生脂肪上浮现象;③表面张力降低,牛乳脂肪球直径减小,易于消化吸收,适于喂养婴幼儿。均质后的牛乳脂肪球大部分在 $1.0~\mu m$ 以下。

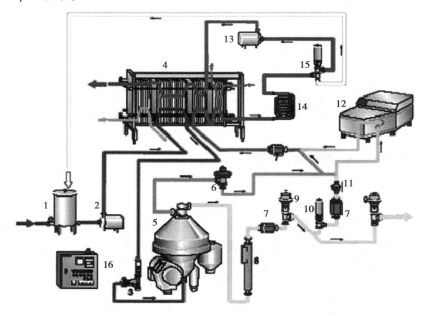

图 9.1　巴氏杀菌乳生产线示意图

1—平衡槽;2—进料泵;3—流量控制器;4—板式换热器;5—分离机;
6—稳压阀;7—流量传感器;8—密度传感器;9—调节阀;10—截止阀;
11—检查阀;12—均质机;13—增压泵;14—保温管;15—转向阀;16—控制盘

在巴氏杀菌乳的生产中,一般均质机的位置处于杀菌机的第一热回收段;在间接加热的超高温灭菌乳生产中,均质机位于灭菌之前;在直接加热的超高温灭菌乳生产中,均质机位于灭菌之后,因此应使用无菌均质机。牛乳在均质前须预热到 65 ℃,在此温度下乳脂肪处于熔融状态,脂肪球膜软化,有利于均质效果。一般均质压力为 16.7 ~ 20.6 MPa。使用二段均质机时,第一段均质压力为 16.7 ~ 20.6 MPa,第二段均质压力为3.4 ~ 4.9 MPa。

(5)巴氏杀菌

巴氏杀菌的目的是首先杀死致病微生物,其次是尽可能多地破坏能影响产品风味和保质期的其他微生物和酶类系统,以保证产品质量在保质期内的稳定。通常采用的加热杀菌形式很多,一般牛乳低温长时巴氏杀菌为 63 ℃,保持 30 min,目前,这种方法已很少使用;牛乳高温短时杀菌为 72 ~ 75 ℃,保持 15 ~ 20 s;牛乳超巴氏杀菌为 125 ~ 138 ℃,时间2 ~ 4 s。

均质破坏了脂肪膜并暴露出脂肪,与未加热的脱脂乳(含有活性的脂肪酶)重新混合后,因缺少防止脂肪酶侵袭的保护膜而易被氧化,因此混合物必须立即进行巴氏杀菌。

(6)冷却

经过杀菌的牛乳,必须迅速冷却到 7 ℃以下,抑制残留微生物的生长和繁殖,同时低温贮藏对产品品质的保持也是十分有利的。冷却方法是将杀菌后的高温牛乳经换热器冷却,使杀菌乳冷却到 4 ~ 5 ℃。

（7）灌装

冷却后的乳应迅速在卫生条件下灌装到要求的容器中。包装的目的主要是便于零售、防止外界杂质混入成品中、防止微生物再污染、保存风味和防止吸收外界气味而产生异味，以及防止维生素等成分受损失等。过去中国各乳品厂多采用玻璃瓶包装，现在大多采用带有聚乙烯的复合塑料纸、塑料瓶和塑料袋包装等。

①塑料袋包装　目前我国巴氏杀菌乳产品的包装中，销量最大的为塑料袋包装，其特点是卫生、方便、价廉。

②涂塑复合纸袋包装　这种容器的优点为：容器轻，容积小；减少洗瓶费用；不透光线，不易造成营养成分损失；不回收容器，减少污染。缺点是一次性消耗，成本较高。

③塑料瓶包装。塑料奶瓶多用聚乙烯或聚丙烯塑料制成，其优点为：质量轻，可降低运输成本；破损率低，循环使用可达 400～500 次；聚丙烯具有刚性，能耐酸碱，还能耐 150 ℃高温。其缺点是表面易磨损，污染程度大，不易清洗和消毒。

（8）冷藏、运输

巴氏杀菌乳在贮存、运输和销售过程中，必须保持冷链的连续性，具体要求包括：产品必须冷却到 10 ℃以下，并在 6 ℃以下尽量在避光条件下贮藏和运输，分销时产品保持密闭。且产品在装车、运输、卸车最后运到商店的过程中，时间不应超过 3 h。

4）注意事项

①避免二次污染，包括包装环境、包装材料及包装设备的污染。

②避免灌装时产品的升温。

③包装设备和包装材料的要求高。

④必须保持冷链的连续性，尤其是出厂转运过程和产品的货架贮存过程是冷链的两个最薄弱环节。应注意：a. 温度；b. 避光；c. 避免产品强烈震荡；d. 远离具有强烈气味的物品。

任务 9.2.2　超高温瞬时灭菌乳的加工

1）概念

超高温（UHT）瞬时灭菌乳是牛乳在封闭系统连续流动中，经 135～150 ℃不少于 1 s 的超高温瞬时灭菌处理，然后在无菌状态下包装的乳制品。超高温灭菌的出现，大大改善了灭菌乳的特性，不仅使产品的色泽和风味得到改善，而且提高了产品的营养价值。

2）工艺流程

原料乳→验收及预处理→超高温灭菌→无菌平衡贮槽→无菌灌装→灭菌乳

3）操作要点

（1）原料乳的选择

用于生产灭菌乳的牛乳必须新鲜，有极低的酸度，正常的盐类平衡及正常的乳清蛋白质含量，不含初乳和抗生素乳。牛乳必须在含量为 75% 的酒精中保持稳定。

原料乳首先经验收、预处理、标准化、巴氏杀菌等过程。超高温灭菌乳的加工工艺通常包含巴氏杀菌过程，尤其在现有条件下这更为重要。巴氏杀菌可更有效地提高生产的灵活性，及时杀死嗜冷菌，避免其繁殖代谢产生的酶类影响产品的保质期。

（2）灭菌

灭菌工艺要求杀死原料乳中全部微生物，而且对产品的颜色、滋味气味、组织状态及营养品质没有严重损害。原料乳在板式换热器内被前阶段的高温灭菌乳预热至 65～85 ℃（同时高温灭菌乳被新进乳冷却），然后经过均质机，在 10～20 MPa 的压力下进行均质。经巴氏杀菌后的乳升温至 83 ℃进入脱气罐，在一定真空度下脱气，以 75 ℃离开脱气罐后，进入加热段，在这里牛乳被加热至灭菌温度（通常为 137 ℃），在保温管中保持 4 s，然后进入热回收管。牛乳被水冷却至灌装温度。

（3）无菌储罐

灭菌乳在无菌条件下被连续地从管道内送往包装机。为了平衡灭菌机和包装机生产能力的差异，并保证在灭菌机或包装机中间停车时不致产生影响，可在灭菌机和包装机之间装一个无菌储罐，因为灭菌机的生产能力有一定的伸缩性，可调节少量灭菌乳从包装机返回灭菌机。比如牛乳的灭菌温度低于设定值，则牛乳就返回平衡槽重新灭菌。无菌储罐的容量一般为 3.5～20 m³。

（4）无菌包装

灭菌乳进入包装机进行包装，新接触的灌乳管路、包装材料及周围空气都必须灭菌，经检验合格后方可进行包装生产。

4）注意事项

（1）设备灭菌——无菌状态

在投料之前，先用水代替物料进入热交换器。热水直接进入均质机、加热段、保温段、冷却段，在此过程中保持全程超高温状态，继续输送至包装机，从包装机返回，流回平衡槽。如此循环保持回水温度不低于 130 ℃，时间 30 min 左右。杀菌完毕后，放空灭菌水，进入物料，开启冷却阀，投入正常生产流程。

（2）生产过程——保持无菌状态

整个生产过程包括灌装要控制在密封的无菌状态下，乳从灭菌器输送至包装机的管道上应装有无菌取样器，当一切生产条件正常时可定时取样检测乳中是否无菌。

（3）水灭菌——保证乳无菌

在生产中，由控制盘严密监视灭菌温度。当温度低于设定值时，立即启动分流阀，牛乳返回进料槽，将其放空并用水顶替，重新进行设备灭菌及重新安排生产操作。这样可保证送往包装机的牛乳是经冷却的无菌牛乳。

（4）中间清洗及最后清洗

大规模连续生产中，一定时间后，传热面上可能产生薄层沉淀，影响传热的正常进行。这时，可在无菌条件下进行 30 min 的中间清洗，然后继续生产，中间不用停车，生产完毕后用清洗液进行循环流动清洗。中间清洗及最后清洗操作均由控制盘内的程序板控制，按程序执行 CIP 操作。

（5）停车

生产及清洗完毕后即可由控制盘统一停车。同时注意停供蒸汽、冷却水及压缩空气。

任务9.2.3 ESL乳的加工

1)概念

较长保质期奶,即国外"ESL"乳(Extended Shelf Life)。含义是延长(巴氏杀菌)产品的保质期,采用比巴氏杀菌更高的杀菌温度(即超巴氏杀菌),并且尽最大可能避免产品在加工、包装和分销过程的再污染。保质期有7~10 d,30 d,40 d,甚至更长。其特点如下:

①需要较高的生产卫生条件和优良的冷链分销系统(一般冷链温度越低,产品保质期越长,但最高不得超过7 ℃)。

②典型的超巴氏杀菌条件为125~130 ℃,2~4 s。但无论超巴氏杀菌强度有多高,生产的卫生条件有多好,"较长保质期"奶本质上仍然是巴氏杀菌奶。

③与超高温灭菌乳有根本的区别。首先,超巴氏杀菌产品并非无菌灌装;其次,超巴氏杀菌产品不能在常温下贮存和分销;第三,超巴氏杀菌产品不是商业无菌产品。

2)工艺流程

ESL乳的加工,见图9.2。

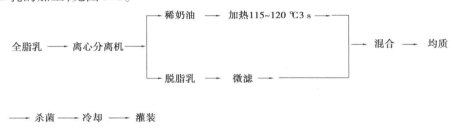

图9.2 ESL乳加工流程图

3)操作要点

把牛乳中的微生物浓缩到一小部分,这部分富集微生物的乳再受较高的热处理,杀死可形成内生孢子的微生物如蜡状芽孢杆菌,之后再在常规杀菌之前,将其与其余的乳混匀,之后一并再进行巴氏杀菌,钝化其余部分带入的微生物,该工艺包括采用重力或离心分离超滤和微滤,目前已有商业应用。利乐公司的Alfa-Laval Bactocatch设备,将离心与微滤结合。

这种设备通过在达到同样的微生物处理效果的同时,由于只是部分乳经受较高温度处理,其余乳(主体)仍维持在巴氏杀菌的水平,这样得到的产品口感、营养都更加完美,保质期又可适当地延长。

9.3 质量检测

质量检测标准 巴氏杀菌乳国家质量标准

1）感官指标

巴氏杀菌乳的感官指标见表9.1所示。

表9.1 巴氏杀菌乳感官特性

项 目	感官特性
色泽	呈均匀一致的乳白色或微黄色
滋味和气味	具有乳固有的滋味和气味,无异味
组织状态	均匀的液体,无沉淀,无凝块,无黏稠现象

2）理化指标

巴氏杀菌乳的理化指标见表9.2所示。

表9.2 巴氏杀菌乳的理化指标

项 目	全脂巴氏杀菌乳	部分脱脂巴氏杀菌乳	脱脂巴氏杀菌乳
脂肪/%	≥3.1	≥1.0~2.0	≤0.5
蛋白质/%	≥2.9	≥2.9	≥2.9
非脂乳固体/%	≥8.1	≥8.1	≥8.1
酸度/(°T)	≤18.0	≤18.0	≤18.0
杂质度/$(mg \cdot kg^{-1})$	≤2	≤2	≤2

3）卫生指标

巴氏杀菌乳的卫生指标见表9.3所示。

表9.3 巴氏杀菌乳的卫生指标

项 目	全脂巴氏乳	部分脱脂巴氏乳	脱脂巴氏杀菌乳
硝酸盐(以 $NaNO_3$ 计)/$(mg \cdot kg^{-1})$	≤11.0		
亚硝酸盐(以 $NaNO_2$ 计)/$(mg \cdot kg^{-1})$	≤0.2		
黄曲霉毒素 M1/$(\mu g \cdot kg^{-1})$	≤0.5		
菌落总数/$(cfu \cdot mL^{-1})$	≤30 000		
大肠菌群/$(MPN \cdot 100\ mL^{-1})$	≤90		
致病菌(指肠道致病菌和致病性球菌)	不得检出		

思考练习

1. 消毒乳的种类及特点。

2. 杀菌方法的种类及特点。

3. 消毒牛乳的加工工艺。

4. 无菌灌装的方法有哪些？

5. 超高温灭菌乳的灭菌原理是什么？为什么有0.1%的胀包率？

6. 乳的标准化计算：有1 000 kg含脂率为3.5%的原料乳，因含脂率过高，拟用含脂率为0.2%的脱脂乳调整，使标准化后的混合乳脂肪含量为3.2%，需加脱脂乳多少？又有1 000 kg含脂率为2.9%的原料乳，欲使其脂肪含量为3.2%，应加多少脂肪含量为35%的稀奶油？

实训操作

实训操作1　乳品厂的参观

1) 参观目的

通过参观了解乳品厂的整体设计布局、液态乳各个产品的生产过程以及乳品厂的质量控制体系。

2) 参观要求

①听从参观带队老师的安排，遵守参观纪律。

②认真记录参观实际情况，及时询问有关技术问题。

③要仔细观察、认真听工作人员的讲解，勤动脑。

④及时发现问题，提出合理化措施。

3) 参观内容

①先由该厂的技术人员介绍本厂的总体情况及目前各产品的发展前景和学生参观应注意的问题。

②在技术人员的带领下，先参观该厂总体布局，再参观液态乳各产品的生产环节。

③该厂技术人员与老师和学生进行交流。

④利用所学的知识提出该厂在生产上存在的问题及改进的建议。

⑤以小组为单位，对所参观的内容及技术员和工人师傅所介绍的情况进行总结分析。

4)实训思考与作业

写出实训报告和参观体会。

实训操作 2 均质花生乳的制作

1)目的要求

均质花生乳是鲜牛乳经巴氏杀菌、均质等工艺而制成的一种消毒牛乳。其口感、风味深受广大消费者欢迎。通过实训让学生了解巴氏杀菌乳的制作过程,掌握其制作要点。

2)材料用具

①设备 磨浆机、杀菌锅、封口机、远红外烤箱、胶体磨、电炉等。

②原料 鲜牛乳、白砂糖、花生仁、甜蜜素等。

3)方法步骤

①花生浆的制备 选择籽粒饱满,无虫蛀、霉变的优质花生仁,把花生仁放入烤箱中烘烤,温度 200~220 ℃,烤熟为止。注意掌握好火候,防止烤焦或不熟,按加水比例放入磨浆机中磨浆 2 遍,备用。

②原料混合 鲜牛乳 15 kg、白砂糖 1.2 kg、花生浆(将烤熟的花生仁和水按 1∶8 的比例磨浆)9 kg、甜蜜素 6 g。按配方比例把鲜牛乳、白砂糖、甜蜜素、花生浆加入不锈钢桶中,混合均匀。

③均质处理 先把上述混合液预热到 65 ℃,再在胶体磨中均质两遍。

④巴氏杀菌 把上述混合液放入杀菌缸中,进行巴氏杀菌,杀菌条件为 80 ℃、15 s。

⑤冷却 迅速冷却至 10 ℃。

⑥灌装、冷藏 把灌装好的花生乳,放入冷藏库中。

4)实训思考与作业

先品尝,然后进行产品质量分析,见表 9.4 所示。

表 9.4 产品评定表

评定项目	标准分值	实际得分	扣分原因或缺陷分析
色泽	10		
滋味、气味	40		
组织状态	25		
口感	25		

项目 10
冷冻乳制品

知识目标

了解冰淇淋和雪糕的概念、分类及配方;掌握冰淇淋和雪糕的质量标准。

技能目标

能独立进行冰淇淋的加工;能对冰淇淋生产中出现的质量问题进行科学分析,提出合理的解决方案。

 知识点

冰淇淋生产的主要原辅料种类及作用;老化、凝冻的机理及操作;膨胀率的计算及影响膨胀率的因素;冰淇淋和雪糕的质量标准。

10.1 相关知识

知识 10.1.1 冰淇淋的概念、种类及配方

1)概念

冰淇淋(ice cream)原意为冰冻奶油之意。我国行业标准(SB/T 10013—2008)中将冰淇淋定义为:以饮用水、乳和/或乳制品、食糖等为主要原料,添加或不添加食用油脂、食品添加剂,经混合、灭菌、均质、老化、凝冻、硬化等工艺制成的体积膨胀的冷冻饮品。

冰淇淋中添加的乳或乳制品、乳化剂、稳定剂、香味剂、着色剂等多种原辅料赋予冰淇淋不仅具有浓郁的香味、细腻的组织、可口的滋味和诱人的色泽,而且具有很高的营养价值,可为人体补充一些营养,对人体有一定的保健作用。因此在炎热季节里备受青睐,是夏天清凉祛暑的好食品,深受人民群众,尤其是儿童的喜爱。

2)种类

冰淇淋的品种繁多,按照不同分类方法分类如下:

(1)按照软硬程度分类

①硬质冰淇淋(美式冰淇淋) 美国人创造,主要是在工厂加工,冷冻到店内销售,因此从外形就能看出比较坚硬,内部冰的颗粒较粗。包括哈根达斯(Haagen-Dazs)在内的超市销售的冰淇淋多属该种类。

②软质冰淇淋(意式冰淇淋) 意大利人的发明,一般在现场制作,看起来就比较软,冰的颗粒也较细,口感也更好。因此,软质冰淇淋是高档冰淇淋的主要代表,国际知名品牌百世贸(Pasmo)、冰雪皇后(Dairy Queen)等都属于该种类。

(2)按照脂肪含量分类

①高级奶油冰淇淋 一般其脂肪含量在 14% ~16%,总干物质含量在 38% ~42%。

②奶油冰淇淋 一般其脂肪含量在 10% ~12%,总干物质含量在 34% ~38%。

③牛奶冰淇淋 一般其脂肪含量在 5% ~6%,总干物质含量在 32% ~34%。

④果味冰淇淋 一般其脂肪含量在 3% ~5%,总干物质含量在 26% ~30%。

(3)按照主要原料分类

①普通奶油冰淇淋 主要以奶油为原料制作的冰淇淋,口感润滑舒爽,但也同时带有奶油的高热量等问题。

②酸奶冰淇淋 主要以酸奶冰淇淋粉或者浆料为原料,使用酸奶冰淇淋机制作的冰淇淋甜品。富含活性益生菌,有助提高免疫力。

③果蔬冰淇淋 主要以鲜奶液和鲜果酱为原料结合而成的软式冰淇淋。有芒果、蓝莓、草莓、樱桃、橙等多种口味。

（4）按照产品形状分类

①杯状冰淇淋　将冰淇淋分装在不同容量的纸杯或塑料杯中硬化而成。

②锥状冰淇淋　将冰淇淋分装在不同容量的锥形容器（如蛋卷）中硬化而成，又称蛋卷冰淇淋。

③砖状冰淇淋　将冰淇淋分装在不同大小的长方体纸盒中硬化而成，形状如砖头，为六面体，有单色、双色和三色，一般呈三色，以草莓、香草和巧克力最为普遍。

④其他形状冰淇淋　还有异形冰淇淋、蛋糕冰淇淋等。

（5）按照添加物的位置分类

①涂层冰淇淋　把添加物，如巧克力涂布于冰淇淋外面而成的产品。

②夹心冰淇淋　把添加物置于中心位置，如夹心冰淇淋是把水果等添加物夹在冰淇淋的中心而做成的产品。

3）配方

典型冰淇淋配方见表10.1所示：

表10.1　典型的冰淇淋配方

冰淇淋类型	脂肪/%	乳中无脂固形物/%	糖/%	乳化剂或稳定剂/%	水/%	膨胀率/%
高级奶油冰淇淋	15	10	15	0.3	59.7	110
奶油冰淇淋	10	11	14	0.4	64.6	100
牛奶冰淇淋	4	12	13	0.6	70.4	85
果味冰淇淋	2	4	22	0.4	71.6	50

（1）脂肪

脂肪决定着冰淇淋的风味和口感，而且它在冰冻期间网络的形成和保持冰淇淋的稠度中起重要作用。脂肪占奶油冰淇淋混合物重的10%～15%，可以是乳脂肪，也可以是植物脂肪。新鲜全脂牛奶是脂肪和无脂肪固形物最理想的来源，能赋予冰淇淋十足的特色，比其他来源都要好。然而，新鲜全脂牛奶的保鲜期短，价格昂贵。乳脂肪可以部分或全部被硬化的植物脂肪代替，如被经过硬化的葵花籽油、椰子油、大豆油和菜油所代替。应用植物油与应用乳脂肪所形成的色泽和风味不同。

（2）乳中的无脂固形物

乳中无脂固形物不仅营养价值高，而且可以维系和置换水。因此，还具有改善冰淇淋质地，保证甜度和空气的混入的重要功能。乳中的无脂固形物包括蛋白质、乳糖和无机盐。它们是以奶粉和浓缩脱脂奶的形式加入的。要达到最佳效果，无脂固形与脂肪的比例应该总是保持一定。如要制作脂肪含量为10%～12%的冰淇淋组分混合物，无脂固形物含量应该为11%～11.5%（重量比）。

（3）糖

冰淇淋中加入糖主要作用是赋予甜度，吸引顾客亲睐；而且可以调节冰淇淋中固体的含量，改善质地。冰淇淋混合物中通常含10%～18%（重量比）的糖。蔗糖依然是用得普遍的增甜剂,它可以单独使用也可以与其他增甜剂配合使用。有许多因素影响着增甜效果和产品质量。可以应用的糖有多种,如蔗糖、甜采糖、葡萄糖、乳糖和葡萄糖与乳糖的混合物。

（4）乳化剂

乳化剂是通过降低液体乳品的表面张力而帮助乳品发生作用的物质。使用乳化剂是为改善混合物的发泡质量,从而生产质地光滑而干燥的冰淇淋。乳化剂也有助于稳定乳化作用。蛋黄是人们所熟悉的乳化剂,但它价格昂贵,乳化效果稍低于更常用的乳化剂,如甘油酯、山梨醇脂、糖脂。所加乳化剂的比例通常是冰淇淋混合物重的0.3% ~0.5%。

（5）稳定剂

稳定剂是指分散在液相（水）中能结合大量水分子的物质。这个结合过程叫水合作用,即稳定剂形成一个网络,这个网络能阻止水分子自由运动。稳定剂能改善冰淇淋组分混合物的稠度,也能改善冰淇淋成品的形体结构、空气混合度、质地和溶解特性。稳定剂有两类:蛋白质和碳水化合物。蛋白质类稳定剂包括明胶、酪蛋白、白蛋白和球。增味剂可以在混合阶段加入。如果增味剂呈较大的块状果实,如坚果仁、水果,那么就要在冰淇淋混合物已经冻结时加入。

（6）增色剂

向混合物中加入增色剂（色素）可以使冰淇淋形成诱人的色泽外观,增强风味。增色剂选择首先要考虑符合添加剂的卫生标准,并与产品香味、名称和谐相称。常用的增色剂有日落黄、胭脂红、柠檬黄、焦糖色等。

知识 10.1.2　雪糕的概念、种类及配方

1）概念

我国行业标准（SB/T 10015—2008）中将雪糕（milk ice）定义为:以饮用水、乳或乳制品、食糖、食用油脂等为主要原料,添加适量食品添加剂,经混合、灭菌、均质或凝冻、冻结等工艺制成的冷冻饮品。雪糕的固形物、脂肪含量较冰淇淋低。膨化雪糕在生产时需要采用凝冻,由于在凝冻过程中有膨胀产生,故产生的雪糕组织松软、口感好,命其为膨化雪糕。

2）种类

根据产品的组织状态,雪糕分为清型雪糕、混合型雪糕和组合型雪糕。

清型雪糕:配料中不含颗粒或块状辅料的制品,如橘味雪糕、香竽雪糕等。

混合型雪糕:配料中含有颗粒或块状辅料的制品。如葡萄雪糕、花生雪糕、草莓雪糕等,这样的产品有明显的添加物辅料感觉。

组合型雪糕:与其他冷冻饮品或巧克力等组合而成的制品,如白巧克力雪糕、果汁冰雪糕等。

清型雪糕、混合型雪糕和组合型雪糕的理化指标具体见表10.2。

表 10.2 雪糕的理化指标

项 目	指 标		
	清型	混合型	组合型
总固形物含量/%	≥16	≥18	≥16(雪糕主体)
总糖(以蔗糖计)含量/%	≥14	≥14	≥14(雪糕为主)
脂肪含量/%	≥2	≥2	≥2

3)配方

一般雪糕配方:牛乳 32% 左右,砂糖 13% ~15%,淀粉 1.25% ~2.5%,精炼油脂 2.5% ~4.0%,其他特殊原料 1% ~2%,香料适量,着色剂适量。

常见雪糕配方见表 10.3。

表 10.3 雪糕配方(以 1 200 kg 计)

原料 \ 品种	可可/kg	橘子/kg	香蕉/kg	香草/kg	菠萝/kg	草莓/kg	柠檬/kg
水	845	836	816	838	871	855	818
白砂糖	105	135	106	125	175	149	105
全脂奶粉		22.5		16	52	33	
甜炼乳	175	100	175	125		60	175
淀粉	15	15	15	15	15	15	15
糯米粉	15	15	15	15	15	15	15
可可粉	12						
精油	37	40	40	40	40	40	40
禽蛋		37	37	37	37	37	37
糖精	0.17	0.15	0.15	0.15	0.15	0.15	0.15
精盐	0.15	0.15	0.15	0.15	0.15	0.15	0.15
香草香精	0.90			1.14			
橘子香精		1.50					
香蕉香精			0.60				
菠萝香精					0.65		
草莓香精						1.20	
柠檬香精							1.14

10.2　工作任务

任务 10.2.1　冰淇淋的加工

1)工艺流程

冰淇淋制造过程大致可分为前、后两个工序。前道工序为混合工序,包括混合料的制备、均质、杀菌、冷却与成熟。后道工序则是凝冻、成型和硬化,它是制造冰淇淋的主要工序。

原料预处理→混合料的制备→均质→杀菌→冷却→老化(成熟)→凝冻→成型→硬化→成品贮存

2)操作要点

(1)混合料的制备

混合料的制备是冰淇淋生产中十分重要的一个步骤,与成品的品质直接相关。

①冰淇淋配料的计算　冰淇淋的口味、硬度、质地和成本都取决于各种配料成分的选择及比例。合理的配方设计,有助于配料的平衡恰当并保证质量的一致。

冰淇淋的种类很多,原料的配合各种各样,故其成分也不一致。例:冰淇淋的配方成分表和原料成分表分别见表10.4、表10.5,现要求配置100 kg混合料,试计算出各种原料用量。

表 10.4　配料成分表

成分名称	含量/%
脂肪	10
非脂乳固体	11
乳化稳定剂	0.5
香料	0.1

表 10.5　原料成分表

原料名称	配方成分	含量/%
稀奶油	脂肪	40
	非脂乳固体	5.0
牛乳	脂肪	3.2
	非脂乳固体	8.3

续表

原料名称	配方成分	含量/%
甜炼乳	糖	45
	脂肪	8
	非脂乳固体	20
蔗糖	糖	100
复合乳化稳定剂		100
香料		100

解:先计算复合乳化稳定剂和香料的用量

复合乳化稳定剂:　　　$0.5\% \times 100 = 0.5$ kg

香料:　　　　　　　　$0.1\% \times 100 = 0.1$ kg

计算主要原料的需要量。

设:稀奶油、牛乳、甜炼乳和蔗糖的需要量分别为 A kg、B kg、C kg、D kg。

则:$A + B + C + D + 0.5 + 0.1 = 100$　　　①

　　$0.4A + 0.32B + 0.08C = 10$　　　②

　　$0.05A + 0.083B + 0.2C = 11$　　　③

　　$0.45C + D = 16$　　　④

解上述四元一次方程得:

A = 14.90 kg　　　稀奶油用量

B = 52.22 kg　　　牛乳用量

C = 29.60 kg　　　甜炼乳用量

D = 2.68 kg　　　蔗糖用量

列出所需配料的用量见表10.6。

表 10.6　配料数量表

原料名称	用量/kg	脂肪/kg	非脂乳固体/kg	糖/kg	总固体/kg
稀奶油	14.90	5.96	0.75		6.71
牛乳	52.22	1.67	4.33		6.01
甜炼乳	29.60	2.37	5.92	13.32	21.61
蔗糖	2.68			2.68	2.68
乳化稳定剂	0.5				0.5
香料	0.1				0.1
合计	100	10	11	16	37.60

②原料的处理。

a.乳粉　应先加温水溶解,有条件的话可用均质机先均质一次。

b. 奶油　应先检查其表面有无杂质,去除杂质后再用刀切成小块,加入杀菌缸。

c. 砂糖　先用适量的水,加热溶解配成糖浆,并经 100 目筛过滤。

d. 鲜蛋　可与鲜乳一起混合,过滤后均质。

e. 蛋黄粉　先与加热至 50 ℃的奶油混合,并搅拌使之均匀分散在油脂中。

f. 乳化稳定剂　可先配制成 10% 溶液后加入。

③配制混合料　由于冰淇淋配料种类较多,性质不一,配制时的加料顺序十分重要。一般先在牛乳、脱脂乳等黏度小的原料及半量的水中,加入黏度稍高的原料,如糖浆、乳粉溶解液、乳化稳定剂溶液等,并立即进行搅拌和加热,同时再加入稀奶油、炼乳、果葡糖浆等黏度高的原料,最后以水或牛乳作容量调整,使混合料的总固体控制在规定的范围内。混合溶解时的温度通常为 40 ~ 50 ℃。

④混合料的酸度控制　混合料的酸度与冰淇淋的风味、组织状态和膨胀率有很大的关系,正常酸度以 0.18% ~ 0.2% 为宜。若配制的混合料酸度过高,在杀菌和加入过程中易产生凝固现象,因此杀菌前应测定酸度。若过高,可用碳酸氢钠进行中和。但应注意,不能中和过度,否则会因中和过度而产生涩味,使产品质量劣化。

（2）均质

均质作用的主要目的是通过将脂肪球的粒度减少到 2 μm 以下,从而使脂肪处在一种永久均匀的悬浮状态。另外,均质还能增进搅拌速度、提高膨胀率、缩短老化期,从而使冰淇淋的质地更为光滑细腻、形体松软,增加稳定性和持久性。

混合料温度和均质压力的选择是均质效果好坏的关键,与混合料的凝冻操作及冰淇淋的形体组织有密切的关系。均质的影响因素如下:

①均质温度　均质较适宜的温度为 65 ~ 70 ℃。温度过低或过高,会使脂肪丛集。温度过低还会使冰淇淋组织粗糙。在较低温度(46 ~ 52 ℃)下均质,则会使混合料黏度过高,则均质效果不良,须延长凝冻搅拌时间;在较高温度(高于 80 ℃)下均质,则会促进脂肪聚集,且会使膨胀率降低。

②均质压力　均质压力过低,脂肪不能完全乳化,造成混合料凝冻搅拌不良,而影响冰淇淋的质地与形体;若均质压力过高,则使混合料黏度过高,凝冻时空气难以混入,因此,要达到所要求的膨胀率,则需要更长的时间。一般来说,压力增加,可以使冰淇淋的组织细腻,形体松软,但压力过高又会造成冰淇淋形体不良。均质压力的大小与各种因素有关:均质压力与混合料的酸度、混合料的脂肪含量、混合料的总固形物含量均成反比。

（3）杀菌

混合料必须经过巴氏杀菌,杀灭致病菌、细菌、霉菌和酵母等,将腐败菌的营养体及芽孢降低至极少数量,并破坏微生物所产生的毒素,以保障消费者食用安全和身体健康。

目前,冰淇淋混合料的杀菌普遍采用高温短时巴氏杀菌法(HTST),杀菌条件一般为 83 ~ 87 ℃/15 ~ 30 s,以保证混合料中杂菌数低于 50 个/g。杀菌效果可通过做大肠杆菌试验确定。

（4）冷却

杀菌后的混合料,应迅速冷却至 2 ~ 4 ℃。冷却温度不宜过低,不能低于 0 ℃,否则易使混合料产生冰晶,影响冰淇淋质量;冷却温度过高,如大于 5 ℃,则易出现脂肪分离现象,会使酸味增加,影响香味。

冷却缸的刷洗与消毒很重要,在混合料冷却前,必须彻底将冷却缸刷洗干净,然后再将其进行消毒,以保证料液不被细菌污染。缸的刷洗与消毒工作分两个步骤进行,否则难以达到清洗与消毒的目的。

(5)老化(成熟)

将混合料在2~4℃的低温下冷藏一定的时间,进行物理成熟的过程称为老化(或成熟)。

①老化的作用如下:

a.加强脂肪凝结物与蛋白质和稳定剂的水合作用,进一步提高混合料的稳定性和黏度,有利于凝冻时膨胀率的提高;

b.促使脂肪进一步乳化,防止脂肪上浮、酸度增加和游离水的析出;

c.游离水的减少可防止凝冻时形成较大的冰晶;

d.缩短凝冻时间,改善冰淇淋的组织。

②老化过程发生的变化:

a.干物料的完全水合作用 尽管干物料在物料混合时已溶解了,但仍然需要一定的时间才能完全水合,完全水合作用的效果体现在混合物料的黏度以及后来的形体、奶油感、抗融性和成品贮藏稳定性上。

b.脂肪的结晶 甘油三酸酯熔点最高,结晶最早,离脂肪球表面也最近,这个过程重复地持续着,因而形成了以液状脂肪为核心的多壳层脂肪球。乳化剂的使用会导致更多的脂肪结晶。如果使用不饱和油脂作为脂肪来源,结晶的脂肪就会较少,这种情况下所制得的冰淇淋其食用质量和贮藏稳定性都会较差。

c.脂肪球表面蛋白质的解吸 老化期间冰淇淋混合物料中脂肪球表面的蛋白质总量减少。现已发现,含有饱和的单甘油酸酯的混合物料中蛋白质解吸速度加快。电子显微照片研究发现,脂肪球表面乳化剂的最初解吸是粘附的蛋白质层的移动,而不是单个酪蛋白粒子的移动。在最后的搅打和凝冻过程中,由于剪切力相当大,界面结合的蛋白质可能会更完全地释放出来。

③老化影响因素 随着料液温度的降低,老化时间可缩短,例如2~4℃,老化时间需4h;0~1℃时,只需2h;而高于5℃时,即使延长了老化时间也得不到良好的效果。混合料总固形物含量越高,黏度越高,老化时间就越短。现在由于乳化稳定剂性能的提高,老化时间还可缩短。

(6)凝冻

凝冻是冰淇淋制造中最重要的步骤之一,是冰淇淋的重量、可口性、产量的决定因素。凝冻就是将流体状的混合料在强制搅拌下进行冻结,使空气以极微小的气泡状态均匀分布于混合料中,在体积逐渐膨胀的同时,由于冷冻而成半固体状的过程。一般采用−2~−5℃。

①凝冻的作用如下:

a.使混合料中的水变成细微的冰晶 混合料在结冰温度下受到强制搅拌,使冰晶来不及长大,而成为极细微的冰晶(4 μm左右),并均匀地分布在混合料中,使组织细腻、口感滑润。

b.获得合适的膨胀率 搅拌器不停地搅拌,使空气逐渐混入混合料中,并以极细微的气泡分布于混合料中,使其体积逐渐膨胀,空气在冰淇淋中的分布状况对成品质量最为重要,空气分布均匀就会形成光滑的质构、奶油般滑润的口感和温和的食用特性,而且,抗融性和贮藏稳定性在很大程度上也取决于空气泡分布是否均匀。

c.使混合料混合均匀 凝冻过程所获得的搅拌效果显示了乳化剂添加量、均质、老化时间以及出料温度是否合适。

②凝冻影响因素 冰淇淋混合原料的凝冻温度与含糖量有关,而与其他成分关系不大。混合原料在凝冻过程中的水分冻结是逐渐形成的。在降低冰淇淋温度时,每降低1 ℃,其硬化所需的持续时间就可缩短10% ~ 20%。但凝冻温度不得低于 - 6 ℃,因为温度太低会造成冰淇淋不易从凝冻机内放出。如果冰淇淋的温度较低和控制制冷剂的温度较低,则凝冻操作时间可缩短,但其缺点为所制冰淇淋的膨胀率低、空气不易混入,而且空气混合不均匀、组织不疏松、缺乏持久性。如果凝冻时的温度高、非脂乳固体物含量多、含糖量高、稳定剂含量高等均能使凝冻时间过长,其缺点是成品组织粗并有脂肪微粒存在,冰淇淋组织易发生收缩现象。

③冰晶的控制 冰淇淋在凝冻过程中约有50%的水分冻结成冰晶。冰晶的产生是不可避免的,关键在于冰晶的大小。为了获得细腻的组织,冰淇淋凝冻机提供的以下几点为形成细微的冰晶创造条件:冰晶形成快;剧烈搅拌;不断添加细小的冰晶;保持一定的黏度。

(7)冰淇淋的膨胀率

冰淇淋的膨胀率(over run),是指一定质量的冰淇淋浆料制成冰淇淋后体积增加的百分比。膨胀率过高,则组织松软;过低时,则组织坚实。膨胀后的冰淇淋,内部含有大量细微的气泡,从而获得良好的组织和形体,使其品质好于不膨胀的或膨胀不够的冰淇淋,且更为柔润、松软。另一方面,因空气呈细微的气泡均匀地分布于冰淇淋组织中,起到稳定和阻止热传导的作用,可使冰淇淋成型硬化后较持久不融化,从而增强产品的抗融性。

膨胀率的计算,有两种方法:体积法和重量法,其中以体积法更为常用。

体积法:

$$B = \frac{(V_2 - V_1)}{V_1} \times 100\%$$

式中 B——冰淇淋的膨胀率(%);
　　V_1——1 kg 冰淇淋的体积(L);
　　V_2——1 kg 冰淇淋的体积(L)。

重量法:

$$B = \frac{(M_2 - M_1)}{M_1} \times 100\%$$

式中 B——冰淇淋的膨胀率(%);
　　M_1——1 L 冰淇淋的质量(kg);
　　M_2——1 L 混合料的质量(kg)。

在制造冰淇淋时应适当地控制膨胀率,为了达到这个目的,对影响冰淇淋膨胀率的各种因素必须加以适当的控制。

①原辅料的影响:

a.乳脂肪含量 与混合原料的黏度有关。黏度适宜则凝冻搅拌时空气容易混入。

b. 非脂乳固体含量　混合原料中非脂乳固体含量高,能提高膨胀率,但非脂乳固体中的乳糖结晶、乳酸的产生及部分蛋白质的凝固对混合原料膨胀有不良影响。

c. 糖分　混合原料中糖分含量过高,可使冰点降低、凝冻搅拌时间加长,则有碍膨胀率的提高。

d. 稳定剂　多采用明胶及琼脂等。如用量适当,能提高膨胀率。但其用量过高,则黏度增强,空气不易混入,而影响膨胀率。

e. 乳化剂　适量的鸡蛋蛋白可使膨胀率增加。

②混合原料的处理　混合原料采用高压均质及老化等处理,能增加黏度,有助于提高膨胀率。一般情况下,不均质的混合料,膨胀率不到80%。但是由于均质导致脂肪球凝集,使混合料黏稠而降低搅打能力,并且使冰淇淋的形体、组织不良。经过成熟处理的混合料容易搅打。

③混合原料的凝冻　凝冻操作是否得当与冰淇淋膨胀率有密切关系。其他如凝冻搅拌器的结构及其转速,混合原料凝冻程度等与膨胀率同样有密切关系,要得到适宜的膨胀率,除控制上述因素外,尚需有丰富的操作经验或采用仪表控制。

(8)成型和硬化

凝冻后的冰淇淋为半流体状,又称软质冰淇淋,一般是现制现售。而多数凝冻后的冰淇淋为了便于贮藏、运输以及销售,须进行分装成型,再通过硬化来维持其在凝冻中所形成的质构,成为硬质冰淇淋才进入市场。

我国目前市场上一般有纸盒散装的大冰砖、中冰砖、小冰砖、纸杯装等几种。冰淇淋的分装成型,系采用各种不同类型的成型设备来进行的。冰淇淋成型设备类型很多,目前我国常采用冰砖灌装机、纸杯灌注机、小冰砖切块机、连续回转式冰淇淋凝冻机等。

已凝冻的冰淇淋在分装和包装后,必须进行一定时间的低温冷冻的过程,以固定冰淇淋的组织状态,并完成在冰淇淋中形成极细小的冰结晶的过程,使其组织保持一定的松软度,这称为冰淇淋的硬化。冰淇淋经过硬化,可以使冰淇淋保持预定的形状,保证产品质量,便于销售与贮藏、运输。冰淇淋凝冻后如不及时进行分装和硬化,则表面部分易受热而融化,如再经低温冷冻,则形成粗大的冰结晶,降低产品品质。

冰淇淋的硬化通常采用速冻隧道,速冻隧道的温度一般为 -35 ~ -45 ℃。硬化的优劣和品质有着密切的关系。即使是在 -30 ℃的低温下,要想冻结所有的水分也是不可能的,这是由于冰点降低的组分(糖和盐)和一直存在于非冻结水中的组分的不断浓缩造成的。硬化过程中没有一个确切的温度,但是中心温度稳定在 -15 ℃常作为完全硬化的标准。经凝冻的冰淇淋必须及时进行快速分装,并送至速冻隧道内进行硬化;否则表面部分的冰淇淋易受热融化,再经低温冷冻,则形成粗大的冰晶,从而降低品质。同样,硬化速度也有影响,硬化迅速则冰淇淋融化少,组织中的冰晶细,成品就细腻润滑;若硬化迟缓,则部分冰淇淋融化,冰晶粗而多,成品组织粗糙,品质低劣。

(9)贮存

硬化后的冰淇淋,在销售前应贮存在低温冷库中。产品应贮存在 ≤ -22 ℃ 的专用冷库内,在这一温度下,冰淇淋中近90%的水被冻结成冰晶,并使产品具有良好的稳定性。产品贮存过程中不应与有毒、有害、有异味、易挥发的物品或其他杂物一起存放。产品应使用垛垫堆码,离墙不应小于20 cm,堆码高度不宜超过2 m。冷库应定期清扫、消毒。

3）加工中的注意事项

（1）配料的质量控制

采取每2周化验一次的制度以保证所有的配料符合标准。脂肪含量的变动不得超过0.2%，总固形物的变动不得超过1%。对于所有正规的香料应每周进行一次微生物检验，其结果必须符合相关的卫生标准。

（2）成品的质量控制

所生产的每种产品的质量应每周检查一次，检查范围包括风味、坚硬度、质地、色泽、外观及包装。

①风味缺陷　冰淇淋的风味缺陷大多是由于下列几种因素造成的。

a.甜味不足　主要是由于配方设计不合理，配制时加水量超过标准，配料时发生差错或不等值地用其他糖来代替砂糖等。

b.香味不正　主要是由于加入香料过多，或加入香精本身的品质较差、香味不正，使冰淇淋产生苦味或异味。

c.咸味　冰淇淋含有过多的非脂乳固体或者被中和过度，能产生咸味。在冰淇淋混合原料中采用含盐分较高的乳清粉或奶油，以及冻结硬化时漏入盐水，均会产生咸味或苦味。

d.酸败味　一般是由于使用酸度较高的奶油、鲜乳、炼乳；混合料采用不适当的杀菌方法；搅拌凝冻前混合原料搁置过久或老化温度回升，细菌繁殖，混合原料产生酸败味所致。

e.氧化味　在冰淇淋中，氧化味极易产生，这说明产品所采用的原料不够新鲜。这种气味亦可能在一部分或大部分乳制品或蛋制品中早已存在，其原因是脂肪的氧化。

f.蒸煮味　在冰淇淋中，加入经高温处理的含较高非脂乳固体量的乳制品，或者混合原料经过长时间的热处理，均会产生蒸煮味。

g.金属味　在制造时采用铜制设备，如间歇式冰淇淋凝冻机内凝冻搅拌所用铜质刮刀等，能促使产生金属味。

h.烧焦味　一般是由于冷冻饮品混合原料加热处理时，加热方式不当或违反工艺规程所造成，另外，使用酸度过高的牛乳时，也会发生这种现象。

i.油腻及油哈味　一般是由于使用过多的脂肪或带油腻味、油哈味的脂肪以及填充材料而产生的一种味道。

②组织缺陷　冰淇淋的组织缺陷因素如下。

a.组织粗糙　在制造冰淇淋时，由于冰淇淋组织的总干物质量不足，砂糖与非脂乳固体量配合不当，所用稳定剂的品质较差或用量不足，混合原料所用乳制品溶解度差，不适当的均质压力，凝冻时混合原料进入凝冻机温度过高，机内刮刀的刀刃太钝，空气循环不良，硬化时间过长，冷藏温度不正常，使冰淇淋融化后再冻结等因素，均能造成冰淇淋组织中产生较大的冰结晶体而使组织粗糙。

b.组织松软　这与冰淇淋含有多量的空气泡有关。这种现象是在使用干物质量不足的混合原料，或者使用未经均质的混合原料以及膨胀率控制不良时所产生的。

c.组织坚实　含总干物质量过高及膨胀率较低的混合原料，所制成的冰淇淋会具有这种组织状态。

③形体缺陷　冰淇淋的形体缺陷因素如下：

a.形体太黏　形体过黏的原因与稳定剂使用量过多、总干物质量过高、均质时温度过低以及膨胀率过低有关。

b.奶油粗粒　冰淇淋中的奶油粗粒,是由于混合原料中脂肪含量过高、混合原料均质不良、凝冻时温度过低以及混合原料酸度较高所形成的。

c.冰砾现象　冰淇淋在贮藏过程中,常常会产生冰砾。冰砾通过显微镜的观察为一种小结晶物质,这种物质实际上是乳糖结晶体,因为乳糖在冰淇淋中较其他糖类难于溶解。如冰淇淋长期贮藏在冷库中,在其混合原料中存在晶核、黏度适宜以及有适当的乳糖浓度与结晶温度时,乳糖便在冰淇淋中形成晶体。冰淇淋贮藏在温度不稳定的冷库中,容易产生冰砾现象。当冰淇淋的温度上升时,一部分冰淇淋融化,增加了不凝冻液体的量和减低了物体的黏度。在这种条件下,适宜于分子的渗透,而水分聚集后再冻结使组织粗糙。

(3)膨胀率的质量控制

膨胀率是冰淇淋质量的一项极为重要的指标,但也不是越高越好,适当地控制膨胀率,使之在一个合适的范围内是十分重要的。膨胀率过高,组织松软,缺乏持久性;膨胀率过低,组织坚硬,口感差。

任务 10.2.2　雪糕的加工

1)工艺流程

生产雪糕时,原料配制、均质、杀菌、冷却、老化等操作技术与冰淇淋基本相同。普通雪糕不需要经过凝冻工序,直接浇模、冻结、脱模、包装而成,膨化雪糕则需要凝冻工序。

原料预处理 — 混合料制备 — 均质 — 杀菌 — 冷却 — 老化(成熟) — 凝冻
↓
浇模
↓ ↘ 插扦
冻结
↓ ↘ 脱模
拔托
↓
包装 — 成品贮存

2)操作要点

(1)混合料制备

配料时,可先将黏度低的原料如水、牛奶、脱脂奶等先加入,黏度高或含水分低的原料如禽蛋、全脂甜炼乳、奶粉、奶油、可可粉、可可脂等依次加入,经混合后制成混合料液。

(2)均质、杀菌、冷却

均质时料温为 60 ~ 70 ℃,均质压力为 15 ~ 17 MPa。杀菌温度是 85 ~ 87 ℃,时间为5 ~ 10 min。杀菌后的料液可直接进入冷却缸中,温度降至 4 ~ 6 ℃。

一般冷却温度越低,则雪糕(棒冰)的冻结时间越短,这对提高雪糕的冻结率有好处。但冷却温度不能低于 - 1 ℃或低至使混合料有结冰现象出现,这将影响雪糕的质量。

（3）凝冻

首先对凝冻机进行清洗和消毒，而后加入料液。料液的加入量与冰淇淋生产有所不同，第一次的加入量约占集体容量的1/3，第二次则为1/2到1/3。加入的雪糕料液通过凝冻搅拌、外界空气混入，使料液体积膨胀，因而浓稠的雪糕料液逐渐变成体积膨大而又浓厚的固态。制作膨化雪糕底料也不能过于浓厚，因过于浓厚的固态会影响浇模质量。控制料液的温度在 $-3 \sim -1$ ℃，膨胀率30%~50%。

（4）浇模

冷却好的混合料需要快速硬化，因此要将混合料灌装到一定模型的模具中，此过程称为浇模。浇模之前要将模具（模盘）、模盖、扦子进行消毒。此消毒工作是生产雪糕（冰棒）过程中一个非常重要的工作，如果消毒不彻底，会使物料遭受污染，使产品成批不合格。

（5）冻结

雪糕的冻结有直接冻结法和间接冻结法。直接冻结法即直接将模盘浸入盐水内进行冻结，间接冻结法即速冻库（管道半接触式冻结装置）与隧道式（强冷风冻结装置）速冻。冻结速度越快，产生的冰结晶就越小，质地越细；相反则产生的冰结晶大、质地粗。

凡食品的中心温度从 -1 ℃降低到 -5 ℃所需的时间在30 min内称作快速冷冻。目前雪糕的冻结指的是将5 ℃的雪糕料液降温到 -6 ℃，是在 $24 \sim 30$ °Be、$-24 \sim -30$ ℃的盐水中冻结，冻结时间只需 $10 \sim 12$ min，故它可以归入快速冻结行列。

由于盐水的浓度与温度已成为生产雪糕的重要条件之一，其次是料液的温度。所以，冻结缸内盐水的管理必须由专人负责。每天应测4次盐水浓度与温度，在生产前0.5 h测一次，生产后每2 h测一次，并作好原始记录以备检查。测量时如发现盐水的浓度符合要求，温度却达不到要求时，应检查原因。

（6）插扦

插扦要求插得整齐端正，不得有歪斜、漏插及未插牢现象。现在有机械插扦。当发现模盖上有断扦时，要用钳子将其拔出。当模盖上的扦子插好后，最后要用敲扦板轻轻用力将插得高低不一的扦子敲平。敲时得掌握好力度，力度小，扦子过松容易掉，影响产品品质；力度大，扦子过紧，影响拔扦工作。

（7）脱模

冻结硬化后的雪糕从模盘脱下，需用烫模盘槽。烫模盘槽内的水温度应控制在 $50 \sim 55$ ℃，浸入时间为数秒钟，以能脱模为准。雪糕脱模后应立即嵌入拔扦架上，用金属钳用力夹住雪糕扦子，将一排雪糕送往包装台。

（8）包装

包装时先观察雪糕的质量，如有歪扦、断扦及沾上盐水的雪糕（沾上盐水的雪糕表面有亮晶晶的光泽），则不得包装，须另行处理。取雪糕时只准手拿木扦而不准接触雪糕体，包装要求紧密、整齐，不得有破裂现象。包好后的雪糕送到传送带上由装箱工人装箱。装箱时如发现有包装破碎、松散者，应将其剔出重新包装。装好后的箱面应敲注上生产品名、日期、批号等。

3)加工中的注意事项

（1）配料的质量控制

采取每2周化验一次的制度以保证所有的配料符合标准。对于所有正规的香料应每周进行一次微生物检验，其结果必须符合相关的卫生标准。

（2）成品的质量控制

所生产的每种产品的质量应每周检查一次，检查范围包括风味、坚硬度、质地、色泽、外观及包装。

①风味缺陷：

a. 甜味不足　同冰淇淋。

b. 香味不正　同冰淇淋。

c. 酸败味　同冰淇淋。

d. 咸苦味　在雪糕配方中加盐量过高；以及在雪糕或冰棒凝冻过程中，操作不当溅入盐水（氯化钙溶液）；或浇注模具漏损等，均能产生咸苦味。

e. 油哈味　是由于使用已经氧化发哈的动植物油脂或乳制品等配制混合原料所造成的。

f. 烧焦味　配料杀菌方式不当或热处理时高温长时间加热，尤其在配制豆类棒冰时豆子在预煮过程中有烧焦现象，均可产生烧焦味。

g. 发酵味　在制造鲜果汁棒冰时，由于果汁贮放时间过长，本身已发酵起泡，则所制成棒冰有发酵味。

②组织缺陷：

a. 组织粗糙　在制造雪糕时，如采用的乳制品或豆制品原料溶解度差、酸度过高，均质压力不适当等，均能让雪糕组织粗糙或有油粒存在。在制造果汁或豆类棒冰时，所采用的淀粉品质较差或加入的填充剂质地较粗糙等，亦能影响其组织。

b. 组织松软　这主要是由于总干物质较少、油脂用量过多、稳定剂用量不足、凝冻不够以及贮藏温度过高等而造成。

c. 空头　主要是由于在制造时，冷量供应不足或片面追求产量，凝冻尚未完整即行出模包装所致。

d. 歪扦与断扦　系由于棒冰模盖扦子夹头不正或模盖不正，扦子质量较差以及包装、装盒、贮运不妥等。

10.3　质量检测

质量检测 10.3.1　冰淇淋的质量标准

1)感官要求

应符合表10.7的规定。

表 10.7　冰淇淋感官要求

项　目	要　求	
	清型	组合型
色泽	具有品种应有的色泽	
状态	形态完整,大小一致,不变形,不软榻,不收缩	
组织	细腻润滑,无明显粗糙的冰晶,无气味	具有品种应有的组织特征
滋味气味	滋味协调,有乳脂或植脂香味,香味纯正	具有品种应有的滋味和气味,无异味
杂质	无肉眼可见外来杂质	

2)理化指标

应符合表 10.8 的规定。

表 10.8　冰淇淋理化指标

项　目	指　标					
	全乳脂		半乳脂		植脂	
	清型	组合型	清型	组合型	清型	组合型
非脂乳固体^b/%	6.0					
总固形物/%	30.0					
脂肪/%	8.0		6.0	5.0	6.0	5.0
蛋白质/%	2.5	2.2	2.5	2.2	2.5	2.2
膨胀率/%	10 ~ 140					

注:a.组合型产品的各项指标均指冰淇淋主体部分。

　　b.非脂乳固体含量按原始配料计算。

3)卫生指标

总砷、铅、铜、菌落总数、大肠菌群、致病菌应符合 GB 2759.1 的规定。

质量检测 10.3.2　雪糕成品质量标准

1)感官要求

应符合表 10.9 的规定。

表 10.9　感官要求

项　目	要　求	
	清型	组合型
色泽	具有品种应有的色泽	

续表

项　目	要　求	
	清型	组合型
状态	形态完整,大小一致,不变形,不软榻,不收缩	
组织	细腻润滑,无明显粗糙的冰晶,无气味	具有品种应有的组织特征
滋味气味	滋味协调,有乳脂或植脂香味,香味纯正	具有品种应有的滋味和气味,无异味
杂质	无肉眼可见外来杂质	

2)理化指标

应符合表10.10的规定。

表 10.10　理化指标

项　目	指　标	
	清型	组合型
总固形物/%	≥20.0	
总糖(以蔗糖计)/%	≥10.0	
蛋白质/%	≥0.8	≥0.4
脂肪/%	≥2.0	≥1.0

注:a.组合型产品的各项指标均指冰淇淋主体部分。

3)卫生指标

总砷、铅、铜、菌落总数、大肠菌群、致病菌应符合 GB 2759.1 的规定。

思考练习

1.冰淇淋的概念?

2.冰淇淋的生产工艺及要点?

3.冰淇淋生产的主要原辅料种类及作用?

4.冰淇淋老化、凝冻的机理及作用?

5.冰淇淋膨胀率的计算及影响膨胀率的因素?

6.雪糕的概念?

7.雪糕的生产工艺及要点?

实训操作

实训操作 冰淇淋的加工制作

1）实训目的

进一步了解和熟悉并掌握冰淇淋的加工原理、配料、生产工艺及操作过程。

2）实训仪器与材料

硬质冰淇淋机 1 台,加热槽或小奶桶 1 个,搅拌勺一把,温度计 1 支,奶粉 1 袋、砂糖半斤,海藻酸 50 g,奶油 250 g,淀粉 250 g,天平 1 台,1 000 mL 烧杯 3 个,电炉 1 台,配料缸共用。

3）工艺流程

原料混合→溶解→过滤→升温→均质→杀菌→冷却→加香→成熟→搅拌→硬化→成品

　　　　　↑

　　　　湿淀粉

4）操作方法

①配方选定及原料混合　不同种类的冰淇淋其各种成分的百分比要求不一,因此,制作前必须先根据对成分百分比的要求确定配方,再按配方选择混合原料种类并计算其用量,冰淇淋的成分及配方可参考表 10.1 配方或其他资料中的配方。

选定配方后,按配方要求进行原料混合处理,首先将稳定剂与砂糖干料混合后加入部分温水溶开,再将炼乳、牛奶、稀奶油等液体原料在另一桶内或加热槽内混合并加热至 65 ~ 70 ℃,然后在不断搅拌下加入固体原料和砂糖稳定剂溶液,乳化剂先用水浸泡或先用油脂混合后加入。

鸡蛋可在杀菌前或杀菌后加入,杀菌前加入时,先将鸡蛋打破,搅成均匀的蛋液,在混合料加热至 50 ~ 60 ℃时加入,杀菌后加入时即将生蛋液加入混匀即可。

②常用的稳定剂　明胶、果胶、琼脂、海藻酸钠、槐豆胶、角叉藻胶、羧甲基纤维素,常用的乳化剂有:卵黄及甘油脂肪酸酯。

③混合料过滤　原料混合溶解后,再经充分混合搅拌,然后用 80 ~ 100 目筛过滤或用 4 层纱布过滤。

④均质　防止脂肪上浮,更主要是改善组织状态,缩短成熟时间,无此条件也可以不用均质,只是成熟时间长些。

⑤杀菌　可用间歇式杀菌即 68 ~ 70 ℃/30 min(片式 HTST 法 80 ~ 85 ℃/20 s;UHT 法 100 ~ 130 ℃/2 ~ 3 s)。

⑥冷却与成熟　杀菌后将混合料迅速冷却至 5 ℃以下(2 ~ 4 ℃,一般不得低于 1 ℃)并保持 4 ~ 12 h,使其成熟(老化),以提高脂肪、蛋白质及稳定剂的水合作用,减少游离水,

防止冻水时产生大冰屑。

⑦加香料　成熟之后加入适量的香兰素。

⑧冻结搅拌　将成熟好的混合料倒入冰淇淋机内,进行搅拌冻结,如果是软质冰淇淋则在冻结之后便可出产品。

⑨硬化　搅拌好的冰淇淋可直接送往冷藏室(-18 ℃以下)进行硬化,或先包装成各种形状再进行硬化。一般硬化 12 h 即可为成品。

质量合乎要求的冰淇淋,膨胀率为 80~100%,软硬适中,组织细腻,无水冰屑,口感好。

$$B = \frac{(M_2 - M_1)}{M_1} \times 100\%$$

式中　B——冰淇淋的膨胀率,%;

M_1——1 L 冰淇淋的质量,kg;

M_2——1 L 混合料的质量,kg。

5)实训作业

写出实训报告。

项目11 酸乳制品

知识目标

了解酸乳的概念及分类;掌握发酵剂的制备和使用、酸乳的生产工艺;了解乳酸菌饮料的生产工艺;掌握发酵乳和乳酸菌饮料的质量标准。

技能目标

能够熟练进行酸乳及乳酸菌饮料产品的生产;能对酸乳及乳酸菌饮料产品的生产中出现的质量问题进行科学分析,提出合理的解决方案。

 知识点

酸乳的概念及分类;发酵剂的制备和使用;凝固型酸乳及搅拌型酸乳的生产工艺;乳酸菌饮料的生产工艺;发酵乳和乳酸菌饮料的质量标准。

11.1 相关知识

知识 11.1.1 酸乳的概念及分类

1) 概念

发酵乳的名称是由于牛奶中添加了发酵剂,使部分乳糖转化成乳酸而来的。据国际乳品联合会(IDF)1992年发布的标准,发酵乳的定义为乳或乳制品在特征菌的作用下发酵而成的酸性凝乳状产品。在保质期内该类产品中的特征菌必须大量存在,并能继续存活和具有活性。包括:酸乳、乳酸菌饮料、开菲尔乳、马奶酒、发酵酪乳、酸奶油和干酪等产品。

在所有发酵乳中,酸乳是最具盛名的,也是最受欢迎的。联合国粮食与农业组织(FAO)、世界卫生组织(WHO)与国际乳品联合会(IDF)于1977年给酸乳作出如下定义:酸乳是指在添加(或不添加)乳粉(或脱脂乳粉)的乳中(杀菌乳或浓缩乳),由于保加利亚乳杆菌和嗜热链球菌的作用进行乳酸发酵而制成的凝乳状产品,成品中必须含有大量的、相应的活性微生物。

酸乳中有益菌群能够维护肠道菌群生态平衡,从而形成生物屏障抑制有害菌群对人体的破坏。通过抑制腐生菌在肠道的生长,抑制了腐败所产生的毒素,使肝脏和大脑免受这些毒素的危害,防止衰老。通过产生大量的短链脂肪酸促进肠道蠕动及菌体大量生长改变渗透压而防止便秘。乳酸菌还可以产生一些增强免疫功能的物质,提高人体免疫力,防止疾病。

2) 种类

目前市场上生产酸乳的主要企业是光明、蒙牛、伊利和三元等,其中,光明、蒙牛和伊利凭借着先进的技术、良好的品牌及丰富的产品线占据着较大的市场份额。我国目前主要生产的酸乳分为两大类:凝固型酸乳和搅拌型酸乳。在此基础上还可添加果料、蔬菜或中草药等制成风味型或营养保健型酸乳。根据成品的组织状态、口味、原料中乳脂肪含量、生产工艺和菌种的组成,通常可以将酸乳分成如下不同种类。

(1)按成品组织状态分类

①凝固型酸乳 凝固型酸乳(setyoghurt)是灌装后再发酵而成,发酵过程是在包装容器中进行的,因此成品呈凝乳状。目前市售瓶装酸奶、杯装老酸奶大部分属这种类型。

②搅拌型酸乳 搅拌型酸乳(stirred yodlun)是发酵后再灌装而成,发酵后的凝乳在灌装前和灌装过程中搅碎而成黏稠状组织状态。目前市售的八连杯装的如草莓酸奶、黑加仑酸奶、哈密瓜酸奶等都属于搅拌型酸奶。

凝固型酸乳与搅拌型酸乳在口味上略有差异,凝固型酸乳口味更酸些,但营养价值没有区别。

（2）按成品风味分类

①天然纯酸乳　天然纯酸乳（natural yoghurt）由原料乳加菌种发酵而成，不含任何辅料和添加剂。

②加糖酸乳　加糖酸乳（sweeten yoghurt）由原料乳和糖加入菌种发酵而成。国内市场上酸乳多半都属于加糖酸乳。糖的添加量一般为 6% ~7% 。

③调味酸乳　调味酸乳（flavored yoghurt）是在天然酸乳或加糖酸乳中加入香料而成。

④果料酸乳　果料酸乳（yoghurt with fruit）是由天然酸乳与糖、果料混合而成。

⑤复合型或营养型酸乳　这类酸乳通常在酸乳中强化不同的营养素（维生素、食用纤维素等）或在酸乳中加入不同的辅料（如谷物、干果等）而成。这种酸乳在西方国家非常流行，常在早餐中食用。

（3）按原料中脂肪含量分类

根据原料中脂肪含量的高低分为全脂酸乳、部分脱脂酸乳和脱脂酸乳。据联合国粮食与农业组织（FAO）以及世界卫生组织（WHO）规定，全脂酸乳的脂肪含量为 3.0% 以上，部分脱脂酸乳的脂肪含量为 3.0% ~0.5% ，脱脂酸乳的脂肪含量为 0.5% 以下。酸乳的非脂乳固体含量为 8.2% 。

（4）按发酵后的加工工艺分类

①浓缩酸乳　浓缩酸乳（condensed yoghurt）是将普通酸乳中的部分乳清除去而得到的浓缩产品。因其除去乳清的方式与加工干酪的方式类似，故又称其为酸乳干酪。

②冷冻酸乳　冷冻酸乳（frozen yoghurt）是在酸乳中加入果料、增稠剂或乳化剂，然后进行凝冻处理而得到的产品。冷冻酸乳可分为软、硬和奶油冻状三种类型。这类产品综合了冰淇淋的质地、性状和酸奶的风味等特点。

③充气酸乳　充气酸乳（carbonated yoghurt）是乳发酵后，在酸乳中加入稳定剂和起泡剂（通常是碳酸盐），经均质处理而成。这类产品通常是以充二氧化碳（CO_2）的酸乳饮料形式存在，增强了普通酸乳的爽口性。

④酸乳粉　酸乳粉（dried yoghurt）是将普通酸乳通过冷冻干燥法或喷雾干燥法将乳酸中约 95% 的水分除去而制成酸乳粉。

（5）按菌种种类分

菌种的选择对酸乳的质量起着重要作用，应根据生产目的不同选择适当的菌种。选择时以产品的主要技术特性，如产香味、产酸力、产生黏性物质及蛋白水解作为发酵剂菌种的选择依据。

①酸乳　酸乳通常指仅用保加利亚乳杆菌和嗜热链球菌发酵而成的一类产品。

②双歧杆菌酸乳　双歧杆菌酸乳（yoghurt with hlfidus）中含有双歧杆菌（Bifidobactcrium bifidud），如法国的"Bio"，日本的"Mil-Mil"。

③嗜酸乳杆菌酸乳　嗜酸乳杆菌酸乳（yoghurt with Acidophilus）中含有嗜酸乳杆菌（Lactobacillus acidophilus）。

④干酪乳杆菌酸乳　干酪乳杆菌酸乳（yoghurt with Lcasei）中含有干酪乳杆菌（Lactobacillus casei）。

一般情况下酸乳制作很少使用单一菌种发酵，通常采用混合菌种发酵，即添加两种或两种以上的菌种混合使用，相互产生共生作用。如嗜热链球菌和保加利亚乳杆菌配合常用作发酵乳的发酵剂菌种。大量的研究证明,混合菌种使用的效果比单一使用的效果更好。

知识 11.1.2 发酵剂的制备

1)发酵剂的概念、种类

发酵剂(starter)是指生产发酵乳制品时所用的特定微生物培养物。发酵剂中的乳酸菌发酵,可使牛乳中的乳糖转变成乳酸,乳的 pH 降低,产生凝固和形成风味,通常用于乳酸菌发酵的发酵剂可按下列方式分类。

(1)按发酵剂的生产阶段分

根据发酵剂的生产阶段可分为乳酸菌纯培养物、母发酵剂和生产发酵剂三种类型。

①乳酸菌纯培养物　乳酸菌纯培养物(seedstarter)是含有纯乳酸菌的用于生产母发酵剂的牛乳菌株发酵剂或粉末发酵剂,即一级菌种,一般由科研院所或专业院校生产。主要接种在脱脂乳、乳清、肉汤等培养基中使其繁殖,现多用升华法制成冷冻干燥粉末或浓缩冷冻干燥来保存菌种,能较长时间保存并维持活力。

②母发酵剂　母发酵剂(motherstarter)是指在无菌条件下扩大培养的用于制作生产发酵剂的乳酸菌纯培养物。即一级菌种的扩大再培养,是生产发酵剂的基础。母发酵剂的质量优劣直接关系到生产发酵剂的质量。

生产单位或使用者购买乳酸菌纯培养物后,用脱脂乳或其他培养基将其溶解活化,接代培养来扩大制备的发酵剂,并为生产发酵剂作基础。

③生产发酵剂　生产发酵剂(bulkstarter)又称工作发酵剂是直接用于生产的发酵剂。即母发酵剂的扩大再培养,是用于发酵乳实际生产的发酵剂。应在密闭容器内或易于清洗的不锈钢缸内进行生产发酵剂的制备。

(2)菌种种类分类

根据菌种种类构成可分为混合发酵剂和单一发酵剂。

①混合发酵剂　含有两种或两种以上菌种的发酵剂,如保加利亚乳杆菌和嗜热链球菌按 1∶1 或 1∶2 比例混合的酸乳发酵剂。

②单一发酵剂　只含有一种菌的发酵剂,生产时可以将各菌种混合。

(3)使用形态分类

根据使用的形态可分为液态发酵剂、粉末状发酵剂。

①液态发酵剂　液态发酵剂是以全脂乳、脱脂乳、酪乳、乳清等作为培养基的液状发酵剂。

②粉末状发酵剂　粉末状发酵剂是将液态发酵剂经低温干燥、喷雾干燥或冷冻干燥所获得的粉末状发酵剂。

2)发酵剂的作用及其选择

(1)发酵剂的主要作用

①乳酸发酵　乳酸菌发酵使牛乳中的乳糖转变成乳酸,pH 减低,产生凝固和形成酸味,防止杂菌污染,并为乳糖不耐受患者提供不含乳糖的乳制品。

②产生风味　明串珠菌、丁二酮链球菌等菌株能分解柠檬酸生成丁二酮、丁二醇、乙

醛、微量的挥发酸等风味物质,使酸乳具有典型的风味。

③产生细菌素 乳酸链球菌和乳油链球菌中的个别菌株,能产生乳酸链球菌素和乳油链球菌素等细菌素,可防止杂菌污染,抑制部分致病菌的生长。

④分解蛋白质和脂肪,使酸乳更容易消化吸收。

(2)发酵剂的选择

在实际生产过程中,应根据所产酸乳的品种、口味及消费者需求来选择合适的发酵剂。选择时以产品的主要技术特性,如产酸力、产香性、产黏性及蛋白质的水解性作为发酵剂菌种的选择依据。

①产酸力 不同的发酵剂产酸能力会有很大的不同。判断发酵剂产酸能力的方法有两种,即产酸曲线和测定酸度。同样条件下测的发酵酸度随时间的变化所作的曲线即产酸曲线。从曲线上就可以判断这几种发酵剂产酸能力的强弱。产酸能力强的发酵剂在发酵过程中容易导致产酸过度和后酸化过强(在冷却和冷藏时继续产酸)。生产中一般选择产酸能力中等或弱的发酵剂,即 2% 接种量,在 42 ℃ 条件下发酵 3 h 后,滴定酸度为 90 ~ 100 °T。

后酸化是指酸乳酸度达到一定值,终止发酵进入冷却和冷藏阶段后仍继续缓慢产酸。应选择后酸化尽可能弱的发酵剂,以便于控制产品质量。后酸化的选择应符合以下要求:自发酵结束到冷却的产酸强度,应尽可能地选择弱产酸;冷链中断时的产酸化(10 ~ 15 ℃),应尽可能地选择弱产酸。

②产香性 优质酸乳必须具有良好的滋味、气味和芳香味,与酸乳特征风味相关的芳香物质主要有乙醛、双乙酰、丁二酮、丙酮和挥发酸等,因此选择能产生良好滋味、气味和芳香味的发酵剂很重要。

③产黏性 酸乳发酵过程中产生微量的黏性物质,有助于改善酸乳的组织状态和黏稠度,这对固形物含量低的酸乳尤为重要。但一般情况下,产黏性菌株通常对酸乳的其他特性如酸度、风味等有不良影响,其发酵产品风味都稍差些。因此在选择这类菌株时,最好和其他菌株混合使用。生产过程中,如正常使用的发酵剂突然产黏,则可能是发酵剂变异所致应引起注意。

④蛋白质的水解性 乳酸菌的蛋白水解活性一般较弱,如嗜热链球菌在乳中只表现很弱的蛋白水解活性,保加利亚乳杆菌则可表现较高的蛋白水解活性,能将蛋白质水解,产生大量的游离氨基酸和肽类。乳酸菌的蛋白质水解作用可能对发酵剂和酸乳产生一定的影响,如刺激嗜热链球菌的生长、促进酸的生成、增加酸乳的可消化性,但也带来产品黏度下降、出现苦味等不利影响。所以若酸乳保质期短,蛋白质水解问题可不予考虑;若酸乳保质期长,应选择蛋白质水解能力弱的菌株。

影响发酵剂蛋白质水解活性的因素主要有:

a.温度 低温(如 3 ℃冷藏)蛋白质水解活性低,常温下增强。

b.pH 不同的蛋白水解酶具有不同的最适 pH。pH 过高易积累蛋白质水解的中间产物,给产品带来苦味。

c.菌种与菌株 嗜热链球菌和保加利亚乳杆菌的比例和数量会影响蛋白质的水解程度。不同菌株其蛋白质水解活性也有很大的不同。

d.贮藏时间 贮藏时间长短对蛋白质水解作用也有一定的影响。

3)发酵剂的制备

（1）菌种纯培养物的活化及保存

通常购买或取来的菌种纯培养物都装在试管或安培瓶中,由于保存、运输等影响,活力减弱,须进行多次接种活化,以恢复其活力,即在无菌操作条件下接种到灭菌的脱脂乳试管中多次传代、培养。

菌种若是粉剂,首先应用灭菌脱脂乳将其溶解,而后用灭菌铂耳或吸管吸取少量的液体接种于预先已灭菌的培养基中,置于恒温箱或培养箱中培养。待凝固后再取出1%～3%的培养物接种于灭菌培养基中,反复活化数次。待乳酸菌充分活化后,即可调制母发酵剂,以上操作均需在无菌室内进行。在正式应用于生产时,应按上述方法反复活化。

纯培养物作维持活力保存时,需保存在0～4 ℃冰箱中,每隔1～2周移植一次,但在长期移植过程中,可能会有杂菌的污染,造成菌种退化或菌种老化、裂解。因此,还应进行不定期的纯化处理,以除去污染菌和提高活力。

（2）母发酵剂的制备

母发酵剂制备时将脱脂乳100～300 mL装入三角瓶中,以121 ℃、15 min高压灭菌,并迅速冷却至发酵剂最适生长温度40 ℃左右进行接种。接种时取脱脂乳量1%～3%的充分活化的菌种,接种于盛有灭菌脱脂乳的容器中,混匀后,放入恒温箱中进行培养。凝固后再移入另外的灭菌脱脂乳中,如此反复接种2～3次,使乳酸菌保持一定活力,制成母发酵剂,然后用于制备生产发酵剂。

（3）工作发酵剂的制备

工作发酵剂制备室最好与生产车间隔离,要求有良好的卫生状况,最好有换气设备。每天要用200 mg/L的次氯酸钠溶液喷雾,在操作前操作人员要用100～150 mg/L的次氯酸钠溶液洗手消毒。氯水由专人配置并每天更换。

工作发酵剂制备可在小型发酵罐中进行,整个过程可全部自动化,并采用CIP清洗。其工艺流程如下:

原料乳→加热至90 ℃,保持30～60 min→冷却至42 ℃（或菌种要求的温度）→接种母发酵剂（接种1%～3%）→发酵到酸度0.8%以上→冷却至4 ℃→工作发酵剂。

为了不影响生产,发酵剂要提前制备,可在低温条件下短时间贮藏。发酵剂常用乳酸菌的形态、特性、培养条件等见表11.1。

表11.1　乳酸菌发酵剂性状

细菌名称	细菌形状	菌落形状	发育最适温度/℃	最适温度下凝乳时间	凝块性质	滋　味	组织状态	适用的乳制品
乳酸链球菌	双球菌	光滑、微白、有光泽	30～35	12 h	均匀稠密	微酸	针刺状	酸乳、酸稀奶油、牛乳酒、酸性奶油、干酪

续表

细菌名称	细菌形状	菌落形状	发育最适温度/℃	最适温度下凝乳时间	凝块性质	滋味	组织状态	适用的乳制品
乳油链球菌	链状	光滑、微白、有光泽	30	12~24	均匀稠密	微酸	酸稀奶油状	酸乳、酸稀奶油、牛乳酒、酸性奶油、干酪
嗜热链球菌	链状	光滑、微白、有光泽	37~42	12~24	均匀	微酸	酸稀奶油状	酸乳、干酪
嗜热性乳酸杆菌、保加利亚乳杆菌、干酪杆菌、嗜酸杆菌	长杆状、有时呈颗粒状	无色的小菌落如絮状	42~45	12	均匀稠密	酸	针刺状	酸牛乳、马奶酒、干酪、乳酸菌制剂
双歧杆菌、两歧双歧杆菌、长双歧杆菌、婴儿双歧杆菌、短双歧杆菌	多形性杆菌,呈Y、V形弯曲状、勺状、棒状等	中心部稍突起,表面灰褐色或乳白色,稍粗糙	37	17~24	均匀	微酸有醋酸味	酸稀奶油状	酸乳、乳酸菌制剂

4)发酵剂的贮藏

（1）液态发酵剂

一般生产厂家普遍使用液体发酵剂作为工作发酵剂。根据细菌的生长繁殖规律,连续的培养会产生变异现象,如保加利亚杆菌和嗜热链球菌一般只能扩大培养15~20次。发酵剂的活性与培养后冷却的速度、发酵终了的酸度及时间的关系很大。冷却对控制发酵菌的代谢活性是非常重要的。培养后存放在0~5 ℃的条件下,每3个月活化1次即可。

（2）粉末发酵剂

为克服液态发酵剂保藏的困难,在有条件的情况下,可采用干燥方法保藏发酵剂。干燥发酵剂可减少液态发酵剂制备的许多工作,还可延长发酵剂的保藏期,使其保藏和分发更容易。

①喷雾干燥 喷雾干燥可得到粉末状发酵剂,但经干燥后发酵剂活力降低,一般活菌率只有10%~50%。如在缓冲培养基中加入谷氨酸钠和维生素C,在一定程度上可以保护

细菌的细胞。经喷雾干燥后可在21 ℃下贮存6个月。也可在浓缩脱脂乳中(18% ~24%总固体)加入维生素 B_{12}、赖氨酸和胱氨酸再进行接种培养,其中球菌与杆菌一般比例为2:3或3:2,干燥温度75~80 ℃。

②冷冻干燥 为避免在冷冻干燥工艺中损害细菌的细胞膜,可在冷冻干燥前加入一些低温化合物,使损害降到最低限度。这些保护物质通常是氢结合物或电离基团,它们在保藏中通过稳定细胞膜的成分来保护细胞不受伤害。为确保发酵剂的活力,可随不同的菌种改变培养基的添加物。如添加苹果酸钠的脱脂乳对嗜热链球菌较适合;乳糖和精氨酸水胶体溶液对保加利亚杆菌、谷氨酸对明串珠菌起较大的保护作用。

(3)冷冻发酵剂

液态发酵剂(母发酵剂和中间发酵剂)在 -20 ~ -40 ℃的温度下冷冻,可贮藏数月,而且可直接作生产发酵剂使用。但在 -40 ℃下冷冻和较长时间的贮藏都会导致杆菌的活力降低。如果使用含有10%的脱脂乳、5%的蔗糖、0.9%的氯化钠或1%明胶的培养基可以提高活力。

于 -196 ℃的液氮中保存发酵剂是最成功发酵剂保存方法,在此温度下水分子不能形成小体积的结晶,而且细胞内的生物化学过程停止。改进了菌种间的平衡关系,较好地控制噬菌体,有效地改善了产品的质量。但酸奶发酵时间延长了,而且此产品过分依赖发酵剂生产商,生产厂家选用得不是很多。

5)发酵剂的质量控制

(1)发酵剂的质量要求

发酵剂是酸乳生产的关键,其质量要求比较严格,必须符合下列各项要求:

①凝块需有适当的硬度,均匀而细滑,富有弹性,组织均匀一致,表面无变色、龟裂、产生气泡及乳清分离等现象。

②凝块全粉碎后,质地均匀,细腻滑润,略带黏性,不含块状物。

③需具有良好的酸味和风味,不得有腐败味、苦味、饲料味和酵母味等异味。

④接种后,在规定的时间内产生凝固,无延长现象。活力测定时(酸度、感官、挥发酸、滋味)合乎规定指标。

(2)发酵剂的质量检验

发酵剂质量的好坏直接影响成品的质量,故在使用前应对发酵剂进行质量检查和评定。

①感官检查 首先观察发酵剂的质地、组织状况、色泽及乳清分离等,其次用触觉或其他方法检查凝块的硬度、黏度及弹性等;然后品尝酸味是否过高或不足,有无苦味和异味等。良好的发酵剂应凝固均匀细腻,组织致密而富有弹性,乳清析出少,具有一定酸味和芳香味,无异味,无气泡,无变色现象。

②化学检查 化学检查的方面很多,最主要是检查酸度和挥发酸。酸度一般用滴定酸度表示,以乳酸度0.8% ~1%或90 ~110 °T 左右为宜。测定挥发酸时,取发酵剂250 g 于蒸馏瓶中,用硫酸调整 pH 值至2.0,用水蒸气蒸馏,收集最初的1 000 mL 用0.1 mol/L 氢氧化钠滴定。

③微生物检查 用常规方法测定总菌数和活菌数,必要时选择适当的培养基测定乳酸菌等特定的菌群。在生产中应对连续繁殖的母发酵剂进行定期污染检验,在透明的玻璃皿

中看其在凝结后气体的条纹及其表面状况,作为判定污染与否的指标。如果气体条纹较大或表面有气体产生,要用镜检法判定污染情况,也可用平板培养法检测污染情况。平板培养基可用马铃薯葡萄糖琼脂来测定酵母和霉菌,也可用平皿计数琼脂检验污染情况。污染检验项目:纯度可用催化酶试验,乳酸菌催化酶试验应呈阴性,阳性反应是污染所致;阳性大肠菌群试验检测粪便污染情况;检查是否污染酵母、霉菌,乳酸发酵剂中不允许出现酵母或霉菌;检查噬菌体的污染情况。

④发酵剂活力测定　发酵剂的活力是指该菌种的产酸能力,即产酸力,可利用乳酸菌的繁殖而产生酸和色素还原等现象来评定。活力测定的方法,必须简单而迅速,可选择下列两种方法:

a. 酸度测定法　在高压灭菌后的脱脂乳中加入 3% 的发酵剂,置于 37.8 ℃ 的恒温箱中培养 3.5 h,测定其乳酸度。酸度达 0.4% 则认为活力较好,并以酸度的数值(此时为 0.4)来表示。

b. 刃天青还原试验　脱脂乳 9 mL 中加入发酸剂 1 mL 和 0.005% 刃天青溶液 1 mL,在 36.7 ℃ 的恒温箱中培养 35 min 以上,如完全褪色则表示活力良好。

11.2　工作任务

任务 11.2.1　凝固型酸乳的加工

1)概念

凝固型酸乳(setyoghurt)是灌装后再发酵而成,发酵过程是在包装容器中进行的,因此成品呈凝乳状。

2)工艺流程

$\qquad$ 蔗糖、添加剂等　乳酸菌纯培养物→母发酵剂→生产发酵剂

$\qquad\qquad\qquad\quad$↓$\qquad\qquad\qquad\qquad\qquad\qquad$↓

原料乳预处理→标准化→配料→预热→均质→杀菌→冷却→加发酵剂接种→装瓶→发酵→冷却→后熟→冷藏

3)操作要点

①原料乳　原料乳直接影响酸乳和所有发酵乳的质量,必须选用符合质量要求的新鲜乳、脱脂乳或再制乳为原料。用于制作发酵剂的乳和生产酸乳的原料乳必须是高质量,要求酸度在 18 °T 以下,杂菌数不高于 500 000 个/mL,乳中全乳固体不低于 11.5%,抗菌物质检查应为阴性,因为乳酸菌对抗生素极为敏感,乳中微量的抗生素都会使乳酸菌不能生长繁殖。

②配料　为提高干物质含量,可添加脱脂乳粉,并可配入果料、蔬菜等营养风味辅料。某些国家允许添加少量的食品稳定剂,其加入量为 0.1% ~ 0.3%。根据国家标准,酸乳中

全乳固体含量应为11.5%左右。蔗糖加入量为5%。有试验表明,适当的蔗糖对菌株产酸是有益的,但浓度过量,不仅抑制了乳酸菌产酸,而且增加生产成本。

③均质 原料配料后,进行均质处理。均质处理可使原料充分混匀,有利于提高酸乳的稳定性和稠度,并使酸乳质地细腻,口感良好。均质前预热至55 ℃左右可提高均质效果。均质压力为20~25 MPa。

④杀菌及冷却 均质后的物料以90 ℃进行30 min杀菌,其目的是杀灭原料乳中的病原菌及其他杂菌,确保乳酸菌的正常生长和繁殖;钝化原料乳中对发酵菌有抑制作用的天然抑制物;使牛乳中的乳清蛋白变性,以达到改善组织状态,提高黏稠度和防止成品乳清析出的目的。杀菌条件为:90~95 ℃,5 min。杀菌后的物料应迅速冷却到45 ℃左右,以便接种发酵剂。

⑤接种发酵剂 将活化后的混合生产发酵剂充分搅拌,根据按菌种活力、发酵方法、生产时间安排和混合菌种配比等,以适当比例加入原料乳中。一般生产发酵剂,产酸活力在0.7%~1.0%,此时接种量应为3%~5%。加入的发酵剂应事先在无菌操作条件下搅拌成均匀细腻的状态,不应有大凝块,以免影响成品质量。

制作酸乳常用的发酵剂为保加利亚乳杆菌和嗜热链球菌的混合菌种,其比例通常为1∶1或1∶2。也可用保加利亚乳杆菌与乳酸链球菌搭配,但研究证明,以前者搭配效果较好。

⑥装瓶 凝固型酸乳灌装时,可据市场需要选择玻璃瓶或塑料杯以及瓶的大小和形状,在装瓶前须对玻璃瓶进行蒸汽灭菌,一次性塑料杯可直接使用。

目前,酸乳的包装多种多样,有砖形、杯状、圆形、袋状、盒状、家庭经济装等;其包装材质也种类繁多,有复合纸、PVC材料、瓷罐、玻璃等。不同的包装材料和包装形式,为消费者提供了多种选择,以满足不同层次消费者的需求和繁荣酸乳市场。但不论哪种形式和材质的包装物都必须无毒、无害、安全卫生,以保证消费者的健康。酸乳在出售前,其包装物上应有清晰的商标、标识、保质期限、产品名称、主要成分的含量、食用方法、贮藏条件以及生产商和生产日期。

⑦发酵 发酵时间随菌种而异。用保加利亚杆菌和嗜热链球菌的混合发酵剂时,温度保持在41~44 ℃,培养时间2.5~4.0 h(3%~5%的接种量)。达到凝固状态即可终止发酵。

发酵终点可依据如下条件来判断:滴定酸度达到80 °T以上;pH低于4.6;表面有少量水痕;乳变黏稠。

发酵过程中应注意避免震动,否则会影响其组织状态;发酵温度应恒定,避免忽高忽低;掌握好发酵时间,防止酸度不够或过度以及乳清析出。

⑧冷却与后熟 发酵好的凝固酸乳,应立即移入0~4 ℃的冷库中,迅速抑制乳酸菌的生长,以免继续发酵造成酸度过高。在冷藏期间,酸度仍会有上升,同时风味物质双乙酰含量也会增加。试验表明冷却24 h,双乙酰含量达到最高,超过24 h又会减少。因此,发酵凝固后须在0~4 ℃储藏24 h再出售,该过程也称为后成熟。一般最大冷藏期为7~14 d。

4) 常见产品质量缺陷及防止方法

凝固型酸乳生产中,由于各种原因,常会出现一些质量缺陷问题,如凝固性差、乳清析出、风味不好等。

（1）凝固性差

凝固性是凝固型酸乳质量的一个重要指标。一般牛乳在接种乳酸菌后，在适宜温度下发酵 2.5 ~ 4.0 h 便会凝固，表面光滑、质地细腻。但酸乳有时会出现凝固性差或不凝固现象，黏性很差，出现乳清分离。造成的原因较多，如原料乳的质量、发酵时间和温度、菌种的使用以及加糖量等。

①原料乳质量　生产酸乳的原料乳应符合国家标准。当乳中含有抗生素、磺胺类药物以及防腐剂时，都会抑制乳酸菌的生长。此外，原料乳掺假，特别是掺碱、掺水对酸乳凝固性影响很大。掺碱使发酵所产的酸消耗于中和，而不能积累达到凝乳要求的 pH，从而使乳不凝或凝固不好。牛乳中掺水，会使乳的总干物质降低，也会影响酸乳的凝固性。

②发酵温度和时间　发酵温度依所采用乳酸菌种类的不同而异。若发酵温度低于最适温度，乳酸菌活力则下降，凝乳能力降低，使酸乳凝固性降低。发酵时间短，也会造成酸乳凝固性降低。此外，发酵室温度不均匀也是造成酸乳凝固性降低的原因之一。因此，在实际生产中，应尽可能保持发酵室的温度恒定，并控制发酵温度和时间。

③噬菌体污染　发酵剂噬菌体是造成发酵缓慢、凝固不完全的原因之一。可通过发酵活力降低、产酸缓慢来判断。国外采用经常更换发酵剂的方法加以控制。此外，由于噬菌体对菌的选择作用，两种以上菌种混合使用也可使噬菌体危害减少。

④发酵剂活力　发酵剂活力弱或接种量太少会造成酸乳的凝固性下降。对一些灌装容器上残留的洗涤剂（如氢氧化钠）和消毒剂（如氯化物）也要清洗干净，以免影响菌种活力，确保酸乳的正常发酵和凝固。

⑤加糖量　生产酸乳时，加入适当的蔗糖可使产品产生良好的风味，凝块细腻光滑，提高黏度，并有利于乳酸菌产酸量的提高。若加糖量过大，会产生高渗透压，抑制了乳酸菌的生长繁殖，造成乳酸菌脱水死亡，相应活力下降，使牛乳不能很好凝固；而加糖量过小，会使酸乳发酵的乳酸度不够，风味不正。

（2）乳清析出

酸乳在生产、销售、贮存时有时出现乳清析出的现象，酸乳的国家标准规定酸乳允许有少量的乳清析出，但大量的乳清析出属于不合格产品。乳清析出是常见的质量缺陷，其主要原因有以下几种：

①原料乳热处理不当　热处理温度偏低或时间不够，就不能使大量乳清蛋白变性，而变性乳清蛋白可与酪蛋白形成复合物，能容纳更多的水分，并且具有最小的脱水收缩作用。一般原料乳的最佳热处理条件是 90 ~ 95 ℃、5 min。

②发酵温度和时间　发酵温度过高和过低，都不适宜乳酸菌的生长，造成不好控制乳酸菌生长繁殖，可能产酸量过大。若发酵时间过长，乳酸菌继续生长繁殖，产酸量不断增加。酸性的增强破坏了原来已形成的胶体结构，使其容纳的水分游离出来形成乳清上浮。发酵时间过短，乳蛋白质的胶体结构还未充分形成，不能包裹乳中原有的水分，也会形成乳清析出。

因此，酸乳发酵时，应抽样检查，发现牛乳已完全凝固，就应立即停止发酵；若凝固不充分，应继续发酵，待完全凝固后取出。

③其他因素　原料乳中总干物质含量低、乳中有氧气、酸乳凝胶机械振动、乳中钙盐不足、发酵剂加量过大等也会造成乳清析出，在生产时应加以注意，乳中添加适量的 $CaCl_2$ 既

可减少乳清析出,又可赋予酸乳一定的硬度。

（3）风味不正

正常酸乳应有发酵乳纯正的风味,但在生产过程中常出现以下不良风味：

①酸乳无芳香味　主要由于原料乳不新鲜、菌种选择及操作工艺不当所引起。生产酸奶用的原料乳要特别挑选,牛奶要选用新鲜的纯牛奶。而且正常的酸乳生产应保证两种以上的菌混合使用并选择适宜的比例,任何一方占优势均会导致产香不足,风味变劣。高温短时发酵和固体含量不足也是造成芳香味不足的因素。芳香味主要来自发酵剂酶分解柠檬酸产生的丁二酮物质。所以原料乳中应保证足够的柠檬酸含量。

②酸乳的酸甜度不合适　酸乳过酸、过甜导致酸甜不合理,特别是酸感较刺激,极不柔和是酸乳常见的质量缺陷问题。加糖量较低、接种量过多、发酵过度、后熟过长、冷藏时温度偏高等会使酸乳偏酸,而加糖量过高、接种量过少、发酵不足等又会导致酸乳偏甜。

因此,应严格控制加糖量,尽量避免发酵过度或不足现象。工作发酵剂的接种量在3%~5%,一次性投菌种的添加量按其厂家要求添加。选择后酸化弱的菌种,或者在酸奶发酵后添加一些能够抑制乳酸菌生长的物质来控制酸奶的后酸化。确定合理的冷却时间,并应在0~4 ℃条件下冷藏,防止温度过高,后熟过长。

③酸乳异味　酸乳呈现有奶粉味,有时还有苦味、塑胶味、异臭味、不洁味。原料乳的干物质含量低,用奶粉调整原料奶的干物质和蛋白质时,添加的奶粉量过大从而影响酸乳的口味,使生产的酸乳呈现奶粉味;接种量过大或菌种选用不好,会使酸乳呈现苦味;包装材料选用不当会给酸乳带来塑胶味;原料乳的牛体臭、氧化臭味及由于过度热处理或添加了风味不良的炼乳或乳粉等制造的酸乳会使酸乳呈现异臭味;而不洁味主要由发酵剂或发酵过程中污染杂菌引起。污染丁酸菌可使产品带刺鼻怪味,污染酵母菌不仅产生不良风味,还会影响酸乳的组织状态,使酸乳产生气泡。

（4）口感差

优质酸乳柔嫩、细滑,清香可口。但有些酸乳口感粗糙,有砂状感。这主要是由于生产酸乳时,采用了高酸度的乳或劣质的乳粉。

因此,生产酸乳时,应采用新鲜牛乳或优质乳粉,并采取均质处理,使乳中蛋白质颗粒细微化,达到改善口感的目的。

（5）表面有霉菌生长

酸乳贮藏时间过长或温度过高时,往往在表面出现有霉菌。黑斑点易被察觉,而白色霉菌则不易被注意。这种酸乳被人误食后,轻者有腹胀感觉,重者引起腹痛下泻。污染霉菌的主要原因是菌种污染霉菌、接种过程中有霉菌污染;生产过程中有霉菌污染;包材被霉菌污染。

因此,要严格保证卫生条件。如果使用传代菌种,菌种在传代过程中要严格控制污染,确保无菌操作,保证免受霉菌污染;生产中一定要控制好环境卫生,生产环境要严格进行消毒、杀菌,确保生产地理环境中霉菌数合格,一般生产环境空气中酵母、霉菌数为≤50 个/平板;包材在进厂之前一定要严格检验,确保合格,存放于无菌环境中,使用时用紫外线杀菌;并根据市场情况控制好贮藏时间和贮藏温度。

任务 11.2.2　搅拌型酸乳的加工

1)概念

搅拌型酸乳(stirred yodlun)是发酵后再灌装而成,发酵后的凝乳在灌装前和灌装过程中搅碎而成黏稠状组织状态。

2)工艺流程

蔗糖、添加剂等　乳酸菌纯培养物→母发酵剂→生产发酵剂
　　　　　↓　　　　　　　　　　　　　　　　　　↓
原料乳预处理→标准化→配料→预热→均质→杀菌→冷却→加发酵剂接种→发酵→冷却→搅拌混合→灌装→冷却→成熟

3)操作要点

(1)发酵

搅拌型酸乳的发酵是在发酵罐或缸中进行,而发酵罐是利用罐周围夹层的热媒来维持恒温,热媒的温度可随发酵参数而变化。若在大缸中发酵,则应控制好发酵间的温度,避免忽高忽低。发酵间上部和下部温差不要超过 1.5 ℃。同时,发酵缸应远离发酵间的墙壁,以免过度受热。

(2)冷却

冷却的目的是快速抑制细菌的生长和酶的活性,以防止发酵过程产酸过度,以及搅拌时脱水。酸乳完全凝固(pH4.6～4.7)时开始冷却,冷却过程应稳定进行。冷却过快将造成凝块收缩迅速,导致乳清分离;冷却过慢则会造成产品过酸和添加果料的脱色。冷却可采用片式冷却器、管式冷却器、表面刮板式热交换器、冷却缸(槽)等冷却。一般温度控制在0～7 ℃为宜。

(3)搅拌

搅拌是搅拌型酸乳生产的一道重要工序,通过机械力破坏凝胶体,使凝胶体的粒子直径达到 0.01～0.4 mm,并使酸乳的硬度和黏度及组织状态发生变化。

①搅拌的方法:

a.凝胶体搅拌法:不是采用搅拌方式破坏胶体,而是借助薄板(薄的圆板或薄竹板)或用粗细适当的金属丝制的筛子,使凝胶体滑动。凝胶体搅拌法有机械搅拌法和手动搅拌法两种。

机械搅拌使用宽叶片搅拌器、螺旋桨搅拌器、涡轮搅拌器等。叶片搅拌器具有较大的构件和表面积,转速慢,适合于凝胶体的搅拌;螺旋桨搅拌器每分钟转数较高,适合搅拌较大量的液体,涡轮搅拌器是在运转中形成放射线形液流的高速搅拌器,也是制造液体酸乳常用的搅拌器。

手动搅拌是在凝胶结构上,采用损伤性最小的手动搅拌以得到较高的黏度。手动搅拌一般用于小规模生产,如 40～50 L 桶制作酸乳。

b.均质法:这种方法一般多用于制作酸乳饮料,在制造搅拌型酸乳中不常用。搅拌过程中应注意,搅拌既不可过于激烈,又不可过长时间。搅拌时应注意凝胶体的温度、pH 及

固体含量等。

通常用两种速度进行搅拌,开始用低速,以后用较快的速度。

②搅拌时的质量控制:

a. 温度。搅拌的最适温度 0 ~ 7 ℃,此时适于亲水性凝胶体的破坏,可得到搅拌均匀的凝固物。既可缩短搅拌时间,还可减少搅拌次数。若在38 ~ 40 ℃左右进行搅拌,凝胶体易形成薄片状或砂质结构等缺陷。

b. pH。酸乳的搅拌应在凝胶体的 pH 值达 4.7 以下时进行,若在 pH4.7 以上时搅拌,则因酸乳凝固不完全、黏性不足而影响其质量。

c. 干物质。合格的乳干物质含量对搅拌型酸乳防止乳清分离能起到较好的作用。

(4)混合、灌装

果蔬、果酱和各种类型的调香物质等可在酸乳自缓冲罐到包装机的输送过程中加入,这种方法可通过一台变速的计量泵连续加入酸乳中。果蔬混合装置固定在生产线上,计量泵与酸乳给料泵同步运转,保证酸乳与果蔬混合均匀。一般发酵罐内用螺旋搅拌器搅拌即可混合均匀。酸乳可根据需要,确定包装量和包装形式及灌装机。

搅拌型酸乳灌装时,注意对果料杀菌,杀菌温度应控制在能抑制一切有生长能力的细菌,而又不影响果料的风味和质地的范围内。

(5)冷却、后熟

将罐装好的酸乳置于 0 ~ 7 ℃冷库中冷藏 24 h 进行后熟,进一步促使芳香物质的产生和改善黏稠度。

4)常见产品质量缺陷及防止方法

搅拌型酸乳生产中,由于各种原因,也常会出现一些质量缺陷问题,如下所示:

(1)组织状态不细腻,具有沙状组织

搅拌型酸乳在组织外观上有许多沙状颗粒存在,不细腻,饮用时有沙粒感。沙状组织的产生有多重原因:均质效果不好;搅拌时间短;乳中干物质含量;菌种的原因;稳定剂选择得不好或添加量过大。

因此,应控制均质条件,均质温度设在 65 ~ 70 ℃,压力为 15 ~ 20 MPa。经常检验乳的均质效果,定期检查均质部件,如有损坏及时更换;确定合理的搅拌工艺条件,应选择适宜的发酵温度,避免原料受热过度,较高温度下地搅拌;减少乳粉用量,避免干物质过多;更换菌种,搅拌型酸奶所用的菌种应选用产黏度高的菌种;选择适合的稳定剂及合理的添加剂,根据具体的设备情况确定合理的配方。

(2)口感偏稀,黏稠度偏低

搅拌型酸乳会出现口感偏稀,黏稠度偏低质量缺陷。主要原因是:乳中干物质含量偏低,特别是蛋白质含量低;没有添加稳定剂或稳定剂添加量少,稳定剂选用不好;热处理或均质效果不好;酸乳的搅拌过于激烈;加工过程中机械处理过于激烈;搅拌时酸乳的温度过低,发酵期间凝胶遭破坏;菌种的原因。

因此,应调整配方,使乳中干物质含量增加,特别是蛋白质含量提高,乳中干物质含量,特别是蛋白质含量对乳的质量起主要作用;添加一定量的稳定剂来提高酸乳的黏度,可改善酸乳的口感;调整工艺条件,控制均质温度,均质温度设在 65 ~ 75 ℃,压力为 15 ~ 20 MPa,经常检查乳的均质效果,定期检查均质机部件,如有损伤应及时更换;调整酸乳的搅拌速度及搅拌时间;发酵期间保证乳处于静止状态,检查搅拌是否关闭;搅拌型酸乳的菌种应选用高黏度菌种。

（3）风味不正

除了与凝固型酸乳相同的因素外,在搅拌过程中因操作不当而混入大量空气,造成酵母和霉菌的污染,也会严重影响风味。酸乳较低的 pH 虽然抑制几乎所有的细菌生长,但却适于酵母和霉菌的生长,造成酸乳的变质、变坏和不良风味。

（4）乳清分离

酸乳搅拌速度过快、过度搅拌或泵送造成空气混入产品,将造成乳清分离。此外,酸乳发酵过度、冷却温度不适及干物质含量不足也可造成乳清分离现象。因此,应选择合适的搅拌器搅拌并注意降低搅拌温度。同时可选用适当的稳定剂,以提高酸乳的黏度,防止乳清分离,其用量为 0.1% ~0.5%。

（5）色泽异常

在生产中因加入的果蔬处理不当而引起变色、褪色等现象时有发生。应根据果蔬的性质及加工特性与酸乳进行合理的搭配和制作,必要时还可添加抗氧化剂。

（6）出现胀包

酸乳在贮存及销售过程中,如果污染了产气微生物,容易使酸乳出现胀包。因此,菌种在传代过程中要严格控制环境卫生,确保无菌操作。

任务 11.2.3 乳酸菌饮料的加工

1）概念

乳酸菌饮料是一种发酵型的酸性含乳饮料,以乳或乳与其他原料混合经乳酸菌发酵后,经搅拌,加入稳定剂、糖、酸、水及果蔬汁调配后通过均质加工而成的液态酸乳制品。乳酸菌饮料种类繁多,总结分类如下:

（1）根据加工处理的方法不同,乳酸菌饮料一般分为酸乳型和果蔬型两大类。

①酸乳型乳酸菌饮料　酸乳型乳酸菌饮料是在酸凝乳的基础上将其破碎,配入白糖、香料、稳定剂等通过均质而制成的均匀一致的液态饮料。

②果蔬型乳酸菌饮料　果蔬型乳酸菌饮料是在发酵乳中加入适量的浓缩果汁（如草莓、柑橘、红枣汁等）或在原料中配入适量的蔬菜汁浆（如番茄、胡萝卜、玉米、南瓜等）共同发酵后,再通过加糖、加稳定剂或香料等调配、均质后制作而成。

乳酸菌饮料的配方见表 11.2 所示。

表 11.2　乳酸菌饮料的配方

酸乳型乳酸菌饮料		果蔬型乳酸菌饮料	
原料	配合比例/%	原料	配合比例/%
发酵脱脂乳	40.00	发酵脱脂乳	5.00
香料	0.05	蔗糖	14.00
蔗糖	14.00	果汁	10.00

酸乳型乳酸菌饮料		果蔬型乳酸菌饮料	
原料	配合比例/%	原料	配合比例/%
色素	适量	稳定剂	0.20
稳定剂	0.35	柠檬酸	0.15
水	45.60	维生素 C	0.05
		香料	0.10
		色素	少量
		水	75.50

（2）根据产品中是否存在活性乳酸菌或是否进行后杀菌,乳酸菌饮料又可分为活性乳酸菌饮料和非活性乳酸菌饮料。

①活性乳酸菌饮料 加工过程中配料后未经后杀菌,具有活性乳酸菌的饮料。按要求,每毫升活性乳中活乳酸菌的数量不应少于 100 万个。当人们饮用了这种饮料后,乳酸菌便沿着消化道到大肠,由于它具有活性,乳酸菌在人体的大肠内迅速繁殖,同时产酸,从而有效抑制腐败菌和致病菌的繁殖和成活,而乳酸菌则对人体无害。这种饮料要求在 2 ~ 10 ℃下贮存和销售,密封包装的活性乳保质期为 15 天。

②非活性乳酸菌饮料 加工过程中配料后经后杀菌,不具有活性乳酸菌的饮料。其中的乳酸菌在生产过程中的加热无菌处理阶段时已被杀灭,不存在活性乳酸菌的功效,但因为经过后杀菌,此饮料保质期长,可在常温下贮存和销售。

活性乳酸菌与非活性乳酸菌饮料在加工过程的区别主要在于配料后是否杀菌。活性乳酸菌饮料在加工过程中工艺控制要求较高,且需无菌灌装,加之在销售过程中须冷藏销售,我国虽早有生产,但产量较低。目前我国销量最大的品种仍然是经后杀菌的非活性酸乳饮料。本节以非活性酸乳饮料为例来介绍这类产品生产工艺。

2) 工艺流程

柠檬酸、稳定剂、水 →杀菌→冷却　　果汁、糖溶液
↓　　　　　↓

原料乳预处理→混合→杀菌→冷却→发酵→冷却→搅拌→混合调配→预热→均质→杀菌→冷却→灌装→成品

3) 操作要点

①混合调配 先将经过巴氏杀菌冷却至 20 ℃左右的稳定剂、水、糖溶液加入发酵乳中混合并搅拌,然后再加入果汁、酸味剂与发酵乳混合并搅拌,最后加入香精等。

②均质 通常用胶体磨或均质机进行均质,使其液滴微细化,提高料液黏度,抑制粒子的沉淀,并增强稳定剂的稳定效果。乳酸菌饮料较适宜的均质压力为 20 ~ 25 MPa,温度 53 ℃左右。

③后杀菌 发酵调配后的杀菌目的是延长饮料的保存期。经合理杀菌、无菌灌装后的饮料,其保存期可达 3 ~ 6 个月。由于乳酸菌饮料属于高酸食品,故采用高温短时巴氏消毒

即可得到商业无菌,也可采用更高的杀菌条件如95~105 ℃或110 ℃,4 s。生产厂家可根据自己的实际情况,对以上杀菌制度作相应的调整,对塑料瓶包装的产品来说,一般灌装后采用95~98 ℃、20~30 min的杀菌条件,然后进行冷却。

④果蔬预处理 在制作蔬菜乳酸菌饮料时,要首先对果蔬进行加热处理,以起到灭酶作用。通常在沸水中处理6~8 min。经灭酶后打浆或取汁,再与杀菌后的原料乳混合。

4)常见产品质量缺陷及防止方法

乳酸菌饮料在生产和贮藏过程中由于种种原因常会出现如下一些质量缺陷问题。

(1)沉淀现象

沉淀是乳酸菌饮料最常见的质量问题,通常采用物理(均质)和化学(稳定剂)两种方法来解决。

①均质 均质可使酪蛋白粒子微细化,抑制粒子沉淀并可提高料液黏度,增强稳定效果。均质压力通常选择在20~25 MPa。均质时的温度对蛋白质稳定性影响也很大。试验表明,在51.0~54.5 ℃均质时稳定性最好。当均质温度低于51 ℃时,饮料黏度大,在瓶壁上出现沉淀,几天后有乳清析出。当温度高于54.5 ℃时,饮料较稀,无凝结物,但易出现水泥状沉淀,饮用时口感有粉质或粒质。均质温度保持在51.0~54.5 ℃,尤其在53 ℃左右时效果最好。

②稳定剂 采用均质处理,还不能达到完全防止乳酸菌饮料的沉淀,生产中使用乳酸菌饮料稳定剂。一般用羧甲基纤维素(CMC)、藻酸丙二醇酯(PGA)等,两者以一定比例混合使用效果更好。

③添加蔗糖 添加10%左右的蔗糖不仅使饮料酸中带甜味,而且糖在酪蛋白表面形成被膜,可提高酪蛋白与其他分散介质的亲水性,并能提高饮料密度,增加黏稠度,有利于酪蛋白在悬浮液中的稳定。

④添加有机酸 增加柠檬酸等有机酸类是引起饮料产生沉淀的因素之一。因此,须在低温条件下添加,添加速度要缓慢,搅拌速度要快。

⑤发酵乳的搅拌温度 为了防止沉淀产生,还应注意控制好搅拌发酵乳时的温度。高温时搅拌,凝块将收缩硬化,造成蛋白胶粒的沉淀。

(2)饮料中活菌数的控制

乳酸菌活性饮料要求每1 mL饮料中含活的乳酸菌100万个以上。欲保持较高活力的菌,发酵剂应选用耐酸性强的乳酸菌种(如嗜酸乳杆菌、干酪乳酸菌)。为了弥补发酵本身的酸度不足,可补充柠檬酸,但是柠檬酸的添加会导致活菌数下降,所以必须控制柠檬酸的使用量。苹果酸对乳酸菌的抑制作用较小,与柠檬酸并用可以减少活菌数的下降,同时又可以改善柠檬酸的涩味。

(3)杂菌污染

为了有效地防止酵母菌、霉菌等杂菌在乳酸菌饮料产品内的生长繁殖,乳酸菌饮料加工车间的卫生条件、加工机械的清洗消毒以及灌装时的环境卫生等必须符合相关标准要求,以避免制品二次污染,降低坏包、沉淀、酸包等腐坏的现象。

(4)脂肪上浮

在采用全脂乳或脱脂不充分的脱脂乳做原料时,由于均质处理不当等原因引起脂肪上浮,应改进均质条件,如增加压力或提高温度,同时可添加酯化度高的稳定剂或乳化剂如卵磷脂、单硬脂酸甘油酯、脂肪酸蔗糖酯等。最好采用含脂率较低的脱脂乳或脱脂乳粉作为乳酸菌饮料的原料,并注意进行均质处理。

(5)果蔬物料的质量控制

为了强化饮料的风味与营养,常常加入一些果蔬原料,由于这些物料本身的质量或配制饮料时预处理不当,使饮料在保存过程中也会引起感官质量的不稳定,如饮料变色、褪色、出现沉淀、污染杂菌等。因此,在选择及加入这些果蔬物料时应多做试验,保存期试验至少应在1个月以上。

11.3 质量检测

质量标准 11.3.1 发酵乳的质量标准

食品安全国家标准《发酵乳》(GB 19302—2010)代替《酸乳卫生标准》(GB 19302—2003)和第1号修改单以及《酸牛乳》(GB 2746—1999)中的部分指标。凝固型酸乳、搅拌型酸乳质量标准严格按照 GB 19302—2010 要求执行。具体规定见表 11.3。

1)感官指标

应符合表 11.3 的规定。

表 11.3 发酵乳感官指标

项目	要求		检验方法
	发酵乳	风味发酵乳	
色泽	色泽均匀一致,呈乳白色或微黄色	具有与添加成分相符的色泽	取适量试样置于 50 mL 烧杯中,在自然光下观察色泽和组织状态。闻其气味,用温开水漱口,品尝滋味
滋味、气味	具有发酵乳特有的滋味、气味	具有与添加成分相符的滋味和气味	
组织状态	组织细腻、均匀,允许有少量乳清析出;风味发酵乳具有添加成分特有的组织状态		

2)理化指标

应符合表 11.4 的规定。

表 11.4 发酵乳理化指标

项目	指标		检验方法
	发酵乳	风味发酵乳	
脂肪[a]/(g·100 g^{-1})	≥3.1	≥2.5	GB 5413.3

续表

项　目	指　标		检验方法
	发酵乳	风味发酵乳	
非脂乳固体/(g·100 g^{-1})	≥8.1	—	GB 5413.39
蛋白质/(g·100 g^{-1})	≥2.9	≥2.3	GB 5009.5
酸度/(°T)	≥70.0		GB 5413.34

注:a.仅适用于全脂产品。

3)微生物指标

应符合表11.5的规定。

表11.5　微生物指标

项　目	采样方案[a]及限量(若非指定,均以 CFU/g 或 CFU/mL 表示)				检验方法
	n	c	m	M	
大肠菌群	5	2	1	5	GB 4789.3 平板计数法
金黄色葡萄球菌	5	0	0/25 g(mL)	—	GB 4789.10 定性检验
沙门氏菌	5	0	0/25 g(mL)	—	GB 4789.4
酵母≤	100				GB 4789.15
霉菌≤	30				

注:a.样品的分析及处理按 GB 4789.1 和 GB 4789.18 执行。

另外污染物限量:应符合 GB 2762 的规定。真菌毒素限量:应符合 GB 2761 的规定。

4)乳酸菌数

应符合表11.6的规定。

表11.6　乳酸菌数

项　目	限量 CFU/(g·mL^{-1})	检验方法
乳酸菌数[a]	≥1×10^6	GB 4789.35

注:a.发酵后经热处理的产品对乳酸菌数不作要求。

5)食品添加剂和营养强化剂

食品添加剂和营养强化剂质量应符合相应的安全标准和有关规定。食品添加剂和营养强化剂的使用应符合 GB 2760 和 GB 14880 的规定。

6)其他

①发酵后经热处理的产品应标志"××热处理发酵乳""××热处理风味发酵乳""××热处理酸乳/奶"或"××热处理风味酸乳/奶"。

②全部用乳粉生产的产品应在产品名称紧邻部位标明"复原乳"或"复原奶";在鲜牛(羊)乳中添加部分乳粉生产的产品应在产品名称紧邻部位标明"含××%复原乳"或"含××%复原奶"。注:"××%"是指所添加乳粉占产品中全乳固体的质量分数。

③"复原乳"或"复原奶"与产品名称应标识在包装容器的同一主要展示版面;标识的"复原乳"或"复原奶"字样应醒目,其字号不小于产品名称的字号,字体高度不小于主要展示版面高度的1/5。

质量标准 11.3.2　乳酸菌饮料质量标准

乳酸菌饮料卫生标准(GB 16321—2003)规定了乳酸菌饮料的指标要求、食品添加剂、生产过程的卫生要求、包装、标识、贮存及运输要求和检验方法。乳酸菌饮料的感官指标、理化指标及微生物指标要求如下:

1)感官指标

(1)色泽

呈均匀一致的乳白色,稍带微黄色或相应的果类色泽。

(2)滋味和气味

口感细腻、甜度适中、酸而不涩,具有该乳酸菌饮料应有的滋味和气味,无异味。

(3)组织状态

呈乳浊状,均匀一致不分层,允许有少量沉淀,无气泡、无异味。

2)理化指标

理化指标应符合表 11.7 的规定。

表 11.7　乳酸菌饮料的理化指标

项　目	指　标
蛋白质/(g · 100 g^{-1})	≥0.70
总砷(以 As 计)/(mg · L^{-1})	≥0.2
铅(Pb)/(mg · L^{-1})	≥0.05
铜(Cu)/(mg · L^{-1})	≥5.0
尿酶试验	阴性

3)微生物指标

微生物指标应符合表 11.8 的规定。

表 11.8　乳酸菌饮料的微生物指标

项　目	指　标	
	未杀菌乳酸菌饮料	杀菌乳酸菌饮料
乳酸菌/(cfu·mL^{-1})　　出厂　　销售	≥1×10^6 有活菌检出	— —
菌落总数/(cfu·mL^{-1})	—	≤100
霉菌数/(cfu·mL^{-1})	≤30	≤30
酵母数/(cfu·mL^{-1})	≤50	≤50
大肠菌群/(MPN·100 mL^{-1})	≤3	
致病菌(沙门氏菌、志贺氏菌、金黄色葡萄球菌)	不得检出	

思考练习

1.酸乳的概念及分类?

2.发酵剂的种类及制备过程?

3.凝固型酸乳的生产工艺流程及操作要点?

4.搅拌型酸乳的生产工艺流程及操作要点?

5.乳酸菌饮料的生产工艺流程?

实训操作

实训操作　凝固型酸奶的制作

1)实训目的

通过酸乳的加工,进一步了解和熟悉凝固型酸乳的加工原理、加工工艺和操作要点。

2)实训原理

利用乳酸菌在适当条件下发酸产生乳酸,使原料 pH 降低,使乳凝固并形成酸味。

3)实训仪器及药品

高压均质机、高压灭菌锅、酸度计、温度计、酸性 pH 试纸、超净工作台、恒温培养箱等;

奶桶、奶锅、纱布、搅拌棒等;新鲜乳及奶粉、保加利亚乳杆菌,嗜热链球菌、脱脂乳培养基、白砂糖等。

4)实训内容

(1)工艺流程

原料乳(全乳或脱脂乳)→加糖(5%～7%)→预热(53 ℃左右)→过滤→均质(20～25 MPa处理)→杀菌(一般70～83 kg/cm 处理30 min 或90 ℃15 min)→冷却(42 ℃以下)→接种(4%左右、杆菌=1∶1)→装瓶(距瓶口1～2 cm左右)→培养(发酵)(42～45 ℃最佳42.5 ℃3～4 h)→冷藏(0～5 ℃左右)→成品检验(检查是否有污染等)→成品销售(合格者上市)

(2)操作步骤

①将原料乳滤入大三角瓶或小奶桶中,置一电炉或水浴锅上加热杀菌(75～85 ℃,30 min)。

②取出冷却至45 ℃。

③先用洗净剂灭菌,将发酵剂表面层2～3 cm去掉,再用灭菌玻璃棒搅拌成稀奶油状。

④用洁净灭菌量筒量取乳量3%的生产发酵剂,先用等量灭菌乳混合均匀后倒入冷却乳中,充分混合。

⑤装瓶:将发酵剂混合尽快分装于灭菌的酸乳瓶中,再用纸包好放入瓶中。

⑥置于42 ℃恒温箱中培养3～4 h。

⑦将发酵培养好的酸凝乳置于冰箱中以5 ℃左右进行保存。

⑧成品抽样检查:将冷藏后熟4 h以上的酸乳制品进行检查,合格者才能进行使用及销售。

5)实训作业

写出实训报告。

知识目标

　　理解乳粉生产中的标准化、杀菌、浓缩、干燥等环节的工作原理、处理效果;了解乳粉的种类及其质量特征;掌握乳粉加工技术要点及质量的控制方法。

技能目标

　　能够掌握乳粉加工中浓缩和干燥的实际操作技能。会设计乳粉加工方案并实施。

 知识点

　　乳粉的概念、种类;乳粉加工工艺;乳粉的质量标准及质量控制方法。

12.1 相关知识

知识 乳粉的概念和分类

1)乳粉的概念

乳粉系用新鲜牛乳或以新鲜牛乳为主,添加一定数量的植物蛋白质、植物脂肪、维生素、矿物质等原料,经杀菌、浓缩、干燥等工艺过程而制得的粉末状产品。

乳粉的特点是在保持乳原有品质及营养价值的基础上,产品含水量低,体积小、质量轻,储藏期长,食用方便,便于运输和携带,更有利于调节地区间供应的不平衡。品质良好的乳粉加水复原后,可迅速溶解恢复原有鲜乳的性状。因而,乳粉在中国的乳制品结构中仍然占据着重要的位置。

2)乳粉的种类

乳粉的种类很多,但主要以全脂乳粉、脱脂乳粉、速溶乳粉、婴儿配方乳粉、调制乳粉等为主。

①全脂乳粉　全脂乳粉是新鲜牛乳经标准化、杀菌、浓缩、干燥而制得的粉末状产品。根据是否加糖又可分为全脂淡乳粉和全脂甜乳粉。

②脱脂乳粉　脱脂乳粉是用新鲜牛乳经预热、离心分离获得的脱脂乳,然后再经杀菌、浓缩、干燥而制得的粉末状产品。因为脂肪含量少,贮藏性较前一种更好。

③乳清粉　将生产干酪排出的乳清经脱盐、杀菌、浓缩、干燥而制成的粉末状产品即乳清粉。

④酪乳粉　酪乳粉是将酪乳干制成的粉状物,其含有较多的卵磷脂。

⑤干酪粉　干酪粉是用干酪制成的粉末状制品。

⑥加糖乳粉　加糖乳粉是新鲜牛乳中加入一定量的蔗糖或葡萄糖,经杀菌、浓缩、干燥而制成的粉末状制品。

⑦麦精乳粉　鲜乳中添加麦芽、可可、蛋类、饴糖、乳制品等经干燥加工而成。

⑧配方乳粉　在牛乳中添加目标消费对象所需的各种营养素,经杀菌、浓缩、干燥而制成的粉末状产品,如婴幼儿配方乳粉、中小学生乳粉、中老年乳粉等。

⑨特殊配方乳粉　特殊配方乳粉是将牛乳的成分按照特殊人群营养需求进行调整,然后经杀菌、浓缩、干燥而制成的粉末状产品。如降糖乳粉、降血脂乳粉、降血压乳粉、高钙助长乳粉、早产儿乳粉、孕妇乳粉、免疫乳粉等。

⑩速溶乳粉　速溶乳粉是在制造乳粉过程中采取特殊的造粒工艺或喷涂卵磷脂而制成的溶解性、冲调性极好的粉末状产品。

⑪冰淇淋粉　在新鲜乳中添加一定量的稀奶油、蔗糖、蛋粉、稳定剂、香精等,经混合后制成的粉末状制品,复原后可以直接制作冰淇淋。

3)乳粉的化学组成

乳粉的化学组成依原料乳的种类和添加料不同而有不同。现将各种主要乳粉的化学成分列于表12.1。

表 12.1　主要乳粉种类的化学组成

种　类	水分/%	脂肪/%	蛋白质/%	乳糖/%	灰分/%	乳酸/%
全脂乳粉	2.00	27.00	26.50	38.00	6.05	0.16
脱脂乳粉	3.23	0.88	36.89	47.84	7.80	1.55
麦精乳粉	3.29	7.55	13.19	72.40	3.66	
婴儿乳粉	2.60	20.00	19.00	54.00	4.40	0.17
母乳化乳粉	2.50	26.00	13.00	56.00	3.20	0.17
乳油粉	0.66	65.15	13.42	17.86	2.91	
甜性酪乳粉	3.90	4.68	35.88	47.84	7.80	1.55

12.2　工作任务

任务　乳粉的加工

1)工艺流程

原料乳验收→预处理→乳的标准化→杀菌→真空浓缩→喷雾干燥→出粉冷却→过滤→包装→检验→装箱→检验→成品

2)操作要点

(1)原料乳的验收及预处理

①原料乳的验收　原料乳应符合无公害生鲜牛乳的生产技术规范,同时要结合中国规定生鲜牛乳收购的条件。其检验项目包括风味、色泽、酒精试验、乳温测定、相对密度、杂质度、酸度、脂肪、细菌数等感官指标、理化指标及微生物指标,检验合格者方可投入使用。

②原料乳的预处理:

a.净乳　为了保证原料乳的质量,挤出的牛乳在牧场必须立即进行过滤、冷却等初步处理,其目的是除去机械杂质并减少微生物的污染,原料乳经验收进入乳品厂后,还需进行一系列的净乳措施。净乳的方法有过滤法及离心净乳法。

b.冷却　净化后的乳最好直接加工,如果短期储藏时,必须及时冷却到5 ℃以下,以保持乳的新鲜度。一般采用板式换热器进行冷却。

(2)原料乳的标准化

生产全脂乳粉、加糖乳粉、脱脂乳粉及其他乳制品时,为使产品符合要求,必须对原料乳进行标准化。即必须使标准化乳中的脂肪与非脂乳固体之比等于产品中脂肪与非脂乳固体之比。如果原料乳中脂肪含量不足时,应分离一部分脱脂乳或添加稀奶油;当原料乳中脂肪含量过高时则可添加脱脂乳或提取一部分稀奶油。标准化在储乳缸的原料乳中进行或在标准化机中连续进行。这一步与净化分离连在一起,把分离的稀奶油按比例直接混合到脱脂乳生产线中,从而达到标准化的目的。

（3）原料乳的杀菌

经过标准化处理的牛乳必须经过预热杀菌。牛乳中含有脂酶及过氧化物酶等,这些酶对乳粉的保藏性有害,所以必须在预热杀菌过程中将其破坏。此外,如大肠杆菌、葡萄球菌等有害菌也一定要完全杀死。

①杀菌方法　牛乳常见的杀菌方法见表12.2。

表12.2　牛乳常见的杀菌方法

杀菌方法	杀菌温度/时间	杀菌效果	所用设备
低温长时间杀菌法	60 ~ 65 ℃/30 min 70 ~ 72 ℃/15 ~ 20 min 80 ~ 85 ℃/5 ~ 10 min	可杀死全部病原菌,但不能破坏所有的酶类,即杀菌效果一般	容器式杀菌器
高温短时间杀菌法	85 ~ 87 ℃/15 s 94 ℃/24 s	杀菌效果较好	板式、列管式杀菌器
超高温瞬间灭菌法	120 ~ 140 ℃/2 ~ 4 s	微生物几乎全部杀死,效果较以上两种更好	板式、管式、蒸汽直接喷射式杀菌器

牛乳杀菌设备使用片式或管式杀菌器,采用80 ~ 85 ℃,30 s或95 ℃,20 s的杀菌条件,或采用120 ~ 135 ℃,2 ~ 4 s的超高温瞬时杀菌。这样的杀菌条件不仅可以达到杀菌要求,对制品的营养成分破坏也小,特别是超高温瞬时灭菌,不仅几乎能将乳中全部微生物杀死,而且乳中蛋白质呈软凝块化,对提高制品的溶解度是有利的。

②加糖　乳粉的加糖须按照中国部颁标准规定,所使用的蔗糖必须符合相应国家标准。

a.加糖量的计算　为保证乳粉含糖量符合国家规定标准,须预先经过计算。根据标准化乳中蔗糖含量与标准化乳中干物质含量之比,必须等于加糖乳粉中蔗糖含量与乳粉中乳干物质含量之比,则牛乳中加糖量可按下述公式计算

牛乳中加糖量(kg) = 牛乳中干物质含量 × 牛乳中砂糖含量/牛乳中干物质含量 × 标准化乳的量(kg)

b.加糖方法及杀菌　常用的加糖方法有以下3种。

● 将糖投入原料乳中溶解加热,同牛乳一起杀菌。

● 将糖投入水中溶解,制成含量约为65%的糖浆溶液进行杀菌,再与杀菌过的牛乳混合。

● 将糖粉碎杀菌后,再与喷雾干燥好的乳粉混匀。

前两种属于先加糖法,制成的产品能明显改善乳粉的溶解度,提高产品的冲调性。第三种为后加糖法,采用该方法生产的乳粉体积小,从而节省了包装费用。由于蔗糖具有热

熔性,在喷雾干燥塔中流动性较差,所以在生产含糖35%的加糖乳粉时一般采用后加糖法,生产含糖20%以下的加糖乳粉采用先加糖法。

（4）均质

生产全脂乳粉、全脂甜乳粉以及脱脂乳粉时,一般不必经过均质操作,但若乳粉的配料中加入了植物油或其他不易混匀的物料时,就需要进行均质操作。均质时的压力一般控制在14~21 MPa,温度控制在60 ℃为宜。

（5）蒸发（浓缩）

乳浓缩是利用设备的加热作用,使乳中的水分在沸腾时蒸发汽化,并将汽化产生的二次蒸汽不断排出,从而使制品的浓度不断提高,直至达到要求的浓度的工艺过程。浓缩技术对其工艺流程的设计、设备的选型、制造工艺和具体操作提出了较高要求,随着科学技术及生产的发展,浓缩已趋向低温、快速、连续的方向发展。

①浓缩的目的：

a. 作为干燥的预处理,以降低产品的加工热耗节约能源。例如鲜乳中含有87.5%~89%的水分,要制成含水量为3%的乳粉,需要去除大量水分。若采用真空浓缩,每蒸发1 kg水分,需要消耗1.1 kg的加热蒸汽,而用喷雾干燥,每蒸发1 kg水分需要消耗3~4 kg蒸汽,故先浓缩后干燥,可以大大节约热能。

b. 提高乳中干物质的含量,喷雾后使乳粉颗粒粗大,具有良好的分散性和冲调性。同时能提高乳粉的回收率,减少损失。

c. 由于乳粉的品质和储藏性,使其密度提高,可减少粉尘飞扬,便于包装。

d. 改善乳粉的品质和储藏性。经过真空浓缩,使存在于乳中的空气和氧气的含量降低,一方面可除去不良气味,另一方面可减少对乳脂肪的氧化,因而可提高产品的品质及储藏性。

②浓缩的基本原理　乳的蒸发操作经常在减压下进行,这种操作称为真空浓缩。它是利用真空状态下,液体的沸点随环境压力降低而下降的原理,使牛乳温度保持在40~70 ℃沸腾,因此可将加热过程中的损失降到最低程度。当牛乳中的某些水分子获得的动能超过其分子间的引力时,就在牛乳液面汽化,而牛乳中的干物质数量保持不变,汽化的分子不断移去并使汽化过程持续进行,最终牛乳的干物质含量不断提高达到预定的浓度。

③浓缩方法：

a. 自然蒸发　溶液中的溶剂（通常为水）在低于其沸点的状态下进行蒸发,溶剂的汽化只能在溶液的表面进行,蒸发速率较低,乳品工业上几乎不采用。

b. 沸腾蒸发　将溶液加热使其达到某一压力下的沸点,溶剂的汽化不但在液面进行,而几乎在溶液的各部分同时产生,蒸发速率高。工业生产上普遍采用沸腾蒸发。根据液面上方压力的不同,沸腾蒸发又可分以下两种。

● 常压蒸发。蒸发过程是在大气压力状态下进行,溶液的沸点就是某种物质本身的沸点,蒸发速度慢。乳品工业上最早使用的平锅浓缩就是常压浓缩,但目前该蒸发方法几乎已不采用。

● 减压蒸发。即真空浓缩,是利用抽真空设备使蒸发过程在一定的负压状态下进行,溶液的沸点低,蒸发速率高。由于压力越低,溶液的沸点就越低,所以整个蒸发过程都是在较低的温度下进行的,特别适合热敏性物料的浓缩,目前在乳品工业生产上得到广泛应用。

真空浓缩时浓缩锅中的真空度应保持在 81～90 kPa,乳温为 50～60 ℃;多效蒸发室末梢效内的真空度应保持在 83.8～85 kPa,乳温为 40～45 ℃;加热蒸汽的压力应控制在 $0～1 \text{ kg/cm}^2$。

(6)干燥

干燥是乳粉生产中很关键的一道工序。牛乳经浓缩再过滤,然后进行干燥,最终制成粉末状的乳粉。

乳粉的干燥方法一般有 3 种:喷雾干燥法、滚筒干燥法和冷冻干燥法。其中喷雾干燥法占绝对优势,因为喷雾干燥制品在风味、色泽和溶解性等方面具有较好的品质。

喷雾干燥过程一般可以分为以下 3 个干燥阶段。

①预热阶段　浓缩乳经雾化与干燥介质一经接触,干燥过程即行开始,微粒表面的水分即汽化。若微粒表面温度高于干燥介质的湿球温度,则微粒表面因水分的汽化而使其表面温度下降至干燥介质的湿球温度。

若微粒表面温度低于湿球温度,干燥介质供给其热量,使其表面温度上升至干燥介质的湿球温度,则称为预热阶段。预热阶段持续到干燥介质传给微粒的热量,与用于微粒表面水分汽化所需的热量达到平衡时为止。在这一阶段中,干燥速度便迅速地增大至某一最大值,即进入恒速干燥阶段。

②恒速干燥阶段　当微粒的干燥速度达到最大值后,即进入恒速干燥阶段。在此阶段,浓缩乳微粒水分的汽化发生在微粒的表面,微粒表面的水蒸气分压等于或接近水的饱和蒸汽压;微粒水分汽化所需的热量取决于干燥介质,微粒表面的温度等于干燥介质的湿球温度(一般为 50～60 ℃)。

干燥速度与微粒的水分含量无关,不受微粒内部水分的扩散速度所限制。实际上,微粒内部水分的扩散速度大于或等于微粒表面的水分汽化速度。

干燥速度主要取决于干燥介质的状态(温度、湿度以及气流的状态等)。干燥介质的湿度越低,干燥介质的温度与微粒表面湿球温度间的温度差越大,微粒与干燥介质接触越好,则干燥速度越快;反之,干燥速度则慢,甚至达不到预期的目的。恒速干燥阶段的时间是急促的,仅为 0.01～0.04 s。

③降速干燥阶段　由于微粒表面水分的不断汽化,微粒内部水分的扩散速度不断变缓,不再使微粒表面保持潮湿时,恒速率干燥阶段即告结束,进入降速干燥阶段。

在降速干燥阶段,微粒水分的蒸发将发生在其表面内部的某一界面上,当水分的蒸发速度大于微粒内部水分的扩散速度时,则水汽在微粒内部形成,若此时颗粒呈可塑性,就会形成中空的干燥乳粉颗粒,乳粉颗粒的温度将逐步超出干燥介质的湿球温度,并逐步接近于干燥介质的温度,乳粉的水分含量也接近或等于该干燥介质状态的平衡水分。此阶段的干燥时间较恒速干燥阶段长,一般需 15～30 s。

(7)出粉,冷却,包装

①出粉与冷却　干燥的乳粉,落入干燥室的底部,粉温为 60 ℃左右,应尽快出粉。

冷却的方式:

a.气流出粉、冷却　这种装置可以连续出粉、冷却、筛粉、贮粉、计量包装。优点:出粉速度快。缺点:易产生过多的微细粉尘;冷却效率低,一般只能冷却到高于气温 9 ℃左右,特别是在夏天,冷却后的温度仍高于乳脂肪熔点以上。

b. 流化床出粉、冷却　优点:乳粉不受高速气流的摩擦,故乳粉质量不受损害;可大大减少微细粉的数量;乳粉在输粉导管和旋风分离器内所占比例少,故可减轻旋风分离器的负担。同时可节省输粉中消耗的动力;冷却床冷风量较少,故可使用冷却的风来冷却乳粉,因而冷却效率高,一般乳粉可冷却到18 ℃左右;乳粉经过振动的流化床筛网板,可获得颗粒较大而均匀的乳粉。从流化床吹出的微细乳粉还可通过导管返回到喷雾室与浓乳汇合,重新喷雾成乳粉。

c. 其他出粉方式　可以连续出粉的几种装置还有搅龙输粉器、电池振荡器、转鼓型阀、旋涡气封阀等。

②筛粉与晾粉:

a. 筛粉　一般采用机械震动筛,筛底网眼为40～60目。目的:使乳粉均匀、松散,便于冷却。

b. 晾粉　目的:不但使乳粉的温度降低,同时乳粉表观密度可提高15%,有利于包装。无论使用大型粉仓还是小粉箱,在贮存时严防受潮。包装前的乳粉存放场所必须保持干燥和清洁。

③包装　各国奶粉包装的形式和尺寸有较大差别,包装材料有马口铁罐、塑料袋、塑料复合纸带、塑料铝箔复合袋等。依不同客户的特殊需要,可以改变包装物重量。

包装过程中影响产品质量的因素有:

a. 包装时乳粉的温度　包装时应先将乳粉冷却至28 ℃以下再包装,以防止过度受热。此外,如将热的乳粉装罐后立即抽气,则保藏性比冷却包装更佳。

b. 包装室内湿度对乳粉的影响　贮存乳粉的房间,湿度不能超过75%,温度也不应急剧变化,盛装乳粉的桶不应透水和漏气。在湿度低于3%的情况下,乳粉不会发生任何变化,因为这时全部水分都与乳蛋白质呈化学结合的状态存在。

c. 空气　为了消除由于乳粉罐中存在多余的氧气而使脂肪发生氧化的缺陷,最好在包装时,使容器中保持真空,然后填充氮气,可以使乳粉贮藏3～5年之久。

思考练习

1. 乳粉的种类有哪些,各自的特点是什么?
2. 在喷雾干燥前为什么要浓缩?
3. 喷雾干燥的原理与特点有哪些?
4. 简述全脂乳粉的生产工艺过程。

实训操作

实训操作1 乳粉厂的参观

1)参观目的

通过参观了解乳粉厂的整体设计布局、乳粉各个产品系列的生产过程以及乳粉厂的质量控制体系。

2)参观要求

①遵守学校实习纪律,遵守厂方的生产纪律和卫生制度,遵从厂方的实训安排。

②要认真观察、理解工作人员的讲解并勤动脑。

③及时发现问题,提出合理化措施。

3)参观内容

①教师预先对实习的乳粉厂进行摸底和周密安排,做到心中有数。

②教师与现场技术人员一起跟班教学指导,由该厂的技术或管理人员介绍本厂的总体情况及目前各产品的发展前景和学生参观应注意的问题。

③在技术人员的带领下,先熟悉该厂总体布局(厂址和厂房的选择布局),再参观乳粉各产品的生产环节(重点是浓缩和干燥车间的卫生程度和生产过程)。

④以小组为单位,对所参观的内容作一个总结,如有不解之处可向技术员和工人师傅请教。

4)实训思考与作业

通过参观写出乳粉厂建筑结构、卫生设施及管理情况和乳粉产品加工技术环节的调查报告。

实训操作2 乳品干燥

1)目的要求

熟悉喷雾干燥的工作原理和操作特点,掌握干燥工艺的操作流程和注意事项。

2)材料用具

喷雾干燥设备主要有:压力喷雾设备(如水平箱式压力喷雾干燥机、立式并流型圆锥塔喷雾干燥机、MD 型喷雾干燥机、K-7 型单喷嘴二级喷雾干燥机)和离心喷雾设备(如安海德罗式离心喷雾干燥机、尼罗式离心喷雾干燥机)。原料:浓缩乳。

3)方法步骤

①开始工作时,先开启电加热器,并检查是否有漏电现象及排风机是否有杂声,如正常

即可运转,预热干燥室;预热期间关闭干燥器顶部用于装喷雾转盘的孔口及出料口,以防冷空气漏进,影响预热;干燥器内温度达到预定要求时,即可开始喷雾干燥作业。

②开动喷雾转盘,待转速稳定后,方可进料喷雾;根据拟定工艺条件,通过电源调节和控制所需的进风和排风温度或调节进料流量维持正常操作;浓乳贮料罐位于干燥机顶部20～30 cm,并设有流量调节装置,以控制喷雾流量。

③喷雾完毕后,先停止进料再开动排风机出粉,停机后打开干燥器室门,用刷子扫室壁上的乳粉,关闭室门再次开动排风机出粉,最后清扫干燥室,必要时进行清洗。

4)实训思考与作业

喷雾干燥后乳粉检验方法参照中华人民共和国国家标准乳粉检验方法 GB 5413—85 进行。将评定结果填入下表中。

产品评定表

评定项目		标准状况	实际状况	缺陷分析	结果定性
准备工作		准备充分,准备流程规范			
操作步骤		操作娴熟,技术规范			
感官评定	滋味及气味	乳香浓郁,无异味、氧化味			
	组织状态	干燥粉末状,颗粒均匀,无凝块或结团			
	色泽	乳粉呈天然乳黄色,色泽均匀			
	冲调性	润湿下沉快,冲调后完全无团块、杯底无沉淀			

情景三　蛋品加工与检测

知识目标

了解蛋的结构及化学组成;掌握原料蛋选择的标准和要求。

技能目标

掌握咸蛋的加工方法和流程。

 知识点

蛋的结构;蛋的化学组成;蛋的质量鉴别;咸蛋的工艺流程。

13.1 相关知识

知识 蛋的构造和理化特性

1)蛋的构造

禽蛋主要包括蛋壳(包括蛋壳膜)、蛋白及蛋黄3个部分,其中蛋壳及蛋壳膜占全蛋质量的12%~13%,蛋白占55%~56%,蛋黄占32%~35%,但其比例因产蛋家禽年龄、产蛋季节、蛋禽饲养管理条件及产蛋量而有所变化。

(1)外蛋壳膜

蛋壳表面涂布着一层胶质性的物质,叫外蛋壳膜,又叫壳外膜,其厚度为0.005~0.01 mm,是一种无定型结构,无色、透明,具有光泽的可溶性蛋白质。其成分为黏蛋白,容易脱落,尤其在有水汽的情况下更容易消失。外蛋壳膜的主要作用是保护蛋不受微生物侵入,防止蛋内水分蒸发和CO_2逸出。

(2)蛋壳

蛋壳是包裹在蛋内容物外面的一层硬壳,具有固定蛋的形状并起保护蛋白、蛋黄的作用,但质脆不耐碰撞或挤压。蛋壳占整个蛋重的12%左右,其厚度为0.2~0.4 mm。蛋壳纵轴较横轴耐压。因此,在贮藏运输时,要把蛋竖放。蛋壳上有许多气孔,气孔最多的部位是蛋的大头处,其作用是沟通蛋的内外环境,空气可以由气孔进入蛋内,蛋内水分和气体可以由气孔排出。蛋久存后质量减轻便是此原因。蛋壳具有透视性,在灯光下可以观察蛋的内部结构,蛋壳的颜色随品种、个体、季节、饲料等不同而异,一般深色的蛋壳比白色的蛋壳坚硬。

(3)蛋壳膜

在蛋壳内面、蛋白的外面有一层白色的薄膜叫蛋壳膜,蛋壳膜分为内、外两层,内层叫蛋白膜。蛋壳膜厚度为73~114 μm,其中蛋壳内膜厚度41.1~60.0 μm。蛋壳膜厚12.9~17.3 μm。蛋壳膜是一种能透水和空气的紧密而有弹性的薄膜,不溶于水、酸、碱及盐类溶液。在蛋贮藏期间,当蛋白酶破坏了蛋白膜以后,微生物才能进入蛋白内。因此,蛋壳膜有保护蛋内容物不受微生物侵蚀的作用。

(4)气室

在蛋钝端,由蛋白膜和内蛋壳膜分离而形成的一种气囊,称气室。新生的蛋没有气室,当蛋接触空气,蛋内容物遇冷发生收缩,使蛋的内部暂时形成一部分真空,外界空气由蛋壳气孔和蛋壳膜孔进入蛋内,形成气室。由于蛋的钝端比锐端与空气接触面广,气孔分布最多、最大,所以外界空气进入蛋内的机会最多、最快,因此气室一般只在蛋的钝端形成。气室的大小同蛋的新鲜程度有关,是鉴别蛋新鲜度的重要标志之一。

(5)蛋白

蛋白位于蛋白膜内层,系白色的透明的半流动体胶体物质,并以不同浓度分层分布于蛋内。蛋白由外向内分为四层:第一层外层稀薄蛋白,占蛋白总体积的23.3%;第二层中层浓厚蛋白,占蛋白总体积的53.7%;第三层内层稀薄蛋白,占蛋白总体积的16.8%;第四层系带层浓厚蛋白,占蛋白总体积的2.7%。

在蛋白中,位于蛋黄两端各有一条向蛋的钝端和锐端延伸的带状扭曲物,称为系带,其作用为固定蛋黄的位置,使其悬在中间,不致粘靠蛋壳而散黄。系带是由浓厚蛋白构成的,新鲜蛋的系带粗而有弹性,含有丰富的溶菌酶,随着鲜蛋贮藏时间的延长和温度的升高,受酶的作用而发生水解,逐渐变细,甚至完全消失,造成蛋黄移位上浮出现靠黄蛋和粘壳蛋,因此,系带存在的状况是鉴定新鲜程度的重要标志之一。

(6)蛋黄

蛋黄位于蛋的中心,呈圆球形。它是由蛋黄膜、蛋黄液、胚胎所组成。蛋黄膜是一层包在蛋黄外面紧密有韧性的薄膜,其厚度为16 μm。蛋黄膜又可分为三层,内外两层为黏蛋白,中间层为角蛋白。因此蛋黄具有收缩和膨胀的能力,在生物学中具有重要作用。蛋黄膜的机械作用为保护蛋黄不向蛋白中扩散。蛋黄液是一种浓稠的不透明的半流动黄色乳状液,由黄色蛋黄与白色蛋黄交替组成。蛋黄表面上有一个直径为2~3 mm的白点,叫胚盘。胚盘下部至蛋黄中心有一细长近似白色的部分,叫蛋黄心。新鲜蛋打开后,蛋黄凸出,陈蛋则扁平,这是由于蛋白和蛋黄的水分和盐类浓度不一样,两者之间形成渗透压,即蛋白中水分不断向蛋黄中渗透,蛋黄中的盐类以相反方向渗透,使蛋黄体积不断增大,日久呈扁平状,当蛋黄体积大于蛋膜能承受的能力时就破裂形成散蛋黄。根据蛋黄凸出程度可计算蛋黄指数,用来判断蛋的新鲜度。蛋黄指数 = 蛋黄高度/蛋黄直径。新鲜蛋的蛋黄指数最大,随着蛋的贮藏期延长,蛋黄指数呈下降趋势。

2)蛋的理化特性

(1)蛋的化学组成

由于家禽的种类、品种、饲料、产蛋期、饲养管理条件及其他因素的影响,蛋的化学组成(表13.1)变化很大。禽蛋中蛋白质的含量为11%~15%,主要是卵白蛋白,在蛋黄中还有丰富的卵黄磷蛋白,这些均属于完全蛋白质,其中含有人体必需的各种氨基酸。

表13.1 禽蛋的化学组成

种 类	水分/%	蛋白质/%	脂肪/%	灰分/%	糖类/%
鸡蛋白	86.7	11.6	0.1	0.8	0.8
鸡蛋黄	49.0	16.7	31.6	1.5	1.2
鸡全蛋(可食部分)	72.5	13.3	11.6	1.1	1.5
鸭全蛋(可食部分)	70.8	12.8	15.0	1.1	0.3
鹅全蛋(可食部分)	69.5	13.8	14.4	0.7	1.6

蛋黄中含有丰富的磷脂和胆固醇,禽蛋中较多的磷、铁等矿物质和各种微量元素,容易被人体吸收,但禽蛋中矿物质主要在蛋壳中,维生素C含量少。碳水化合物含量甚微。

(2)蛋的理化特性

①相对密度 鲜蛋的相对密度为1.078~1.094,陈蛋的相对密度随存放的时间会逐渐变

小。但禽种不同其蛋的相对密度不同。同种禽蛋,部位不同,相对密度也不同。鸡蛋各部分的相对密度为:蛋壳为 1.741 ~ 2.134,蛋白为 1.039 ~ 1.052,蛋黄为 1.028 8 ~ 1.029 9。

②黏度　禽蛋各部分的黏度均不同。以新鲜鸡蛋为例:蛋白为 (3.5 ~ 10.5) × 10^{-3} Pa·s,蛋黄 0.11 ~ 0.25 Pa·s。陈旧蛋的蛋白黏度降低,主要是由于蛋白质的分解及表面张力降低所造成。

③表面张力　新鲜鸡蛋的表面张力为 50 ~ 55 N/m,其中,蛋白 56 ~ 65 N/m,蛋黄为 45 ~ 55.0 N/m。

④pH 值　新鲜蛋白的 pH 值为 6.0 ~ 7.7,随着贮藏时间的延长而升高,主要是因为 CO_2 的逸出。贮藏 10 d 左右时,pH 值可达 9.0 ~ 9.7,新鲜蛋黄的 pH 值为 6.32,贮藏期间有所升高,但变化缓慢。

⑤热变性　热变性是用凝固温度来衡量的,新鲜鸡蛋的热凝固温度为 72.0 ~ 77.0 ℃,平均为 74.7 ℃。新鲜蛋白热凝固温度为 62 ~ 64 ℃,平均为 63 ℃;蛋黄为 68 ~ 71.5 ℃,平均为 69.5 ℃。蛋的热凝固温度同它所含的蛋白质有关,如卵蛋白与卵球蛋白的凝固温度为 60 ~ 70 ℃,卵类黏蛋白则不凝固。

⑥冰点　蛋白和蛋黄两部分冰点各不相同,蛋白为 -0.45 ~ -0.42 ℃,蛋黄为 -0.59 ~ -0.57 ℃。

⑦渗透作用　在蛋黄和蛋白之间隔一层具有渗透作用的蛋黄膜,两者之间化学组成不同,因此,很容易发生两者水分和盐类之间的渗透现象。在贮存过程中,蛋黄中的水分逐渐增多,而盐类则相反,这种变化随温度的增高而加快。

（3）蛋的功能特性

禽蛋有很多重要特性,其中与食品加工密切相关的有蛋的凝固性、乳化性和发泡性。这些特性使得蛋在各种食品,如蛋糕、饼干、再制蛋、蛋黄酱、冰淇淋及糖果等制造中得到广泛的应用,是其他食品添加剂不能替代的。

①蛋的凝固性　蛋的凝固性或称凝胶化,是蛋白质的重要特性,当禽蛋受热、盐、酸或碱及机械作用,则会发生凝固。蛋的凝固是一种蛋白质分子结构变化,这一变化使蛋液变稠,由流体(溶胶)变成固体或半固体(凝胶)状态。

②蛋黄的乳化性　蛋黄中含有丰富的卵磷脂,卵磷脂是一种优良的天然乳化剂,因此蛋黄具有乳化性。卵磷脂既具有能与油结合的疏水基,又具有能与水结合的亲水基,在搅拌下能形成混合均匀的蛋黄酱。

③蛋白的起泡性　当搅打蛋清时,空气进入并被包在蛋清液中形成气泡。在起泡过程中气泡逐渐由大变小、数目增多,最后失去流动性,可以通过加热使之固定。

（4）鲜蛋的贮运特性

鲜蛋是鲜活的生命体,时刻都在进行着一系列的生理生化活动。温度的高低、湿度大小以及污染、挤压碰撞等都会引起鲜蛋质量的变化。鲜蛋在贮藏、运输等过程中具有以下特点:

①孵育性　蛋存放以 -1 ~ 0 ℃为宜。因为低温有利于抑制蛋内微生物和酶的活动使鲜蛋呼吸作用缓慢,水分蒸发少,有利于保持鲜蛋营养价值和鲜度。

②潮变质性　潮湿是加快鲜蛋变质的又一重要因素。雨淋、水洗、受潮都会破坏蛋壳表面的胶质薄膜,造成气孔外露,细菌就容易进入蛋内繁殖,加快蛋的腐败。

③冻裂性　当温度低于 -2 ℃时,易将鲜蛋蛋壳冻裂,蛋液渗出; -7 ℃时,蛋液开始冻结。因此,当气温过低时,必须做好保暖防冻工作。

④吸味性　鲜蛋能通过蛋壳的气孔不断进行呼吸,故当存放环境有异味时,有吸收异味的特性。如果鲜蛋在收购、调运、储存过程中与农药、化学药品、煤油、鱼、药材或某些药品等有异味的物质或腐烂变质的动物植物放在一起,就会带异味,影响食用及产品质量。

⑤易腐性　鲜蛋含有丰富的营养成分,是细菌最好的天然培养基。当鲜蛋受到禽粪、血污、蛋液及其他有机物污染时,细菌就会在蛋壳表面生长繁殖,并逐步从气孔进入蛋内。在适宜温度下,细菌就会迅速繁殖,加速蛋的变质,甚至使其腐败。

⑥易碎性　挤压碰撞极易使蛋壳破碎。

鉴于上述特征,鲜蛋必须存放在干燥、清洁、无异味、温度偏低、湿度适宜、通气良好的地方,并要轻拿轻放,切忌碰撞,以防破损。

13.2　工作任务

任务 13.2.1　蛋的新鲜度检验

蛋制品原料的品质直接决定了禽蛋产品的质量和营养价值。因此,蛋的品质鉴别在鲜蛋收购、贮藏、运输及加工前检查等过程中,具有十分重要的意义。为鉴别禽蛋的质量,区分正常与不正常的禽蛋,必须用统一指标和标准加以衡量。

1)壳蛋检验

①蛋壳状况　主要鉴定蛋壳的清洁程度,完整状况和色泽 3 个方面。质量正常的鲜蛋蛋壳表面清洁,蛋壳完整,无破损,蛋壳色泽具有该品种所固有的色泽,表面粗糙,无光泽,附有一层霜状胶质薄膜(外壳膜),表面无油光发亮等现象。

②蛋形指数　蛋形指数是指蛋的纵径与横径之比,是描述蛋的形状的指标,正常蛋的形状多为椭圆形,蛋形指数在 1.30 ~ 1.35,小于 1.30 者为近似球形,大于 1.35 者为圆筒形,蛋形不影响食用价值,但影响蛋的破损率,因为蛋形不同,其耐压程度不同,球形蛋耐压程度最大,圆筒形蛋耐压程度最小。

③蛋重　蛋重是评定蛋的新鲜程度,评定蛋的等级及蛋的结构的重要指标,蛋重与禽类的种类、品种、饲养管理情况及蛋的存放时间有关。目前,我国禽蛋出口和国际上许多国家都仍以重量作为划分等级的标准,鸡蛋的国际重量标准为 58 g/枚。

④蛋的比重　蛋的比重是区别蛋的新鲜度的重要指标,鲜蛋的相对比重一般在 1.060 ~ 1.070,若低于 1.025,则说明蛋已陈旧。

2)开蛋检验

①蛋白状况　是评定蛋的质量优劣的重要指标。随着储存时间的延长,蛋中浓厚蛋白逐渐变稀,质量正常的蛋,其蛋白状况应当是浓厚蛋白含量多占全蛋白的 50% ~ 60%。

②蛋黄状况 蛋黄状况也能说明蛋的质量好坏。蛋黄指数是指蛋黄的高度与宽度之比,表示蛋黄体积增大的程度,蛋越陈旧,蛋黄指数越小。新鲜蛋的蛋黄指数在 0.40 以上,普通蛋的蛋黄指数在 0.35 ~ 0.40,当小于 0.25 时,蛋黄膜破裂,出现散黄现象,是质量较差的蛋。测定时将蛋打在水平的玻璃板上,在蛋白与蛋黄不分离的状态下,用高度游标卡尺量出蛋黄高度,再用普通游标卡尺量出蛋黄宽度。量时以游标卡尺刚接触蛋黄膜为宜,且应在 90°的相互方向上各测两次,求其平均数。

$$蛋黄指数 = 蛋黄高度(cm)/蛋黄宽度(cm)$$

③蛋内容物的气味 质量正常的蛋,打开后不会有异味,或呈轻微蛋腥味。若打开蛋壳后能闻到臭气味,其属轻微腐败蛋,严重的腐败蛋则可以在蛋壳外面闻到内容物成分分解成的氨及硫化氢的臭气味,这种蛋称为"臭蛋"。

④系带状况 鲜蛋的系带粗白并有弹性,并紧贴在蛋黄两端,固定蛋黄的位置。系带变细并同蛋黄脱离甚至消失的蛋,属质量低劣的蛋,严重者呈现散黄蛋。

⑤胚胎状况 胚胎状况是对受精蛋而言,鲜蛋的胚胎应无受热或发育现象,受精的鲜蛋受热后,胚胎最易膨大和产生血环,最后出现树枝状的血管,未受精的蛋受热后,胚珠发生膨大现象。

⑥气室状况 气室大小可用气室高度和气室底部直径来表示。

测定时,将蛋的大头放在照蛋器上照视,用铅笔在气室的左右两边画一记号,然后放到气室高度测定规尺的半圆形切口内,读出两边画线的刻度数,进行计算,计算公式为:

$$气室高度(mm) = (气室左边高度 + 气室右边高度)/2$$

气室底部直径可用游标卡尺量出。新鲜蛋的气室高度小于 3 mm,底部直径 10 ~ 15 mm。普通蛋气室高度为 10 mm 以内,直径 15 ~ 25 mm。可食蛋高度在 10 mm 以上,直径 30 mm。

⑦哈夫单位 哈夫单位是反映蛋白存在状况和质量的指标,是国际上检验蛋品质的重要指标和常用方法。

测定时先将哈夫单位测定仪接通电源,载物台调到水平位置。将蛋称重(精确到 0.01 g),再将蛋打开放在玻璃平面上,用蛋白高度测定仪衡量蛋黄边缘与浓厚蛋白边缘的中点,避开系带,测定 3 个等距离中点的平均值。根据蛋白高度与蛋重,按下列公式计算哈夫单位。

$Hu = 100 \lg(H - 1.7W0.37 + 7.6)$;

Hu——哈夫单位;

H——蛋白的高度,mm;

W——蛋的重量,g。

实际计算中,可直接利用蛋重和浓厚蛋白高度,查哈夫单位计算表得出。新鲜蛋的哈夫单位在 72 以上,中等鲜度在 60 ~ 72,60 以下为质量低劣,30 时最低劣。

任务 13.2.2 咸蛋的加工

咸蛋加工在我国有着悠久的历史。由于咸蛋加工工艺简单,全国各地均有生产,以江苏、浙江、湖北、湖南等南方省份最为普遍。咸蛋品种繁多,驰名中外的优良产品有江苏高邮咸蛋、湖北沙湖咸蛋以及洞庭湖西岸生产的湖南西湖咸蛋,浙江兰溪等地的黑桃蛋。咸蛋按加工方法可分捏灰咸蛋、灰浆咸蛋、灰浆滚灰咸蛋、泥浆咸蛋、泥浆滚灰咸蛋和盐水咸蛋等。目前出口的咸蛋都是捏灰咸蛋(又名搓灰咸蛋,黑灰咸蛋)。

质优的咸蛋,其蛋白质地细嫩;切开断面红白分明,中间无硬心,具有浓郁的咸蛋特有的风味。蛋黄呈细沙状、油多,咸味适中,味道鲜美。蛋在腌制过程中不同时期蛋白和蛋黄中的水分和食盐变化,见表13.2。

表 13.2　蛋在腌制过程中不同时期蛋白和蛋黄中的水分和食盐变化

浸泡时间/d	水分/%		食盐含量(以干物质计)		黏度/20 ℃	
	蛋白	蛋黄	蛋白	蛋黄	蛋白	蛋黄
0	87.1	19.1	1.2	0.1	10	142
15	87.1	18.0	2.3	0.3	7	340
30	86.8	44.3	9.8	0.3	6	1 574
60	85.1	37.8	18.9	1.2	4	3 578
90	74.2	26.0	21.4	2.9	3	1 892

1)加工工艺

(1)盐水浸泡法

调制盐水
↓

原料蛋验收→分级→入池→腌制→出池清洗→晾干→真空包装→高温杀菌→冷却→包装→检验→成品

(2)盐泥包涂腌制法

调制灰泥
↓

原料蛋验收→分级→包泥→腌制→清洗→照蛋分级→真空包装→高温杀菌→冷却→包装→检验→成品

2)原辅料的选择与配方

(1)原辅料的选择

加工咸蛋所用的原料蛋主要为新鲜鸭蛋,其次为鸡蛋。生产中为保证成品咸蛋的质量标准,加工前必须对新鲜蛋进行感官鉴定、灯光透视检查、敲蛋及重量分级等工作。加工咸蛋所用的辅料,主要有食盐、黄泥、稻草灰和水。

①食盐　粗盐、细盐均可,但颗粒不宜过大;若颗粒过大,因不易溶解,会延长咸蛋的成熟期。因此,生产中使用大颗粒粗盐时,应先将其粉碎成细粒或将其溶解于适量水中后,再予使用。

②黄土　黄土主要作为调制盐泥的原料。最好为采挖白深层的黄色或红色的融土,因为这样的土壤既无腐殖质、无异味,又无微生物的污染。而黑色的土壤因为含有较多的、易于腐败的有机质,所以不能使用。否则,将会使咸蛋产生异味或腐败变质。

③植物灰　利用杂草或其他作物秸秆烧成,作为加工草灰咸蛋的辅料,要求干燥、清洁和无任何异味。

④水　腌制用水要清洁,应为符合饮用卫生标准的自来水。

(2)配方

①盐水浸泡法　食盐10 kg,开水40 kg,原料蛋50 kg。配制浓度为20%的食盐水冷却待用。

②盐泥咸蛋　配方(1 000枚鸭蛋):食盐6~7.5 kg、干黄土6.5 kg、清水4~4.5 kg。

3)操作要点

(1)盐水腌蛋法操作要点

①配方　食盐10 kg,开水40 kg,原料蛋50 kg。

该法常用盐水浓度多为20%~30%,但以20%浓度最好。由于夏季外界环境温度较高,为防止加工过程中原料蛋腐败变质,可适当提高所用盐水的浓度,以加快其腌制速度和缩短成熟期。此外,为提高成品蛋的风味,可在配方中加入适量的花椒、八角等调味品。

②制料　将称好的食盐和开水放入容器中充分搅拌,直至食盐全部溶解为止;也可将食盐和冷水直接放入锅内煮沸、冷凉,当料液温度降至20 ℃以下时,即可进行灌料腌蛋。

③装缸、灌料　先将准备腌蛋使用的容器用开水洗净、抹干,同时将经过选择的原料蛋也洗净、晾干;然后将蛋整齐地装入容器中。当装至距缸口5~6 cm时,用手把蛋摆平,其上再盖以稀眼竹盖,并用几根木杠将盖压好,以免灌入盐水后原料蛋上浮;最后,将已配好并冷却至20 ℃左右的食盐水慢慢灌入,直至把蛋全部淹没为止。料液灌满后,即可加盖密封,入库泡制。

④成熟期　一般情况下,在气温较高的夏季,于灌料后的12 d(其他季节15 d左右),即可开缸检查,20 d左右便可食用。应当指出,当利用盐水浸泡法腌制咸蛋时,最好避开炎热的夏季,而且咸蛋成熟后更不能继续贮藏。否则,若贮存过久,不仅其咸味太重影响口感,而且还会使蛋壳出现黑壳,蛋白变样,蛋黄变黑、变硬,甚至完全失去咸蛋应有的特点和风味。

(2)泥料腌制法操作要点

①制料　泥料腌蛋:在制料前两天,须先将称好的、并已去除杂质的干黄土置于容器内,再加入称好的冷开水(或优质自来水)对黄土进行浸泡;将其块状全部浸湿、浸透后,再将称好并已粉碎后的食盐加入,进行充分搅拌,直至其成为细腻而均匀的糊状。

灰料腌蛋:先将称好的食盐和水置于容器内,用木棒进行充分搅拌,使其全部溶解;再放入1/3的草木灰,待其搅拌均匀后,再将剩余草木灰粉两次放入,进行充分搅拌,直至成为纯净、细腻、均匀的糊状,并有一定黏性为好。

②验料　配置后的料稠度应当适中。包料前应对料进行检查。其检查方法是:取一枚鲜蛋投入料中,如果蛋的一半没入料内,而另一半露于料泥上面,即说明所配料泥的稠度适宜,可以进行包蛋。

③包蛋　将经过挑选的优质原料蛋放置于料泥内滚动,待蛋壳全部沾满料浆后再滚上一层草木灰,以免蛋与蛋之间发生粘连,之后装缸。满缸后,将缸口用塑料薄膜扎紧、密封,即可入库腌制。

④管理　咸蛋入库后,在管理上主要注意房内空气流通,湿度不宜过大,相对湿度为

85% ~90% ,温度不宜过高,一般为 20 ~25 ℃为宜。

⑤成熟期　泥料咸蛋的成熟期一般为:夏季 20 d,冬季 45 ~60 d,春秋季 30 ~40 d。

4)品质保证

①感观指标要求外包装袋干净、文字图案规范;袋内蛋壳洁白(或青色),蛋白鲜、细、嫩、白,蛋黄松、沙、油,具有咸蛋特有的气味和滋味,咸味适中。

②理化指标咸蛋汞不大于 0.03 mg/kg,砷不大于 0.5 mg/kg,食盐不小于 2.0% ,挥发性盐基氮不大于 100 mg/kg。

③微生物指标咸蛋中致病菌(沙门氏菌)不得检出。

13.3　质量检测

质量检测　鲜蛋质量标准

参见《鲜蛋卫生标准》(GB 2748—2003)中的质量要求。

1)鲜蛋的感官指标

鲜蛋的感官指标应符合表 13.3 的规定。

表 13.3　感官指标

项　目	指　标
色泽	具有禽蛋固有色泽
织状态	蛋壳清洁、无破裂,打开后蛋黄突起、完整、有韧性,蛋白澄清透明、稀稠分明
气味	具有产品固有的气味,无异味
杂质	无杂质,内容物不得有血块及其他组织异物

2)鲜蛋的理化指标

鲜蛋的理化指标应符合表 13.4 的规定。

表 13.4　理化指标

项　目	指　标
无机砷/$(mg \cdot kg^{-1})$	≤0.05
铅(Pb)/$(mg \cdot kg^{-1})$	0.2
镉(Cd)/$(mg \cdot kg^{-1})$	≤0.05

续表

项　　目	指　标
总汞(以 Hg 计)/(mg·kg^{-1})	≤0.05
六六六、滴滴涕/(mg·kg^{-1})	≤0.1

3)鲜蛋的微生物指标

鲜蛋的微生物指标应符合《鲜蛋卫生指标》(GB 2748—2003)中的质量要求,即不得检出致病菌。

思考练习

1.盐水浸泡法腌制咸蛋的具体操作方法。

2.泥料包涂法腌制咸蛋的操作方法。

3.结合实际情况,设计适合本地区发展的特色咸蛋加工的方法和步骤。

实训练习

实训操作　特色咸蛋制作

1)目的

理解咸蛋的制作工艺流程和成品蛋的质量评定。

2)材料

鸭蛋、食盐、蛋曲、五香调料、缸、水。

3)内容与步骤

(1)红砂咸蛋

湖北沙湖的红砂咸蛋制作讲究,工序简单,营养丰富。

①料液配制　水 50 kg,食盐 14.5 kg,蛋曲 45 g。

②操作工艺

a.原料选择　选择新鲜、无破损、无裂纹鲜蛋。

b.腌制　将上述鲜蛋整齐摆放到缸内,蛋小头朝上,大头向下(即竖立摆放),距离缸口 10～15 cm 时停止摆放。用竹市(压蛋板)压在摆好的蛋上面,再用几块砖头轻轻地放在压蛋板上,以防加入料液后鲜蛋上浮。压蛋板大小应与缸口大小相适应。

将配制好的料液倒入缸内。料液以淹没压蛋板 3~5 cm 为宜。将缸口用塑料薄膜封好(也可不封口)。

c.起缸　一般来说,夏季温度在 20 ℃ 以上的条件下,腌制期为 30 d 左右,春、秋季腌制期为 35 d 左右,温度在 10 ℃ 以下的冬天,腌制期为 40 d 以上。腌制期满即可开缸检查咸蛋的成熟度。检查方法有两种,一是照蛋法,随机抽取 2~3 枚蛋,放在照蛋孔上照看,成熟的蛋,蛋清透明,蛋黄呈暗黑色;二是打蛋法,随机抽取 2~3 枚蛋打开,看蛋黄是否完全凝固变红(转色)。成熟蛋的蛋清如稀水,蛋黄硬中带软呈圆形,色泽浓艳,中心部位完全凝固;如果蛋黄还没有完全凝固,可将缸口继续封好,过几天后再行检查,一直到蛋黄完全凝固转包变红为止。

将已经腌制成熟的咸蛋及时出缸,沥水。

③质量要求　蛋白晶莹,蛋黄油润、晶莹,风味独特。

(2)五香咸蛋

五香咸蛋系鲜鸭蛋配以佐料加工而成。

①配料　100 只鲜鸭蛋,配桂皮 120 g,茴香 70 g,辣椒粉 50 g,盐 750 g,加水 3 kg。

②腌制方法　先将鲜鸭蛋中不易加工的散黄蛋、裂纹蛋等剔除,然后把鲜鸭蛋洗净沥干。加料煮 1 h,冷却后弃渣,然后加五香粉 50 g,制成不稠不稀的泥料。

腌制时,用左手取鲜鸭蛋 3~5 只,放入泥料内,右手把沾有泥料的蛋放入小缸内,装满后用盖盖紧封好,不使漏气。五香咸蛋在夏季 25~30 d,春、秋季 40~50 d 即可成熟,以 70~80 d 的味道最佳。

4)实训作业

交实训报告一份。

项目14
皮蛋

知识目标

掌握皮蛋的种类与特点,掌握皮蛋加工过程中发生变化的情况。

技能目标

掌握皮蛋的加工技术要点和工艺流程。

知识点

皮蛋的工艺流程;皮蛋的加工方法。

相关知识

知识　皮蛋的种类与特点

皮蛋又名松花蛋、变蛋和彩蛋,皮蛋系指鲜鸭、鸡等禽蛋,经用石灰、碱、盐等配制的料汤(泥)或氢氧化钠等配制的料液加工而成的一种再制蛋。皮蛋是中国传统的特产,也是传统的和最主要的再制蛋。具有营养干富、风味独特、久藏不坏,以及具有美丽的松针状花纹等特点。它既是我国广大人民喜食善做的大众食品,又是我国著名的传统出口商品之一。

松花蛋是由鲜蛋作原料,经过加工变化而得到的产品,所以称为变蛋;由于鲜蛋变化之后的蛋白呈玳瑁色,具有弹性的皮层,所以又称为皮蛋;而松花蛋则是由于优质皮蛋在其蛋黄与蛋白之间具有大量的松针状花纹而得名;松花蛋经切开以后,其蛋白玉茶色,蛋黄则有墨绿色、橘黄色、草绿色以及土黄色的色层,五彩缤纷,十分美观,所以松花蛋也称为彩蛋。

1)种类

①根据蛋黄的形状分类　可以分为汤心松花蛋和硬心松花蛋两种。前者是加工过程中的半成品,蛋黄末全部凝固,中心部位为溏心;若溏心比例更大时,则称之为汤心;后者是经过加工后的成品,蛋黄则全部凝固。汤(溏)心蛋以北京皮蛋(京彩蛋)和滚粉皮蛋较具代表性和特色;硬心皮蛋又叫湖彩蛋或老皮蛋。

②根据松花蛋的加工工艺分类　可以分为生包松花蛋、浸泡松花蛋及滚松花蛋。

2)特点

制好的皮蛋,蛋壳易剥除,蛋白凝固,呈浅绿褐色或茶色的半透明胶冻状。在茶色的蛋白中有松针状的白色结晶或花纹,蛋黄呈半凝固状,蛋黄可明显的分为墨绿、土黄、灰绿、橙黄等不同颜色,蛋黄中有溏心,成品风味独特,香味浓郁,辛辣味小,食后有清凉感觉。皮蛋是用茶叶、食用碱等原料腌制而成。鲜鸭蛋腌制成皮蛋后,胆固醇含量下降20%以上,蛋白质与脂质被分解,更容易被人体吸收。

皮蛋入口爽滑、口感醇香、回味绵长,深受人们喜爱,诞生了皮蛋瘦肉粥、皮蛋拌豆腐、皮蛋鱼片汤等经典皮蛋名菜。皮蛋还是具有食疗功能的食品,中国的传统医学认为,皮蛋性凉、味辛,有解热、去肠火、治牙疼、去痘等功效。

3)加工工艺

(1)汤心皮蛋加工工艺

水 ＋ 纯碱 ＋ 生石灰 ＋ 食盐 ＋ 茶叶 ＋ 黄丹粉→浸泡液

↓

原料蛋→照蛋→敲蛋→分级→装缸→灌料浸泡→浸泡期检查→出缸→洗蛋→晾蛋→质量检查→包料泥→贮运销售

↑

配制料泥

（2）硬心皮蛋加工工艺

原料检验→料泥制备→验料→包灰泥料→装缸→封缸→成熟→成品检验 →贮存

4）原辅料的选择

（1）原料的选择

加工松花蛋所用的原料蛋以鲜鸭蛋为主，其次为鲜鸡蛋和鹌鹑蛋。生产中为保证成品松花蛋的品质，加工前必须对原料蛋进行感官鉴定、灯光鉴定和重量分级，逐个予以挑选。

①感官鉴定 即通过观察，选出清洁、新鲜而完整的蛋作为原料蛋；去掉陈蛋、破壳蛋、污染蛋以及过大或过小的蛋；将入选的原料蛋按大小分开放置，以利加工。

②灯光鉴定 即通过灯光照检，主要对蛋壳结构及其内容物进行检查，要求原料蛋的蛋壳无裂纹，蛋白浓厚，蛋黄位于蛋的中央。

③敲蛋工艺 即通过两蛋轻碰发出的声音，去除不易发现的轻度裂纹蛋以及气孔较少、甚至没有气孔的钢壳蛋。这两种蛋的存在，前者易引起料液渗入过多而形成碱伤蛋；后者易造成料液不易渗入而形成水响蛋。

（2）辅料选择

①纯碱 纯碱即碳酸钠，别名碱面、食碱、大苏打等，是加工松花蛋的主要辅料；工艺要求其应为白色粉末，碳酸钠含量应在96%以上。

应当指出，由于纯碱具有吸水性，且在吸潮后容易发生变质，因此，在贮存碳酸钠时，一定要注意密封保藏；同时在选购碳酸钠时，要注意掌握好质量，并且一次不要购进太多，以免变质。

②生石灰 生石灰即氧化钙，又名石灰、假石灰，也是加工松花蛋的主要辅料。生石灰的主要作用是，在加工过程中与碳酸钠结合产生氢氧化钠。

工艺上对于生石灰的要求是：白色，体轻，块大，无杂质；遇水后能产生大量气泡，并迅速由大块裂为小块，直至成粉末状；其中有效氧化钙含量应在70%以上。若加水后裂开慢或只有部分裂开的生石灰，则不适于作为加工松花蛋的辅料。

③烧碱 烧碱即氢氧化钠（NaOH），别名火碱、苛性钠。工艺革新以后，生产中常以烧碱作为加工松花蛋的主要辅料。经实验表明：它不仅能够替代纯碱和生石灰的共同作用，而且还能免除纯碱与生石灰反应后产生大量碳酸钙沉淀的缺点，同时，还能简化加工工序、提高工作效率和松花蛋的成品率。对于烧碱的工艺要求为白色固体，有棒状或颗粒状等形状，其氢氧化钠含量应在95%以上。为了降低生产成本，也可用大块的工业烧碱来代替。由于腐蚀性很强，故多用铁桶包装。由于烧碱极易吸收空气中的水及二氧化碳而迅速变成碳酸钠，故在配置加工料液时，必须使用包装好的烧碱；而且一经开桶，就须立即使用，最好一次用完。另外，由于烧碱具有很强的腐蚀性，故在用其配料过程中，一定要注意安全。

④食盐 食盐即氯化钠（NaCl），在一般情况下为白色结晶，易于吸水而潮解。加工时配料中添加食盐的目的，主要是为了提高成品松花蛋的风味，减少其辛辣味及原料蛋中原有的腥味。此外，由于食盐能够抑制微生物的生长繁殖，故可防止原料蛋在加工过程中腐败变质；加之食盐对于某些细菌还有杀灭作用，因而可以提高成品松花蛋的卫生质量标准。一般配置料液中的食盐添加量以3%～4%为适宜；而且加工所用食盐，以纯净的海盐最好，其氯化钠含量应在90%以上。

⑤茶叶 茶叶富含茶香素、茶色素、茶叶碱、可可碱等多种生物碱，以及蛋白质果胶和

糖类等营养物质,对于松花蛋的形成、成品的色泽与风味具有一定影响;它能促进蛋白质的凝固,增加蛋的色泽,提高蛋的风味及鲜度。生产中加工松花蛋以红茶末最为理想,如果使用绿茶时,其剂量应当加大,即为红茶末用量的 1.5~1.8 倍。对于加工用茶叶的要求是清洁、干燥、无异味;凡发霉、变质及有其他异味者,均不能使用。此外,由于茶叶在贮存过程中极易吸潮和吸附异味,因此,生产中最好根据实际需要量进行购买,而且应当存放在清洁、干燥和没有异味的地方。

⑥黄丹粉　黄丹粉即氧化铅(PbO),不溶于水,在料液中很难完全溶解。因此,制料时一定要把颗粒形的黄丹粉先经研碎过筛后,然后加入料液中进行充分搅拌;否则,黄丹粉将会沉积在蛋壳表面,从而形成大量的黑色铅斑,影响成品质量。

应当指出,铅是一种有毒物质,故在料液中所占比例不应超过 0.2%。黄丹粉应以淡黄色粉末状为最好,次为红黄色和红色粉末。

⑦草木灰　又名紫炭灰,是加工生包松花蛋的主要辅料。其主要原因是,草木灰中都含有不同程度的碳酸钠,当其与生石灰中的氧化钙作用后,能够生成氢氧化钙,故与纯碱的作用基本相同。

南方以桑树灰、桐壳灰为好;北方则以棉秆灰、豆秸灰比较理想。因为上述原料中的含碱量较一般柴草高。但是,生产中无论使用何种草木灰,均应要求纯净、干燥、新鲜,且在使用过程中严防吸潮。

⑧黄土、稻壳、锯末　在加工松花蛋的生包料工艺中,还要使用黄土作为黏合剂,使用稻壳或锯末作为防黏剂。对于这些原料的要求,应当纯净、清洁与干燥;凡潮湿、发霉、具有异味者,绝对不能使用,以免影响产品质量。

⑨水　加工松花蛋所用的各种辅料,在其按比例称取后,必须加入适量的水,将其调制成料液或泥料后,才能对原料蛋进行加工。生产中为保证成品松花蛋的质量,其配料用水以开水为好。原因为:一是能够杀死水和辅料中的致病微生物;二是能够加快各种辅料的溶解及其化学反应的进行;三是能够加速松花蛋的成熟。

5)操作要点及注意事项

(1)汤心皮蛋加工操作要点及注意事项

①配料　加工松花蛋的主要成分是氢氧化钠,可根据加工季节及当地加工习惯等,选择最为适宜的配方作为配制料液的标准和依据。比如,夏季气温较高,原料蛋蛋白稀薄,蛋黄容易上浮,就要选择生石灰与纯碱比例较大的配方,以便加速原料蛋蛋白凝固,防止蛋在未凝固前就发生变质。另外,在配料过程中,一定要十分严格称取各种辅料,绝不能凭经验随意抓取;尤其是对于直接影响料液中氢氧化钠浓度的纯碱、生石灰,以及对于人体具有危害作用的氧化铅,则更须严加控制。

②制料　制料有两种方法:一是熬料,就是先把称好的茶叶和水放在锅内,经煮沸15 min后,捞出残茶;然后将茶汁冲入已经放好生石灰、纯碱、黄丹粉及食盐的容器内,待其反应结束后,进行充分搅拌。捞出石灰残渣,冷却待用。二是冲料,就是先把称好的茶叶和纯碱等各种辅料放入容器内,然后再将称过的沸水冲入;待反应结束后,捞出残渣,冷却待用。

在制料过程中,应注意如下事项:

a.配料时,如遇已经结块的黄丹粉,使用前必须加入适量的水或料液进行研磨过筛后,才能使用,否则极难溶解。

b.生石灰在溶解过程中,不可为了加速其溶解,进行搅拌。

c.已经制好的料液,必须放置 12～24 h 后,温度下降至 21 ℃以下时,方可使用。

d.已经制好的料液,不可随意添加生水,以免影响料液浓度。

e.原料蛋的检查与分级 对加工所用的原料蛋,首先要进行认真检查(检查方法与鲜蛋品质鉴定法相同);另外,由于原料蛋的大小及其壳色的不同对松花蛋的成熟速度有很大影响,因此,在检查过程中要把壳色相同和大小一致的原料蛋放在一起浸泡。另外,经检验后的合格原料蛋,应尽快装缸浸泡,以便保证其新鲜程度及加工效果,对于污壳原料蛋,必须先经洗净、晾干后,才能装缸浸泡,否则,将会对成品品质产生不良影响。

③装缸 先在缸底铺上一层泡沫塑料或一层清洁的麦秸、稻草,以免最下层原料蛋直接接触缸底而碰撞、挤压成破损蛋。此外,装缸时动作要轻,逐个摆放(注意蛋要横放),且要铺平、排紧。这样,既可使成品蛋的蛋黄位于蛋的中央,又能增加装蛋数量,并能减少蛋的破损。蛋在缸内摆放的高度,原则上以距缸口 15 cm 为限。然后,在缸面上加盖压蛋网盖,并用与缸口直径近似的木杠压好,以防灌料后原料蛋上浮。

④灌料浸泡 待原料蛋装缸后,立即将经过检验的合格料液沿缸壁慢慢灌入缸内。灌料时,须先将料液搅拌均匀,而后再边搅边灌,直至将料液全部淹没原料蛋为止,以便使原料蛋与空气隔绝。在灌料后的 24 h 内,由于料液向蛋内渗透,液面有不同程度下降,故须再加料液进行补足;如有条件,可加盖或覆以塑料薄膜,并用细麻绳扎紧,使其逐渐成熟。此外,灌料后应及时填写加工记录,并于缸上贴上标签,标签上注明缸号、日期、蛋数、等级等项内容,以便检查。

为保证汤心松花蛋的品质及特点,灌料时必须掌握好料液冷却后的温度。在一般情况下,春初和秋末期间,灌料时的料液温度应为 18 ℃左右;若温度过低,蛋黄将呈凝固状态,这样便失去了汤心松花蛋应有的特点。对于冬季和夏季的料液温度,也不能低于和高于20 ℃。

当原料蛋入缸浸泡后,应设专人进行管理。首先,要经常注意环境温度的变化,如果环境温度不符合工艺要求或是变化幅度过大时,将会对成品蛋的质量产生很大影响。加工中的适宜环境温度应当保持在 20～25 ℃。此外,灌料后应对蛋缸随时注意观察,如发现有少量渗漏现象时,应及时补充料液;若有严重渗漏者,则应即时更换新缸,或采取其他有效措施予以补救。

⑤灌料期的检查 浸泡松花蛋的成熟期一般为 30～45 d。为确保成品蛋的质量,在浸泡期间一定要进行定期检查。灌料之后,春秋季节在 7 d 左右、夏季 5 d 左右和冬季 10 d 左右,进行第一次检查,这时,变化正常的原料蛋蛋白部分业已基本凝固,可取 3 枚蛋中有一枚类似鲜蛋的黑贴壳,两枚类似红贴壳,或是 3 枚均类似黑贴壳,说明蛋白、蛋黄凝固良好(即已进入凝固阶段);如果照检时均像鲜蛋一样,说明料液中碱的浓度过低,这时应及时补料;如果 3 枚蛋的内部全部发黑,说明料液中碱的浓度过高,这时必须作好提前出缸的准备,或用冷开水对料液进行适当调整。第二次检查可在装缸后第 20 d 左右进行,其方法为:将欲检查的蛋去壳后,观察其蛋白及蛋黄的变化情况,如果蛋白表面光洁、黄中带青、蛋黄呈草绿色,说明一切变化正常。第三次检查于 25～30 d 进行,如果去壳后的蛋白大部分凝固良好,仅在蛋的两端有粘壳或烂头现象,说明料液中碱的浓度过高,须及时出缸;如果

这时整个蛋发软,且蛋白粘手、不坚实及弹性差,说明未到出缸时间,需要推迟出缸时间。

⑥出缸、洗蛋与晾蛋 出缸时间的确定,应当根据季节和当地习惯而灵活掌握。若市场喜欢大溏心松花蛋,可适当缩短浸泡时间,即 30～35 d 即可出缸;若市场喜欢小溏心松花蛋,则可适当延长浸泡时间,即 50 d 左右方可出缸。如果根据季节考虑,夏季一般为 25～30 d、春秋雨季 30～35 d、冬季 35～40 d 即可出缸。

为保证出缸成品的质量,出缸前须作最后一次检查。其方法是,取数枚蛋进行手抛时具有弹性,打开时蛋黄和蛋白色泽正常,蛋白凝固良好,富有光泽和弹性,不粘手,蛋黄周围开始有松针状花簇出现,而且蛋黄中心呈软糖状时,说明已达到标准,应及时出缸。出缸的方法是,先将压蛋用的木棒和网盖去掉,成熟的松花蛋便上浮于液面;而后,利用带孔捞蛋用漏瓢将蛋捞出,放于塑料蛋筐或竹篓内,再用料液上清液或冷开水,洗去粘在蛋壳上的红茶末、碳酸钙沉积物等污物;最后将其置于通风处晾干。

⑦成品蛋质量的检查 松花蛋出缸后,应及时逐个进行质量检查,并剔除其破损蛋、碱伤蛋等各种次劣蛋。生产中常把感观鉴定、灯光鉴定和品味鉴定 3 种方法结合起来。

⑧包泥和装箱。松花蛋经长期浸泡后,蛋壳变脆,极易破损;出缸后的成品蛋易受热、受冷、受潮或因水分的蒸发而干脆、褪色,甚至发生腐败变质。因此,生产中为保证成品蛋的营养物质并能延长贮存期,出缸后检查分级的成品蛋,必须立即包泥、装箱贮运或销售。

a.包泥 松花蛋的包泥方法有以下两种:

●残料包蛋法 即利用已经浸泡过蛋的料液,待除去上清液后而剩下的黏稠物。使用时,先将其中的大块、硬块去掉;再用人工或打浆机将其打碎、打匀,并调成糊状,稠度以投入松花蛋后,蛋在料液内呈半沉半浮状为宜(图 14.1)。然后,将成品蛋逐个投入料内,并用捞蛋工具拨动滚料,使蛋的表面均匀地沾满一层料泥为止;而后将其取出,再置于撒有稻壳或锯木的斜坡上滚动一下,即可沾上一层稻壳或锯末。最后,用手将已滚上稻壳的成品蛋进行团匀后即可装箱。此外,也可以利用调配好的料泥逐个包蛋或者包料机包蛋。

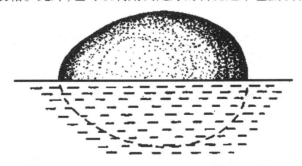

图 14.1 蛋在料液内呈半沉半浮状

●残料加黄土制料包蛋法 即在泡蛋用的残料中加入 30%～40% 的黄土,经搅拌、拍打后,使之成为细腻而均匀的泥料。操作时,须带好橡胶或棉线手套,左手抓一把稻壳于掌心,右手用包蛋专用小铲取 50～60 g 所制料泥置于稻壳上;而后将铲子放下,随取成品蛋一枚按在泥料中,并与左手共同团蛋,使料泥均匀地包在蛋壳上后,即可装箱。对于包蛋的要求是:所包料泥应当均匀,不允许有露壳现象存在,料泥厚度以 2～3 mm 为宜。若采用包料机包蛋,每小时可包蛋 1 万枚。

生产中不论采用哪种方法进行包蛋,其料泥中的氢氧化钠含量均不能低于 2.5%。

b.装箱　已经包过料泥的松花蛋,最好按等级一蛋一袋地装入小型塑料袋中,封口后,再用各种规格的纸箱进行包装。另外一种方法是,将一定数量的、相同等级的松花蛋,全部放进包装箱内的大塑料袋中,然后再封口装箱。

包泥后的松花蛋应及时装箱,否则,将会引起料泥及蛋内的水分不断向外蒸发,从而导致包蛋的料泥干裂和脱落,并失去特有的风味。

（2）硬心皮蛋加工操作要点及注意事项

①料泥制备　料泥配方为:草木灰 30 kg,水 30～48 kg,纯碱 2.4～3.2 kg,生石灰 12 kg,红茶叶 1～3 kg,食盐 3～3.5 kg。

②制料方法　将茶叶投入锅中加水煮透,加石灰,待全溶后加碱加盐。经充分搅拌后捞出不溶物。然后向此碱液中加草木灰,不断搅拌均匀。待泥料开始发硬时,用铁铲将料取于地上使其冷却,厚度为 10 cm。为了防止散热过慢影响质量,地上泥块以小块为佳。次日,取泥块于打料机内进行锤打,直至泥料发黏似浆糊状为止,此时称熟料。将熟料取出放于缸内保存待用。使用时上下翻动使含碱量均匀。

③验料　简易验料法即取灰料的小块于碟内抹平,将蛋白少量滴于泥料上,待 10 min 后进行观察。碱度正常的泥料,用手摸有蛋白质凝固成粒状或片状,有黏性感。无以上感觉为碱性过大。如果摸时有粉末感,为碱性不足。碱性过大或不足均应调整后再使用。

④包灰泥料、装缸　每个蛋用料泥 30～32 g。料泥应包得均匀而牢固,因此应用两手搓揉蛋。包好后放入稻壳内滚动,使泥面粘着稻壳均匀,防止蛋与蛋粘在一起。

蛋放入缸内应放平放稳,并以横放为佳。装至距缸口 6～10 cm 时,停止装缸,进行封口。

⑤封缸、成熟　封缸可用塑料薄膜盖缸口,再用细麻绳捆扎好,上面再盖上缸盖,也可用软皮纸封口,再用猪血料涂布密封。装好的缸不可移动,以防泥料脱落,特别在初期,成熟室温度以 15～25 ℃为宜。防止日光晒和室内风流过大。春季 60～70 d、秋季 70～80 d 即可出缸销售。

⑥贮存　成品用以敲为主、摇为辅的方法检出次蛋,如烂头蛋、水响蛋、泥料干燥蛋及脱料蛋、破蛋等。优质蛋即可装箱或装筐出售或贮存。成品贮存室应干燥阴凉、无异味、有通风设备。库温 15～25 ℃,这样可保存半年之久。

6）质量要求

溏心皮蛋要求色泽变化多端,青黑色的蛋黄,半透明的褐色蛋白并带有美丽的花纹,蛋黄呈青黑色浆糊状,辛辣味不大,味鲜美。

硬心皮蛋的品质检验与溏心皮蛋大致相同,唯蛋黄为绿色、茶色或橙色的硬心,也可以为小溏心,口味醇香,略带辛辣味。

思考练习

1. 松花蛋加工过程中,原料蛋如何选择,选择的标准是什么?

2. 如何制作汤心松花蛋,应该注意什么问题?

3. 硬心皮蛋的加工技术要点是什么？

4. 结合实际情况,设计适合本地区发展的特色松花蛋加工的方法和步骤。

实训操作

实训操作　鸡皮蛋的制作

1)目的

了解鸡皮蛋与鸭皮蛋加工的异同,掌握鸡皮蛋加工技术。

2)材料

鲜鸡蛋、纯碱、生石灰、红茶末、食盐、氧化铅、沸水、植物灰、缸。

3)步骤

(1)配方

①料液配方　沸水 50 kg,纯碱 4 ~ 4.5 kg,生石灰 14 ~ 16 kg,红茶末 1 ~ 2 kg,食盐 1.5 ~ 2 kg,氧化铅 15 kg,鸡蛋 50 kg。

②料泥配方(以 1 000 只鸡蛋计)　生石灰 6.5 kg,纯碱粉 1.9 ~ 2.5 kg,食盐 250 g,植物灰 2.5 ~ 3 kg,红茶末 200 g,水适量。

(2)操作步骤

①浸泡工艺　鸡皮蛋的料液制作和浸泡方法与溏心皮蛋相同,唯成熟期较短,在 20 ~ 25 ℃条件下 20 d 左右成熟。

②涂包工艺　料泥的制作:先把茶叶末加适量的水煮沸,再分次投入生石灰于茶汁内,待石灰作用后,投入纯碱和食盐,搅拌均匀,捞出石灰渣,然后加草木灰搅成糊状。涂包时,把蛋放入糊料中粘一层,再放在锯末或稻壳中滚一下再装缸,加盖封口,10 d 左右成熟,出缸后晾干,即可出售或食用。

4)作业

写实训报告一份。

情景四　畜禽副产品加工与检测

项目15
毛皮的加工

知识目标

了解原料皮的结构和特性;掌握毛皮的加工原理和方法。

技能目标

能够设计毛皮加工工序方案并进行实施;能进行原料皮和成品皮的质量评定。

 知识点

毛皮的概念、结构、防腐、储藏、加工工艺和质量评定。

15.1 相关知识

知识 皮和毛被

动物屠宰后剥下的鲜皮,经初步加工、腌制或晾晒干燥,未经鞣制前叫生皮,制革工业上叫原料皮,生皮带毛鞣制的产品叫毛皮或裘皮。各类毛皮动物的生皮,是重要的畜产品,经加工鞣制后,可制成各种式样的防寒大衣、帽子、背心、毛鞋、手套等民用和军用品,珍贵毛皮或剪绒纺制毛皮(纺制虎皮或豹子皮)又是妇女儿童的防寒装饰品。

1)皮的构造与成分

(1)生皮的构造

生皮的构造因动物种类不同,外观上有所差异,但组织构造基本相同。生皮分为3层:比较薄的外层叫表皮层;厚而紧密的中层叫真皮层;松软的下层叫皮下组织层,如图15.1。

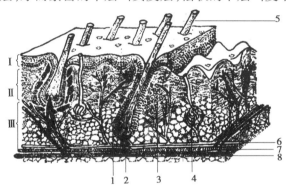

图15.1 生皮的构造

Ⅰ—表皮;Ⅱ—真皮;Ⅲ—皮下组织;

1—毛囊;2—毛根;3—皮脂腺;4—汗腺;5—毛干;6—神经;7—动脉;8—静脉

①表皮层 表皮层由表面角质化的复层扁平上皮构成,只占全皮厚的1%,位于皮的最上层,起保护作用。表皮又分上下两层,上层叫角质层,下层与真皮连接,叫生发层。动物的毛、角、蹄、爪等,皆由表皮层细胞分裂形成。毛为毛鞘所包裹,深入真皮层内,借真皮中的血管、淋巴管等供给营养。

表皮是由各种形状、彼此紧贴着许多单核细胞组成的角朊蛋白质构成的。具有疏水性,因而表皮层不易透水,对化工材料有一定的抵抗力。操作溶液大部是由肉面渗透到皮板内层。毛皮加工中,表皮层要合理保留。

②真皮层 真皮层位于表皮层下部,由致密的结缔组织组成,占皮厚的90%,最坚韧,是毛皮加工的主要部分。其质量直接影响产品的好坏。

真皮层又分为乳头层和网状层。乳头层在上部,约占真皮厚的1/3,其胶原纤维束较网状层更细小,分支多,编织较松弛,含有汗腺、脂腺、毛囊、毛根、立毛肌、神经和微血管等,构造较疏松。网状层在下部,约占真皮厚的2/3,其胶原纤维束比乳头层更粗大、紧密,是最结实的一层,成品质量好。剥皮和加工中应防止刀伤、磨伤和刺伤等。

③皮下组织层　位于真皮下面,是一层松软的结缔组织,由排列疏松的胶原纤维和弹性纤维构成,纤维间包含许多脂肪细胞、神经、肌肉纤维和血管等。在毛皮加工上是无用部分,预制中即被剔除。但生皮干燥时,油脂能阻止水分蒸发,干燥迟缓,温度高会使细菌繁殖,产生掉毛烂板现象。剥皮时肉和脂肪不要残留在皮板上。

（2）生皮的成分

皮的化学成分,因动物的种类、年龄、性别不同有所差异。主要有水分、蛋白质、脂肪、碳水化合物和矿物质等。其中最主要的是蛋白质。不同年龄,不同性别的牛皮,其化学成分见表15.1、表15.2。

表 15.1　不同年龄牛皮的化学组成

牛皮名称	水分/%	蛋白质/%	脂肪/%	灰分/%
犊牛皮	67.2	30.8	1.0	1.0
2 岁牛皮	62.3	35.5	1.1	1.1
3 岁牛皮	57.6	40.2	1.1	1.1
老牛皮	59.8	38.0	1.1	1.1

表 15.2　不同性别牛皮的化学组成

成　分	阉牛真皮/%	乳用母牛真皮/%
水分	61	63
干物质	39	37
胶原蛋白	33.64	32.67
弹性蛋白	0.78	0.68
白蛋白及球蛋白	1.14	0.90
类黏蛋白	0.61	0.70
脂肪	1.20	0.68
无机成分	1.63	1.37

蛋白质是皮中干物质的主要成分,也是构成皮的重要原料。主要有角质蛋白、白蛋白及球蛋白、弹性蛋白和胶原蛋白。

①角质蛋白　构成动物表皮、毛、趾甲、羽毛及角的主要成分。不溶于水,遇碱不稳定,毛皮加工限制小,要特别注意用石灰等碱性溶剂,否则可将毛及表皮脱掉。

②白蛋白及球蛋白　存在于皮组织的血液及血浆中,加热凝固,溶于弱酸、碱和盐类溶液中。球蛋白不溶于水,白蛋白溶于水,洗皮时可随水溶出。

③弹性蛋白　真皮中黄色弹性纤维的主要成分不溶于水、稀酸及碱性溶液,但胰酶有

消解它的特性。毛皮鞣制工艺中用以除去此蛋白,增加毛皮的柔软性和伸张性。

④胶原蛋白　真皮层的主要成分,也是真皮中的主要蛋白质,约占生皮纤维重量的95%～98%,不溶于水、盐水溶液、稀酸、稀碱及酒精,但加热到70℃时变成明胶而溶解。胶原蛋白是皮板的主要成分,毛皮鞣制过程中,经稀酸或其他鞣液处理后,能保持柔韧、坚固的特性。因此,贮藏期间或鞣制过程中,应尽量避免胶原蛋白的损失。

2)毛被、毛的分类与结构

(1)毛被

覆盖在皮板上的毛总称为毛被。毛皮质量的优劣,首先取决于毛被,其次是皮板的好坏。

因产地和品种不同,毛被的外观多种多样。同一张皮部位不同,毛的长度、粗细度和颜色也不一样。

(2)毛的分类

毛被上的毛可分为针毛和绒毛两大类。针毛长而粗,绒毛短而柔软,呈丝状。

针毛没有定向毛长,比定向毛密实,毛尖一般为矛头形,便于保护下面的绒毛。定向毛比针毛长,有弹力,能起定向作用,其毛尖为椭圆形。

绒毛最短,最紧密,最柔软。毛被质量取决于绒毛数量多少和好坏,毛尖呈圆筒形,毛形微弯曲,缺乏毛髓。

此外,还有过渡毛,与绒毛直径一样,但比绒毛长。触毛是动物的触觉器官,长而粗,有弹性,毛尖为圆锥形。

(3)毛的结构

沿着毛的长度可分为3部分。露在皮肤外面的部分为毛干;位于毛囊内的毛干延续部分为毛根;包围毛乳头的毛根膨大部分为毛球。毛球的基部,由活细胞衍变形成毛根和毛干。

在显微镜下观察成熟毛干的纵切面。发现毛纤维有三个同心层,由外向内依次称为鳞片层、毛质层和毛髓,见图15.2。

鳞片层是毛的外层,由硬化的鳞片状细胞构成,薄而重叠似鱼鳞,尖端向上紧贴毛干,雨滴不能渗入毛的深处,保护毛的内层;毛质层位于鳞片层下部,由棱形细胞构成。编织特别紧密,毛的拉断强度和折断强度由此层决定。毛质层细胞中,如含有色素颗粒,毛就会呈现各种颜色;毛髓是毛的中心部分,由多角形细胞构成,组织松软,有时细胞中有皱缩的核、空气泡和色素颗粒。

毛质层的厚度变化不大,而毛髓的厚度变化很显著,成熟毛的毛尖和毛根下部都没有毛髓。毛根中有髓表示毛可继续生长。

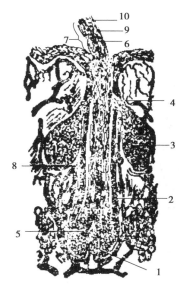

图15.2　毛纤维纵切面图
1—毛乳头;2—毛鞘;3—皮脂腺;
4—皮脂腺导管;5—毛球;6—毛根;
7—毛干;8—毛的髓部;
9—毛的皮质层;10—毛的鳞片层

15.2　工作任务

任务 15.2.1　原料皮的剥取

1）原料皮的种类

根据动物被猎捕和宰杀季节的不同,原料皮分为春皮、夏皮、秋皮和冬皮四类。

(1)春皮　指立春至立夏(农历 12 月下旬至次年 3 月中旬)这段时间生产的原料皮,其特征为:初春皮板较厚,针毛略显弯曲,底绒粘结,毛被干涩无光。中春皮皮板硬厚,针毛枯燥、凌乱、弯曲,底绒粘结,质量较差。

(2)夏皮　指立夏至立秋(农历 3 月中旬至 6 月下旬)这段时间所生产的原料皮,其特征为:皮板枯薄,针毛干枯,无油性,底绒较少或无底绒,质量最差。

(3)秋皮　指立秋至立冬(农历 6 月下旬至 9 月下旬)这段时间所生产的原料皮,可分为早秋皮和中秋皮,其特征为:早秋皮皮板硬厚,针毛粗短,夏毛未脱净,有脱毛现象;中秋皮皮板厚实,针毛较短,底绒稍厚,光泽较好,质量好。

(4)冬皮　指立冬至立春(农历 9 月下旬至 12 月下旬)这段时间生产的原料皮,其特征为:皮板厚实、细致,毛被成熟,针毛稠密整齐,底绒丰厚灵活,色泽光亮,质量最好。

2）原料皮的剥取

毛皮质量好坏与原料皮的防腐、储藏、加工鞣制技术、皮的剥取方法有关,如剥取方法不当造成缺陷,必定影响毛皮的品质。原料皮剥取的主要方法有圆筒式、袜筒式和片状剥取三种类型。

(1)圆筒式剥皮法

捕杀动物后,用刀从其后部和尾部将毛皮挑开,从后向前剥离,使皮向外翻,主要用于兔子、貂、狐、貉、灰鼠、海狸鼠等动物皮的剥取。

①洗毛　在剥皮前用无脂锯末或粉碎的玉米芯等,搓揉宰杀后的动物毛被,除去毛被上的赃物和油脂,去掉前肢(狐、紫貂要保留),保留头、尾和后肢(貉、麝鼠不保留)。

②挑裆　将两后肢用绳子左右分开固定挂起来后,用刀从接近尾尖部,沿尾腹侧中心向肛门后缘挑去。然后从后肢的掌心下刀,沿后肢内侧长短毛分界线向肛门挑去,折向肛门后缘与尾部开口汇合,最后把后肢两刀转折点挑通,操作时刀要锋利。刀口向上,刀背向下,挑线要直,不能有弯曲。

③抽尾骨　用刀将尾骨中部的皮和尾骨小心剔开,再用手将尾骨抽出,最后将尾部挑开。

④剥皮　先用锯末洗去挑裆开口处的污血,将动物尾部系牢吊起。用手指插入后肢的皮和肉之间,小心剥下后肢的皮,当剥离到后掌骨处时,左手用力往下拉皮,右手用剪刀剪断趾骨,使后肢完整而带爪。两后肢皮全部剥离后,将后肢固定。两手抓住皮张,向下拉

皮,使之呈筒状剥离(剥离雄性时,剥到腹部应先剪断阴茎,防止扯坏皮张)。当剥至头部时,左手紧拉皮张,右手用刀小心挑开位于耳根部及眼眶四周,紧贴骨膜和眼睑的皮和肉的连接,使眼、耳、鼻保持完整。切勿割大、割破,以免影响使用价值和经济价值,剥皮后的皮张经清洁、整理后选择大小适宜的楦板,上楦干燥即可。

（2）袜筒式剥皮法

由头部向后剥皮的一种方法,主要用于黄鼬、麝鼠等张幅较小,经济价值较高的毛皮动物皮张剥取。

先将动物用钩子勾住上颚挂起,然后用刀沿唇齿连接处切开,剥离至眼部,小心分离,至颈部即可用双手抓住皮张往下拉扯,采用退套的方法翻至臀部。当剥至爪部时,应从最后一节趾骨处剪断,使爪连在皮上。腹股沟处因油膜较厚,应小心剥离,使油脂尽可能留在动物体上。最后剪开直肠和肛门连接,抽出尾骨,将尾巴从肛门口翻出,即可剥成毛朝里、皮在外的袜筒状。该法要求保留完整的头、眼、鼻、爪和胡须等。剥皮后的皮张经清洁、整理,上楦干燥即可。

（3）片状剥离法

这种方法主要用于马、牛、羊、狗、旱獭、毛丝鼠等动物的毛皮剥取。

先将动物的脊背部分放在地上或平板上,从下颚开口沿腹壁中心经胸、腹直挑至尾根部,然后沿前后肢关节处作环形切口,经后肢内侧挑至腹中心。先剥离四肢,然后剥离整个皮张。剥离结束后,皮张经去污、整理后即可进行干燥处理。

3）原料皮的整理

对刚剥取的原料皮进行清理,目的是除去极易造成原料皮腐败的泥土、粪污。残留的肉屑、血液和皮下脂肪等杂物,并对在剥皮或刮油过程中不慎造成的破洞加以修补缝合,以防皮板干燥后使破洞进一步扩大,不便于加工并降低皮张的价值。

清理方法　用刮刀或铲皮机除去皮上残肉和脂肪,再用水冲洗毛被和皮板,直至干净。刮脂时要从臀部刮向头部,要小心操作,以防损伤乳头层,造成掉毛。

整理完成后,应尽快对原料皮进行防腐和干燥处理。

4）原料皮的防腐

造成原料皮腐败的原因有两个方面。一是自溶作用,又叫发酵作用,是由皮中的酶所引起。鲜皮在最初的几小时反应最强烈,当 pH 值为 4.0～4.5、温度 40 ℃时,自溶作用就产生。降低 pH 值到 3.2 以下或提高到 8.0 以上,降低温度即能减缓自溶作用;二是微生物作用,当原料皮沾有血液、粪尿、肉屑等,温度在 20～37 ℃时,细菌就很快繁殖。盛夏或初秋,鲜皮剥下后 2～3 h 就开始腐败。应及时初步加工。初步防腐采取:干燥法、盐脱法、盐干法和冷冻法。

（1）干燥法

将鲜皮自然晾干或在干燥室干燥。当水分含量降为 12%～16% 时,不利于细菌的繁殖,能暂时抑制微生物活动和腐蚀。此法成本低,便于操作与保藏,是北方地区民间常用的方法。把鲜皮肉面向外,挂在通风的地方晾干。但要避免在强烈的阳光下暴晒,否则使表面水分散失不均,给细菌发育创造条件,皮内层蛋白质发生胶化（日灼皮）,浸水、加工过程中出现分层现象,严重时皮纤维收缩断裂。晾晒不当还会出现皮质僵硬,日灼伤等,不易复水和鞣制。干燥后的毛皮,立即打包贮藏。

(2)盐腌法

盐腌法分盐水腌和干盐腌两种。

①盐水腌法　经过初步处理并沥干水分的鲜皮,按重量分类。浸入25%以上的盐水池中,一昼夜后捞出,沥水2 h堆积,再撒皮重25%的干盐。为了防止盐斑出现,可加入用盐量4%的碳酸钠。

②干盐腌法　用盐量约为皮重的25%~35%。将生皮铺开拉展,均匀撒在皮的肉面上,皮厚处多撒。再在皮上面铺另一张生皮,同样处理。这样层层堆集,叠成高1~1.5 m的皮堆。

为更好地保藏原料皮,可加盐重的1%~1.5%的苯等防腐剂。

(3)盐干法

这是盐腌和干燥两种方法的结合。鲜皮经盐腌后,干燥过程中,盐液逐渐变浓,抑制细菌的活动,皮在缓慢干燥下,不易腐烂或折断,便于运输和保藏。这种方法适于类热地区小型皮类的防腐。

(4)冷冻法

在低温条件下,细菌和酶的活动几乎停止。鲜皮冷冻后可以保藏,既简便又省工。但气温回升到0 ℃以上时,生皮就会逐渐解冻而发生腐烂,长途运输中容易折断,故此法不常用。

5)原料皮的贮藏

鲜皮经防腐处理后,应及时入库贮藏。

(1)仓库条件

①室内通风换气良好,室温不超过25 ℃,相对湿度保持在65%~70%,生皮的含水量就能保持在12%~20%,可防止腐烂。

②用防潮水泥建成地面,防潮隔热。

③库内光线充足,但光线不能直射皮张,以防变质。

④库内要保留一定的空余面积,便于翻堆倒垛和检查。

⑤库内要经常保持卫生,不得存放杂物。

(2)堆垛方法

经检查没有发生虫蛆的生皮即可入库堆垛贮藏。

①铺叠式　毛面向下,层层堆叠。

②鱼形式　将每张生皮毛面向外,沿背线折叠,层层堆叠。

③小包式　将生皮毛面向外折叠成小包状,每8~10个小包叠成一堆。

以上三种方法,以铺叠式最好。为了防止生皮与地面接触损坏,堆皮时垫上木板,堆上面再履盖一张生皮,撒一层食盐。堆与堆之间保持40 cm,行与行之间不少于2 m,每五堆留一块翻垛用的空地。

6)原料皮的消毒

有些原料皮可能感染炭疽、布氏杆等病菌。加工中如果工作人员直接接触这种毛皮,就可能被感染病菌。所以,加工前应对所有原料皮进行检验,发现疫皮,必须放入盐酸和食盐溶液中消毒。

消毒液的配制　配制 2% 的盐酸溶液,加热至 30 ～ 35 ℃,再添加 15% 食盐,即成消毒液。干皮与溶液的配比为 1∶10,不断搅拌,消毒 35 ～ 40 h,将皮取出,用 3% 碳酸钠中和1.5 ～ 2 h,再用干盐腌法防腐。

工作人员操作时,必须穿工作服、戴口罩和手套。吃饭和休息前必须用肥皂洗手,并用0.1% ～ 0.2% 漂白粉溶液消毒,以防感染疾病。

任务 15.2.2　毛皮的鞣制

生皮皮板坚硬,容易吸潮腐烂并有臭味,不便保存和使用。经过加工鞣制,使毛皮轻便柔软,蛋白质固定,不再吸潮腐烂,经久耐用,适于制作各种生活用品与军需用品。

毛皮加工生产工艺流程中,首先要选皮(分路)、抓毛、去头腿和尾。然后进入准备工序、鞣制工序与整制工序。

1) 原料皮的初步整理

①选皮　毛皮原料皮的种类多,差异大,同一种类的毛皮也有等级优劣、面积大小、皮板厚薄、毛绒长短等不同情况。加工鞣制前,首先对原料皮进行挑选和分类,即为分路。经挑选分路可把性质相近的原料皮组成一个生产批,选掉的废原料皮可另行处理,使整批原料皮差异不大,便于生产,得到性质均匀的产品。

②抓毛　为减少各加工操作中出现绣毛疙瘩,加工前应把混乱粘在一起的毛梳开,剔除窝藏在毛被里的虚毛、草刺、粪块和泥土等。毛长绒厚带有结毛的绵羊皮、大毛羔皮和带鬃毛的二毛羔皮等,更要精细抓毛。

抓毛的方法:用浓度 60 g/L 的食盐溶液(温度为 30 ～ 35 ℃)将皮板回潮后,首先把有破伤的皮孔缝好,用竹板削打掉毛上的血膜、尘土、草刺、粪块等,打开毛髻。然后用剪子剪去黄毛鞘,最后进行抓毛。用竹板把毛顺好,由尾部向头部抓,并除去毛上的浮绒。

③去头腿和尾　对没有使用价值的头腿和尾,加工前要割掉,否则有碍操作。有使用价值的头腿和尾要保留。例如黄鼠狼的尾毛可制毛笔;狸子皮、羔皮可制翻毛大衣;玄狐、水獭、豹皮等珍贵毛皮,可制妇女的装饰品。

2) 准备工序

①浸水(充水)　剥下来的鲜皮,水分含量在 60% 以上。保藏过程中失去了大量水分,胶原纤维黏结。准备工序中不能直接进行药液和机械处理。先将原料皮浸软,恢复到鲜皮状态,除掉附在皮上的血液、粪便和防腐物质等。

浸水时间与温度　浸水时间长短,视原料皮干湿程度而定。一般鲜皮浸水时间短,干皮和盐干皮时间就长;水温低浸水时间就长、水温高时间可缩短。但是温度高,水中细菌的繁殖也快,容易引起皮板腐烂或掉毛。因此,水温一般控制在 18 ～ 20 ℃ 为宜。特殊情况下,水温可提高到 22 ℃ 以上,但需添加防腐剂。一般盐腌皮浸泡 3 ～ 6 h,干皮、盐干皮浸泡一昼夜,使毛皮含水量达到 60% ～ 70% 。

水的性质和液比　浸皮用水要清洁,少含细菌和杂质,最好用自来水和深井水。浸皮时水的用量一般以液比来表示,即工作液(浸液)的容积(升)与皮的重量(公斤)的比值,叫

液比或浴比。

浸水时所需液比的大小,与原料皮的种类、毛的长短和设备有关。水量过小,浸水不均匀。通常采用 16~20 的液比(以干皮重计)。

特干的原料皮可适当加入酸、盐等促进剂。第二次浸水时加入少量硫酸(1 g/L)、食盐(10~20 g/L)。

②削里去肉 浸水后的毛皮用铲刀或机械除去皮上的肌肉、脂肪和污物。使纤维结构和脂肪层松软。削里去肉必须充分浸软后进行,以免破口或撕裂。

削里去肉有机械操作和手工操作两种。手工操作程序:在半圆木(刮皮台)上铺一层布,将浸软的毛皮铺在上面,用常柄弓形铲刀,刮净附在皮板上的残肉、脂肪和污物。再用刀的板面挤压一遍,迫使皮质内油脂送到皮板表面,以利脱脂。

③脱脂 毛皮脱脂方法有乳化法和皂化法两种。乳化法是加入乳化剂,如肥皂、表面活性剂(洗衣粉、洗净剂、净洗剂、工业粉),这种方法作用较缓和,不会损伤毛被;皂化法是运用碱与油脂生成肥皂的原理,除去毛被上的油脂。纯碱的碱性较弱,既能除去一些油脂,又对毛无损害。但碱液浓度不能高,过高容易破坏毛鞘的细胞,造成脱毛或使毛的光泽消失变脆;浓度过稀脱脂不充分,产品变硬,并留有动物原有的臭味,成品皮板粗硬又不耐用。生产中多采用乳化和皂化合并进行。利用皂角和纯碱,或肥皂和纯碱混合脱脂。

先把 3 份肥皂切成薄片,投入 10 份水中煮沸溶化。再加入 1 份碱面,溶解后离火晾凉,即成脱脂溶液。脱脂时,将比湿皮重 4~5 倍的温水(水温 38~40 ℃),注入水泥池、缸等容器,加入脱脂液,液量因皮而定,配成洗液。处理狗皮时加脱脂液 10%,兔皮和羊皮加5%。洗液配好后,把浸软毛皮投入池中或缸内,充分搅拌,每隔 5~10 min 换一次洗液,直到毛皮无油腥味,肥皂泡不再消失为止。当毛皮腹部、乳头部有脱毛现象时,立即停止洗皮,取出冲刷洗净。

脱脂时间一般为 30~60 min。如果脱脂不净,可换新的脱脂液再脱一次。用肥皂洗涤毛皮不宜用硬水。如钙镁化合物和肥皂能形成不溶性脂肪酸盐,沉淀在毛皮上,影响脱脂效果。为此,加入肥皂前,应先加纯碱使水软化。

毛被脱脂后,用硫酸、醋酸酐混合液检查,没有绿色出现即达到要求。毛被上的油脂不能全部脱净,应保留 2%,保持毛被的光泽。

④漂洗 脱脂后的毛皮应立即漂洗,沥尽脏水,再洗一次,直至毛绒间无皂沫为止,有条件的地方,最好利用流水冲洗。反复洗净后沥水;再转入鞣制工序。

3)鞣制工序

毛皮经准备工序处理后,真皮纤维达到一定的松软程度,接近成品要求。但遇高温、化学药剂和水,又恢复到生皮状态。要想毛皮成品达到一定的稳定性,必须用躁性物质鞣制。

鞣制物质叫鞣剂,种类很多,有无机鞣剂和有机鞣剂。如铅、铝、锆铁、钛等金属化合物为无机鞣剂;植物鞣质、甲醛、树脂、不饱和度高的油脂、米粉等为有机鞣剂。常用的鞣剂有铅盐(红矾)、铝盐(明矾)、甲醛(福尔马林)、树脂(脉醛)和米粉等。随着毛皮加工制造业的发展,由单一的鞣制发展到结合鞣制或更新鞣制。下面介绍几种鞣制方法。

(1)硝铝鞣制绵羊皮

经原料皮初步整理和准备工序处理后,可进入鞣制工序。

①浸硝 芒硝 4 kg、食盐 2 kg、水 50 kg,液比 3.6,pH 值 6.5。

按上列原料配好硝鞣液,以 6 °Be 为宜,温度 25 ℃。然后下皮,浸泡 36 ~ 42 h 出皮,沥水 8 h,用铲刀轻轻铲去皮的油膜和残肉。

②浸酸 用硫酸(66 Be),大皮每 50 kg 水 150 g、中皮 350 g,小皮 300 g、液比 4.2(按铲油后皮重计算)、pH 值 1.4。

将硫酸加入浸硝鞣液中,迅速下皮,浸泡 24 ~ 38 h,捞出沥水 2 h,进入鞣制。

③鞣制 鞣液配方见表 15.3。

表 15.3 鞣液配方

每 50 kg 水用量	大 皮	中 皮	小 皮
铝明矾	900 g	750 g	500 g
滑石粉	400 g	4 kg	4 kg
碱面	450 g	50 g	175 g

液比 3;pH 值 2.7 ± 0.1(下皮前)。

a.鞣制方法 按上列配方,先将明矾、滑石粉溶于浸酸液中,以 8°Be 为宜,然后下皮,次日将碱面化开,分两次慢慢加入鞣液中,不断搅拌。

下缸时鞣液温度为 30 ℃,以后保持 35 ~ 38 ℃,每天翻动 3 次,浸泡 42 ~ 44 h 出缸。沥水 2 h 后,将毛皮平铺齐地上晒皮,毛板晒干后即可转入整制工序。

b.鞣制程度检查方法 将毛皮肉面向外,叠成四折,角部用力压尽水分。如折叠处呈白色不透明,似绵纸状,说明鞣制已成功。

(2)硝面鞣制绵羊皮

①浸硝 脱脂后的羊皮即可转入浸硝。浸硝液的浓度为 12°Be(230 g/L),浸一夜后出皮,转入铲皮。

②铲皮 用铲刀铲出皮板上的浮肉。

③鞣制 黄米面每张皮用 500 g,硝液浓度为 13 ~ 14°Be(270 ~ 290 g/L),配好鞣液后加温至 34 ℃下皮,鞣制 4 ~ 7 d。每天加温 1 ~ 2 次,温度 35 ~ 55 ℃。最后转入整制工序。

(3)甲醛鞣制绵羊皮

甲醛为无色的液体,具有强烈刺激气味,毛皮生产中主要应用 40% 的甲醛水溶液。用甲醛鞣制后,毛皮颜色洁白、重量小、耐水,收缩温度可达 90 ℃。细菌侵蚀过和氧化氢漂白过的毛皮,用甲醛鞣制效果较好。鞣制结束时,用硫酸及铝盐洗涤,以中和过量的碱,消除游离甲醛与甲醛气味。

原料皮经初步整理和准备工序处理后,可进入鞣制工序。

①浸硝 元明粉(粉状芒硝)26 g/L、硫酸 6 g/L、液比 5、温度常温、时间 20 h。

②浸酸 硫酸 5 g/L、元明粉 6 g/L、食盐 30 g/L、液比 5、温度 37 ℃、时间 48 h。

③鞣制 鞣液配方 甲醛溶液(40%)5 g/L、食盐 30 g/L、元明粉 6 g/L、纯碱 5 g/L、液比 5、温度 35 ℃、时间 40 h。

鞣制方法 按上列配方配好鞣液,放入划槽或缸中。将浸酸后的皮放入鞣液中。升温到 35 ℃,加纯碱调整 pH 值达到 7.8 ~ 8.2,保持恒定,中间要划动 3 ~ 4 次。经 40 h 即可出皮,沥水 2 ~ 4 h。

④中和　硫酸铝 7 g/L、硫酸 0.15 g/L、元明粉 19 g/L、食盐 30 g/L、滑石粉 10 g/L，液比 5、温度 37 ℃，时间 48 h。

按上列配方配好溶液，加入划槽、缸中。调整好温度，按液比要求投皮入槽，划动 2～3 min。中间再划动 1～2 次，每次 1～2 min。48 h 后出皮控水，转入整制工序。

中和后的毛皮，皮板应舒展，pH 值 5～5.5，收缩温度在 82 ℃以上。

（4）醛铝结合鞣制羔皮

醛、铝结合鞣制毛皮，能起到相互弥补的作用。如醛鞣制品柔软、丰满，并有一定物理、化学性能。结合铝鞣能使醛鞣后的毛皮得到补充鞣制，中和皮板中的碱，洗去游离的甲醛，使皮板更具有延伸性。

醛、铝结合的鞣前准备操作同前。

①醛揉　鞣液配方　甲醛（40%）5.5～6 g/L、食盐 50 g/L、JFC（表面活性剂）0.3 g/L、小苏打 8 g/L、液比 8、温度 35 ℃、pH 值 7.5～8.0、时间 24 h。

鞣制方法　按上列要求配制鞣液，加入划槽或缸中，经化验已达到规定要求时，将皮投入槽内，连续搅拌 20 min，以后每隔 4 h 搅拌 3～5 min。下皮 3 h 后加小苏打 4 g/L，5 h 后再加小苏打 4 g/L。加小苏打时至少搅拌 15 min，以免作用不匀。

②铝鞣　鞣液配方　硫酸（66Be）1.5～1.7g/L、铝明矾 5 g/L、食盐 20 g/L、芒硝 40 g/L、滑石粉 20 g/L、液比 8（以湿皮重计）、温度 35 ℃（下皮前）pH 值 4±0.1（出槽时）、时间 18～24 h。

鞣制方法　按上列配方，分别将明矾、芒硝用温水溶解，滤掉残渣，然后把所有辅料混合搅匀，经化验达到要求时，投皮于槽内或缸中，搅拌 15 min，以后每隔 5 h 搅拌 3～5 min，18～24 h 出皮。然后用流水冲洗 10～15 min，甩干沥水即可。

③加脂　加脂配方　1 号合成加脂剂 40～50 g/L、平平加 c-125（表面活性剂）5 g/L、氨水 0.2 g/L、液比 6、温度 45 ℃，pH 值 8～9、时间 1 h。

加脂方法　把平平加 c-125 表面活性剂溶于规定量的 45 ℃水中，慢慢加入 1 号合成加脂剂，再加氨水调节 pH 值至 9 左右。然后将皮投入槽中加脂，间歇搅动，经 1 小时出皮干燥，即可转入下道工序。

4）整制工序

经鞣制后的毛皮，立即沥水干燥、回潮、铲软、整形理毛和验收入库。但铝、铬与醛、铝结合鞣制法鞣制后的毛皮要经水洗、加脂，方可转入整修工序。

整制即毛皮整理，是毛皮鞣制的最后阶段，直接影响毛皮质量，是毛皮加工重要环节之一。通过整制，皮板要达到轻、薄、软、毛被松散、灵活、光亮、无灰、无臭等。

（1）水洗

目的是除去皮板和毛被上的一部分中性盐、游离酸、未结合的鞣剂和其他杂质，使毛板洁净，重量减轻，并有利于加脂的进行。

单纯的铝鞣不耐水洗，应该轻洗。

（2）加脂

目的是提高毛皮的强度、可塑性、延伸性和柔软度。

生产上所用的加脂剂都是乳状液，有阴离子型加脂液和阳离子型加脂液。毛皮加脂通常采用涂刷法和浸泡法两种方法。

①涂刷法　将加脂液逐张涂于皮板肉面,然后皮板对皮板或沿背脊线折叠堆放 2 h 以上,待加脂液均匀渗入皮内后,再进行干燥。该法能避免毛被污染,但效率低。

②浸泡法　将毛皮浸入加脂液中。此法简便,效率高,应注意在酸性条件下毛被容易吸收油脂。因此,浸泡加脂应在碱性条件下进行,一般 pH 值在 8 左右较好。

加脂液的吸收 30 ~ 40 min,为了消除可能的膨胀,把 30 ~ 40 g/L 食盐加入溶液中。高温可以加强乳化液的吸收,一般温度保持在 40 ℃ 范围内,应根据不同加脂剂而异。浸泡加脂后,进行离心甩水,伸展,干燥。

③干燥　有自然干燥和控制干燥两种。前者是利用太阳晒干或阴干,适于小规模生产;后者是利用干燥室或隧道内风吹等方法进行干燥,设备较复杂,适于大规模生产。无论采用哪种干燥方法,都不得过干,皮板干至八成,毛被要干透。自然干燥时,先把皮板干至70%,再翻过来晒毛,干透为止。然后堆置 12 h 以上。

④回潮　干燥后的毛皮,皮板很硬,为恢复柔润,进行铲软。肉面上喷洒适量水分,称回潮。

a. 喷水回潮　用毛刷涂布或用喷雾器喷洒水分,耐水性较差的毛皮,还需涂布鞣液,才能真正回潮。一般用 35 ~ 40 ℃ 的温水均匀地喷洒板面,既不过干又不过湿。喷水回潮后将毛皮肉面相对重合,外包塑料布,上压重物,放置一夜,水分被吸收后,皮板拉开呈白色为适。如喷不匀,可补喷一次。对一些小皮。如兔皮和各类鼠皮等,逐张回潮非常麻烦,可在干燥时适当控制水分,干至 70% 左右。堆置一段时间后,装入吹进热风的转笼中转动,使其在摔软中干至 18% ~ 20%。然后铲软。

b. 转鼓回潮　用含水 20% ~ 30% 的锯末和需要回潮的毛皮放在转鼓内转动,从而使毛皮回潮。锯末的含水量依毛皮的干燥程度、皮板的厚度及皮纤维的紧实度决定。最适的铲软操作的毛皮湿度为 18% ~ 20%。

所用锯末应木质坚硬、不含树脂和鞣质,以免沾污毛被。为使皮板洁白,毛被松散、灵活,光亮,可在转鼓中添加适量的滑石粉。转鼓装载量以其总容积的 3/4 为宜,转速 12 ~ 16 r/min,转动时间 1 ~ 2 h。

⑤铲软　铲软就是用铲刀、匀软机、铲软机、磨里机使纤维松散、伸展,并除去皮板上的肉渣等物质。通过铲软,使皮板尽量达到轻、薄、软,但以不露毛根、不掉毛为准,皮板厚薄均匀。

回潮后的毛皮,毛面向下辅在半圆木铲废台上,用大钝刀轻轻刮铲皮板,纵横各铲一遍,再由中间向四周铲一遍。有条件时可用铲软机铲软。

铲软操作　将皮的脖头、脊背、四腿各部依次在机器上铲软。要求皮板完整、厚薄一致、板面洁净。

⑥整形理毛　毛皮铲软后,将毛面晾晒半天,拍打掉毛绒内的灰尘,毛面向下拉展毛皮,钉在木板上阴干。充分干燥后,用细砂纸或砂石将肉面磨平,起钉取下毛皮,将毛面刷拭干净,轻轻梳理毛峰,除去浮毛和杂物,理顺纹理,擦亮毛色,修理毛皮边缘,剪去突出的长毛,使毛被松散整齐并富有光泽。再略加晾晒,散尽腥臭味。最后用塑料袋包装(内放卫生球)入库。

15.3　质量检测

质量检测　毛皮的品质评定

毛皮成品质量的优劣,要通过皮板和毛被综合评定。品质优良的毛皮,皮板厚度适中,强韧结实,板面舒展轻便,洁净柔软,毛与皮板结合牢固。不得出现硬板、贴板、糟板、缩板、花板、油板、反盐、裂面等;毛皮应毛密绒足、松散洁净、富有弹性、毛长适中、细而柔软、颜色华丽、反光柔和。不得出现结毛、掉毛、钩毛、光泽发暗等。

1)毛皮质量的评定

(1)优质毛皮的品质要求

毛皮毛密绒足,洁净松散,长度适中,细而柔韧,富有弹性,颜色华丽,反光柔和。

(2)毛皮的常见缺陷

①结毛　指毛互相缠结、形成大小不等疙瘩的现象。这是由于加工过程中,毛被梳理不净、油脂去除不尽、毛被太湿、液比过大、机械操作转速过快等因素造成的。

②掉毛　指加工出的毛皮成品有缓慢脱毛的现象,俗称"流沙"。这是由于浸水时水温过高,水质污染,受到酶、氨等化学物质的腐蚀,使真皮与毛的结合度下降引起的。

③钩毛　指毛尖沟曲为弧形,由脱脂时碱液浓度过大以及受到日光强烈照射引起的。

④毛皮枯燥　指被毛干枯、粗糙、发黄、缺乏光泽及柔软性,由加工时受到氧化剂、还原剂及碱性物质的强烈作用所致。

⑤光泽暗淡　指毛被缺乏光泽,由脱脂不净或毛鳞受到酸、碱侵蚀等原因造成。

⑥毛皮发黏　指毛被不松散,毛头不灵活,主要因脱脂不净引起。

2)皮板品质的评定

①优质皮板的品质要求　厚度适中,坚韧结实,板面舒展,洁净柔软,皮板与毛结合牢固。

②皮板的常见缺陷

a.硬板　指皮板僵硬,摇之发响,由原料皮干燥过分、储藏期过长,引起蛋白质变性,或加工时浸酸不良、鞣制过于强烈等因素造成。

b.贴板　指皮纤维粘贴在一起,发黄、发黑、干薄僵硬,由退鞣所致。

c.糟板　指皮纤维强度低,一撕就破,无加工价值,主要是因为脱脂不净引起酸败,浸酸和软化剂过量,以及鞣制后堆放太久、未及时晾干造成的。

d.缩板　皮板强烈收缩变厚,有弹性,是因浸酸时酸、盐比例失调,产生肿胀后鞣制和温度过高引起的。

e.花板　因鞣制不均匀引起,复鞣可以消除。

f.油板　指皮板含油量过大,主要是因为脱脂不净或加脂不当引起。

g. 反盐　指皮板遇湿"回潮",干后有结霜现象使皮板极易被腐蚀。

h. 裂面　指皮板表面绷得太紧,容易燥裂,多见于细毛羊皮,是因皮板自身结构及干燥不彻底,垛堆过热和浸酸、软化不当等引起。

思考练习

1. 简述原料皮的结构。
2. 原料皮的质量要求有哪些?
3. 鞣制的目的。
4. 简述毛皮鞣制的工艺流程和操作方法。
5. 简述成品毛皮的质量评定。

实训操作

实训操作　獭兔皮加工

1) 实训目的

掌握圆筒式剥皮方法。

2) 实训材料

獭兔、解剖刀、剪子、楦板、无脂锯末、绳子等。

3) 实训步骤

(1) 取皮时间

獭兔的毛皮一年四季都有使用价值,但是以冬季的毛皮质量为最佳。毛皮成熟度的主要特征是全身毛峰长齐,绒毛紧密适中而灵活,蓬松,色泽光亮,口吹风见到皮肤,风停毛绒即能迅速恢复。獭兔活动时周身"裂纹"现象比较明显,皮板质量好。取皮时间,一般在11月下旬到翌年2月为宜。皮形应完整,保持耳、鼻、尾、四肢的完整性。

(2) 屠宰

处死獭兔的方法很多,常用的有以下几种。处死时,注意不要损坏毛皮而影响质量。

①电击法　将獭兔投入电网内,然后接通电源通电,1 min 左右即可杀死网内所有待杀獭兔。獭兔被电死后,关闭电源,取出尸体,再倒挂起来。此法适用于大规模屠杀用,但必须注意安全。

②注射空气法　用注射器往獭兔静脉或心脏注射空气 3～5 mL,使獭兔死亡。

③敲击生命中枢法　捉住獭兔,用左手抓住獭兔的后肢,让兔子头朝下,用右手掌打击

兔子耳根后缘。兔子因活命中枢受到打击,很快死亡。此法操作简单易掌握,并对毛皮质量无损害。

④药物致死法　一般可用横纹肌松弛药司可林(氯化琥珀胆碱)处死。剂量为1 mg/kg体重,皮下或肌肉注射。兔子在3~5 min内死亡。死亡前无痛苦和挣扎,因此不损伤或污染毛被,残存在体内的药物亦无毒性,不影响兔子身体的利用。

(3)取皮

兔子被处死后,不要停放过久,稍放一会儿、待尸体还尚有一定温度时进行剥皮,较易剥离。兔子皮的剥离,需用圆筒式剥皮法:先将两后肢固定,用挑刀从后肢肘关节处下刀,沿股内侧背腹部通过肛门前缘挑至另一后肢肘关节处,然后从尾的中线挑至肛门后缘,再将肛门两侧的皮挑开。剥皮时,先剥离后臀部,然后从后臀部向头部方向做筒状翻剥。剥到头部时要注意用力均匀,不能用力过大,保持皮张的完整。不要损伤皮质层,用剪刀将头尾附着的残肉剪掉。

在剥皮过程中,在皮板上或手上不断撒些木屑,以防兔血及油脂污染毛绒。在剥皮过程中下刀须小心,用力平稳以防将皮割破。

(4)兔皮的初加工

为有利于兔皮的保存和交售,兔皮剥离后,如皮板上带有油脂、血迹或残肉等,应刮净。若不刮除干净,会影响贮存和鞣制。

①刮油　刮油时把头部放在剥皮板上,刮油用力要均匀,持刀要平稳,以刮净残肉、结缔组织和脂肪为原则。初刮油者刀要钝些,由尾向头部方向逐渐向前推进,刮至耳根为止。刮时皮张要伸展,边刮边用木屑搓兔皮和手指,以防油脂污染毛皮。刮至兔子乳头和雄兔生殖器孔时,用力要轻,以防止刮破。头部残肉不易刮掉,可用剪刀将肌肉和结缔组织剪去。

②洗皮　刮完油脂的兔皮要洗皮,可用类似米粒大小的硬木屑(锯末)洗。先搓皮板上的浮油,搓至不粘木屑为止。然后将皮筒翻过来,洗净皮上的油脂和其他污物。洗皮后木屑一律要过筛,因太细的木屑会粘住毛绒,影响毛皮质量。注意不能用松木的木屑,因为松木含树脂多,影响洗皮。

③上楦和干燥　洗好的皮要及时上楦固定。上楦板时,先将头部固定在楦板上,然后均匀地向后拉上皮张,使皮张充分伸延后,再把眼、鼻、四肢、尾等各部位摆正。各部位摆正后,在皮板周围钉上小钉,使其固定下来。

上好楦板的皮张,即可进行干燥。干燥的方法一般有两种:一是将其悬挂在通风处,自然阴干3~4 d,切忌太阳晒;二是采取烘干方法,将其放在室温18~22 ℃的房间内烘干。经10 h左右的烘干,皮张干燥到6~7成时,将毛面翻出,变成皮板朝里,毛朝外再干燥。在干燥过程中要注意翻板及时,严防温度过高,以防止毛峰弯曲和影响毛皮的美观。

皮张干燥到含水量为13%~15%时即可下楦板。若皮张含水量超过15%,保存时容易发霉。下楦后的皮张,再用锯末与漂白土混合,撒在毛皮上,轻轻搓擦毛皮,以清除油脂污物。最后用刷子轻刷,用手抖干净,包装储存在干燥凉爽处,待售。

(5)獭兔皮的贮存和运输

①贮存　干燥后的皮应按商品要求分等级包装贮存。根据重量、大小,每30张或35张捆成一捆,每捆两道绳,然后装入木箱或硬纸质箱或清洁的麻袋里,并撒入一定数量的晶

醛防虫剂。在包装袋上注明品种、等级和重量,然后入库贮存。贮存的仓库要求温度为5~25 ℃,相对湿度为60%~70%。

②运输 獭兔皮若用公路运输,必须备有防雨防雪设备,以免中途遭受雨雪淋。凡需长途运输,必须检疫、消毒后方能运输,以防病菌传播。

(6)獭兔毛皮的收购等级标准

鉴别獭兔皮品质好坏,主要以毛绒丰密、整齐、皮形完整和冬季产的质量为好。夏季产的毛绒显稀薄,色泽暗淡,皮板薄,质量差。

一等:毛绒丰厚,呈灰白色,色泽光润,板质良好。

二等:毛绒空疏或短薄,色泽发暗。

等外:不符合等内要求的皮为等外皮。

4)作业

写实训报告一份。

项目16
猪鬃加工

知识目标

理解猪鬃的概念、种类及规格;掌握猪鬃的加工方法和质量评定。

技能目标

能进行猪鬃原料的收购、验级;熟知猪鬃加工工艺流程;会成品猪鬃的保藏和质量评定。

 知识点

猪鬃的概念、种类、规格;猪鬃的加工工艺;猪鬃的保藏;猪鬃的质量评定。

16.1 相关知识

知识 猪鬃的种类与收集

猪鬃是我国的重要传统出口商品,素以品质优良,弹性好,耐摩擦,规格齐全等特点,出口销售量占世界猪鬃贸易总量的75%左右,在国际市场上久享盛誉。猪鬃的主要用途是制做日用刷、油漆刷、机器刷等。输出对象主要是俄罗斯、美国、英国、德国、意大利,其次是日本、荷兰、比利时等国家。

1)猪鬃的种类

我国的猪鬃种类繁多。按产地可分为东北鬃(哈尔滨)、天津鬃(河北肃各庄)、青岛鬃(济南、潍坊)、上海鬃(江苏、浙江)、重庆鬃(川、云、贵)、汉口鬃(湖北、湖南)及内蒙古鬃(呼和浩特)等8种;按颜色可分为黑鬃、白鬃、花鬃和黄鬃、野猪鬃等6种;按性质可分为硬鬃和软鬃;按季节可分冬鬃、春鬃、夏鬃和秋鬃。除传统的天然猪鬃,现在猪鬃还有染鬃、漂白鬃和人造鬃。

猪鬃产地不同,品质特性有差异。如东北鬃与天津鬃的特点,鬃身长,梢头开花,弹性较重庆鬃、武汉鬃稍弱,适宜加工工业油漆刷;青岛鬃的鬃身软富有弹性,具有东北鬃所有优点,但不及重庆鬃,上海鬃洁净光亮;上海鬃与重庆鬃色泽乌黑、精细、不带根(上海鬃不及重庆鬃硬,长鬃较少);武汉鬃质地与重庆鬃相同,身骨硬,但不及重庆鬃乌黑。

季节不同,猪鬃性质也有差别。如冬鬃长而粗壮、油性大、弹性好、富有光泽,列为一等品;春鬃与冬鬃相似,色泽比冬鬃稍黑,尺寸略短,质地发涩,弹性次于冬鬃,列为二等品;夏鬃发红而暗,无光泽,缺乏油性,尺寸与冬春鬃相近,质地发涩,毛根细小,影响加工效率,列为三等品;秋鬃根部稍细,鬃身短而硬,比夏鬃有油性,富光泽,质量比夏鬃好。

①按色泽分 黑、白、黄、花、霉5种。

②按猪的部位分 门鬃、背鬃、披鬃(两肋)、尾鬃、毛鬃(猪毛)5种。

③按初加工分 毛鬃(猪毛)、毛缕、片鬃、大鬃(高尖)4种。

2)猪鬃的收集

我国养猪历史悠久。数量居世界首位。猪鬃毛是我国重要出口商品之一,为国家换取大量外汇。但猪鬃毛副产品,往往被人们所忽视,有的被当作废品扔掉,弃宝于地,实在可惜;还有的将黑、白猪鬃毛混合,成为花鬃毛,降低了价值。目前,全国猪鬃毛收回仅60%左右。

收集猪鬃毛要求干燥无杂质。猪鬃毛中混入绒毛、尾毛,其他兽毛、禽毛、蹄壳、灰土和草棍等均属杂质。收购时如含潮分和杂质,应予以扣除。猪鬃毛的收购规格:

①黑猪鬃毛 全部为黑色。鬃毛梢尖部分为黄褐或黑褐色,也属黑鬃毛。

②白猪鬃毛 全部为白色。如颜色变黄,不能洗出本色的,则作为次白猪鬃毛。

③花猪鬃毛　黑、白、杂色混杂。

④霉猪鬃毛　受潮发霉,鬃身有霉点,但未损坏拉力和弹性。

⑤黄猪鬃毛　全部为自然深、浅黄褐色。

按上述猪鬃毛收购规格要求,做好收集工作。

16.2　工作任务

任务　猪鬃的加工

猪鬃的加工生产分为两个阶段,即半成品加工和成品加工。

1)工艺流程

猪鬃的制做方法是沿革历史做法,分为南方和北方两种。南方的制做方法以重庆(渝鬃)为代表;北方的制做方法(津鬃)以河北胥各庄为代表。

(1)津鬃水洗猪鬃加工工艺

原料毛分类除杂→打毛→水洗→烘干→扎把→蒸伸→配路→拓活→揉活→捆把→修整→包装前检验→最后进行包纸→装箱,在箱内撒入适量的防虫剂。

(2)渝鬃水洗猪鬃加工工艺

原料毛分类除杂→浸泡→水洗→烘干→缠板→蒸伸→拓鬃→分尺→搓鬃→捆绳→修整→包装前检验→包纸→装箱,在箱内撒入适量的防虫剂。

(3)水煮鬃加工工艺

水洗鬃→装罐→蒸煮→装纸圈→提验→包装。

2)操作要点

①分类除杂　把原料鬃毛按毛色分类,剔出腹毛、尾毛、霉毛、草棍及灰尘等杂质。

②浸泡　分类后将鬃毛加水浸泡,使肉皮完全软化,季节不同,浸泡时间不同,一般夏天7 d,冬天半月。

③捣松　发酵后的鬃毛从水中捞出,用木板捣松肉皮,使粘连鬃毛完全松散。

④水梳　松散鬃毛再水洗后,用铁梳子梳掉绒毛皮屑等杂物,再用清水洗涤数次。

⑤缠板　毛铺不分倒顺长短,用麻绳拥在小木板上。

⑥蒸伸　将缠在板上的鬃毛放在蒸锅内蒸,使弯条伸直,增加光泽,除去腥秽,消毒杀菌。

⑦烘干　蒸伸后的鬃毛放进竹筛内,置于炕灶上烘干。

⑧梳剔　蒸制好的鬃毛除掉木板,用绳束成鬃毛批子,再用梳子剔出长鬃,分别放置,先长后短。

⑨分尺　剔出长短鬃,按加工技术规格标准规定,每隔0.25英寸(1英寸=2.54 cm)作为一个尺码档次。从2英寸到6英寸分为17档。经分档的鬃毛都有一定的足尺成分(俗

称分头）。如2.5英寸60分的成品,含2.5英寸的占60%,其余40%是2.25英寸和极少量2英寸的。足尺成分具体现定为:55分、60分、70分、60分、90分等,作为常年加工生产的依据。

⑩扎把 成品鬃毛扎成圆形把子,底盘直径为2英寸。扎把前理顺头尾,揉透搓匀适当墩足,根部平齐,梢部吊齐,用绳捆紧。梢部不得呈现旋涡形,根部不得呈现蜂窝形,鬃把外围不许有软鬃条、短鬃条、弯鬃条。

⑪磨根 将猪鬃把的根部用木板拍齐,把突出的毛剪去,再用光滑石磨平。

⑫提验 分三步进行:首先查看有无脱落的皮屑,并将梢尖约齐;接着复验,查看毛裂中有无霉毛、白毛、花毛、黄毛及油毛等。如发现就用钳子摘出(俗称桃花条);最后检查是否捆紧或再翻梳去灰(叫清灰,除去不足尺码的短鬃,也叫清边)。根部用木板拍齐,把凸出的毛剪去或用酒精灯烧掉,再用光滑石磨根。

⑬包装 复验后即为成品,用包装纸分把包装。用40 g鸡皮纸印上品名、尺码和中国出品等字样。外包装用含潮率18%以下、无蛀洞、耐腐蚀的松、柳木箱最好。木箱一般长56 cm、宽45 cm、高32~39 cm,可装50 kg,不留空隙;箱板横头不超过四拼,其余部位不超过五拼;箱内毛头创平,箱外刨光,箱底不刨;筋板厚度横头17 mL,两侧和底盖各15 mL;两横头做公榫,两侧做母榫,每达5个榫头,各25 mL;合缝严实。最后入库存放,准备外运。现在猪鬃包装多用瓦楞纸箱,分50 kg和25 kg两个规格。

先将每把商品鬃用标准纸包好,再装箱,箱内衬白纸和防潮纸,并撒放一定量的防虫剂和附一张装箱单,封盖钉好,外绕铁腰子或打包带扎固,箱面刷唛头。

⑭水煮 如果加工水煮猪鬃,提验的水洗鬃装罐,水煮,干燥后,再按规格装纸圈,底盘直径因规格不同而异。最后用内包装纸包好,装箱。

3）生产注意事项

①猪鬃原料处理 猪鬃毛原料必须是来自安全非疫区,并实行加工检疫或消毒。

②水洗材料 投产的猪鬃原料水洗时不得用酸性类的化学原料。

③半成品 投产的猪鬃半成品,必须是经检验合格,不含有各种较多杂质的半成品。

④蒸伸温度 蒸伸时温度不能超过110 ℃,以防损坏鬃质。

⑤配路 在配路半成品时,要将软、硬的鬃条、高矮尺寸尽量掺配均匀一致。

⑥拓活 拓活时要将软硬鬃条拓开刀匀,不能出现小缕鬃撮和花缕鬃撮。

⑦揉活 揉活时必须将中心弯揉正,将绒毛、短渣梳净并将倒根揉出。

⑧成品修整 在修整成品时,先检查是否把捆紧扎牢,短渣、弯鬃、绒毛等梳净,并将表面异色条和异质杂物择净,保持把的原形。

4）猪鬃的成品规格和质量

（1）长度

5.08~15.24 cm。

路分有扎子51,57,64,70,76,83,89,95,102,108,114,121,127,133,140,152 mm 16个规格。猪鬃各规格长度是经鞣制后达到的长度。

（2）色泽

原黑色、白色、花鬃(为黑白杂色混合色)、黄鬃。

（3）成分

51～64 mm 者,第一档占 70%,第二档占 30%;70～133 mm 者,第一档占 80%,第二档占 20%;152 mm 者,第一档占 65%,第二档占 35%。第一档,从冲尺 0.16 cm 起到缩尺 0.48 cm 止。第二档,从第一档缩尺 0.64 cm 起再下缩 0.64 cm 止。

（4）性能指标

①性能　富有弹性、韧性、耐磨性。

②检验方法　感官和机器拉力测定。

16.3　质量检测

质量检测　猪鬃的质量标准

猪鬃属于法定检验的商品,经检验检疫机构检验合格,方可出口。普通猪鬃按《出口猪鬃》（GB/T 8211—87）检验,水煮猪鬃按《出口水煮猪鬃》（GB/T 8214—87）检验,染黑猪鬃按《出口染黑猪鬃》（GB/T 8212—87）检验,漂白猪鬃按《出口漂白猪鬃》（GB/T 8213—87）检验,各种猪鬃的检验方法均按《出口猪鬃检验方法》（GB/T 8215—87）检验。

1) 名称类别

①猪原鬃　从猪身上取下来的长短不一的鬃毛,经过加工整理后统称猪原鬃。

②猪鬃长度　指猪鬃的基（根）部至顶（梢）部的距离。统一用毫米表示。

③足尺成分　指第一档成分,从规定之冲尺部分起至缩尺部分止的鬃。

④冲尺与缩尺　冲尺是指本尺码正线以上的部分。缩尺是指本尺码正线以下的部分。

⑤纯生鬃　除净皮块屑、肉根（皮管）、污脂等一切粘在鬃毛身（条）上杂质的猪鬃。

⑥平均扯尺长度　猪鬃毛原料根据其中含有不同长、短尺码的比例,分别折算,求出平均长度。

⑦底渣　猪鬃毛原料的长度在 44 mm 平线及以下的短毛。

⑧平尺平线　指鬃梢与规定的正线平、齐者。

⑨平尺盖线　指鬃梢盖没规定的正线者。

⑩扎子　两端都含有较均匀的鬃根,中间用纱绳或麻绳捆（扎）紧。

⑪倒根　指鬃把中颠倒了的鬃根。

⑫下脚　指顺鬃（鬃把）规定之不足界限以下的短鬃。

⑬下下脚　指津、东北、青、汉、渝及申白黑原鬃的第四档,申黑、申花 40% 第五档及以下的短鬃。

⑭外观　指鬃把的外表质量。即鬃梢部是否均匀,是否有旋涡,鬃身是否伸直,鬃条是否相称。

⑮鬃条　一根鬃的全称。

⑯鬃身　一根鬃除去梢和根以外的部分。

⑰底盘　鬃把的根部。

⑱异色鬃条　指纯色鬃把内含有其他色泽鬃条。

⑲成撮的倒根或异色鬃条　3根以上异色鬃条聚在一处者。

⑳揉(搓)鬃　使鬃把左右摆动、倒根上升。

㉑分尺　按鬃的长度,分成各个规定尺码。

㉒磨根　将鬃根上附着的绒毛磨光。

㉓大劈梢　梢岔部分比一般鬃梢长。

2)猪原鬃的分类特征

①天津猪原鬃,俗称津鬃　特征为鬃条软硬适中、尺码长。

②东北猪原鬃,俗称东北鬃　特征为鬃条软硬适中、尺码长。

③青岛猪原鬃,俗称青鬃　特征为鬃条软硬适中、尺码长。

④汉口猪原鬃,俗称汉鬃　特征为鬃条软硬适中、韧性好。

⑤上海猪原鬃,俗称申鬃　特征为鬃条细软、油性好。

⑥重庆猪原鬃,俗称渝鬃　特征为鬃条粗硬、韧性好。

3)技术要求

(1)猪鬃毛原料的品质规格

①品质条件　干燥、无霉烂。

②色泽　黑、白、花(花:黑白杂色混合)、黄(黄:鬃条为自然的深黄、浅黄褐色)。

③等级(长度)列于表16.1。

表16.1　猪鬃等级、长度、成分标准

等　级	长度/mm	纯生鬃/%	足尺成分/%
1	≥114	100	100
2	≥95	100	100
3	≥83	100	100
4	≥70	100	100
5	≥64	100	100
6	≥57	100	100
7	≥51	100	100

底渣44 mm以下的自行掌握(含44 mm平尺线)。

(2)猪原鬃的品质规格

①品质要求:

a.鬃条伸直,有毛峰,富有弹性,有光泽。

b.色泽　原黑色,原白色,花色(黑白杂色混合),黄色(鬃条为自然的深黄色、浅黄褐色),霉色(黑鬃霉变形成,但不影响质量)。

c.气味　呈猪鬃应有的气味,无腐臭之异味。

②规格:

a. 长度与冲尺及缩尺列于表 16.2。

b. 扎子的足尺成分、下脚、异色鬃条最多含量列于表 16.3。

c. 各档长度、足尺成分、下脚等列于表 16.4。

表 16.2　猪鬃长度与冲尺及缩尺规格

长度/mm(in)	冲尺(盖线)/mm(in)	缩尺(平线)/mm(in)
44(13/4)	1.6(1/16)	6.4(4/16)
51(2)	1.6(1/16)	6.4(4/16)
57(21/4)	1.6(1/16)	6.4(4/16)
64(21/2)	1.6(1/16)	6.4(4/16)
70(23/4)	1.6(1/16)	6.4(4/16)
76(3)	1.6(1/16)	6.4(4/16)
83(31/4)	1.6(1/16)	6.4(4/16)
89(31/2)	1.6(1/16)	6.4(4/16)
95(33/4)	1.6(1/16)	6.4(4/16)
100(4)	1.6(1/16)	6.4(4/16)
102(41/4)	1.6(1/16)	6.4(4/16)
114(41/2)	1.6(1/16)	6.4(4/16)
121(43/4)	1.6(1/16)	6.4(4/16)
127(5)	1.6(1/16)	6.4(4/16)
133(51/4)	1.6(1/16)	6.4(4/16)
140(51/2)	1.6(1/16)	6.4(4/16)
146(53/4)	1.6(1/16)	6.4(4/16)
152(6)	1.6(1/16)	6.4(4/16)
>152(6 以上)	1.6(1/16)	6.4(4/16)
扎子(2)平尺经揉高	3.2(2/16) 4.8(3/16)	6.4(4/16)
扎子(1+3/4)平尺经揉高	51(2)平尺	6.4(4/16)

表 16.3　猪鬃扎子的足尺成分、下脚、异色鬃条最多含量规格

品名	色泽	长度/mm	足尺成分		下脚 32(11/4 <1 + 1/4 >)平线及以下含量/%	异色鬃条最多含量/%	把径为圆周每把捆绳长度计算/mm(in)
重庆原鬃	黑	51扎子	40	±4	7 ~ 10	1	229(9) +1.6(1/16)
	白		40	±4	7 ~ 10	1	229(9) +1.6(1/16)
	花		40	±4	7 ~ 10	—	229(9) +1.6(1/16)

续表

品名	色泽	长度/mm	足尺成分		下脚32(11/4<1+1/4>)平线及以下含量/%	异色鬃条最多含量/%	把径为圆周每把捆绳长度计算/mm(in)
汉口原鬃	黑	51扎子	40	±4	7~12	1	229(9)+1.6(1/16)
	白		40	±4	7~12	1	229(9)+1.6(1/16)
	花		40	±4	7~12	—	229(9)+1.6(1/16)
青岛原鬃	黑	44扎子	40	±4	15	1	89(<3+1/2>)
	白		40	±4	15	1	89(<3+1/2>)
	花		40	±4	15	—	89(<3+1/2>)

表16.4　猪鬃各档长度、足尺部分、下脚等规格

品名	色泽	长度/mm(in)	足尺成分/%	下脚最多含量/%	倒根最多/根	异色鬃条最多/根	大劈梢除净/mm	鬃把底盘（直径）/mm(in)
天津原鬃	黑、白、花	51(2)	40±4	12	350	200	>25	51(2)±1.6(1/16)
		57(21/4)	40±4	10	300	150	>25	51(2)±1.6(1/16)
		51(2)	60±4	10	350	200	>25	51(2)±1.6(1/16)
		57(21/4)	60±4	8	300	150	>25	51(2)±1.6(1/16)
		64(21/2)	70±3	8	200	70	>25	51(2)±1.6(1/16)
		70~76(23/4~3)	80±3	5	70	30	>25	51(2)±1.6(1/16)
		83~102(31/4~4)	80±3	5	30	20	>25	51(2)±1.6(1/16)
		108~152(41/4~6)	80±3	5	20	10	>25	51(2)±1.6(1/16)
青岛原鬃	黑、白、花	44(13/4)	55±4	10	350	200	>25	51(2)±1.6(1/16)
		51(2)	70±4	10	350	200	>25	51(2)±1.6(1/16)
		57(21/4)	70±4	8	300	150	>25	51(2)±1.6(1/16)
		64(21/2)	70±3	8	200	70	>25	51(2)±1.6(1/16)
		70~76(23/4~3)	80±3	5	70	30	>25	51(2)±1.6(1/16)
		83~102(31/4~4)	80±3	5	30	20	>25	51(2)±1.6(1/16)
		108~152(41/4~6)	80±3	5	20	10	>25	51(2)±1.6(1/16)
重庆原鬃	黑、白	44(13/4)	55±4	10	300	200	>25	51(2)±1.6(1/16)
	黑	51(2)	60±4	8	300	150	>25	51(2)±1.6(1/16)
		57(21/4)	60±4	8	250	100	>25	51(2)±1.6(1/16)
		64(21/2)	60±3	8	150	50	>25	51(2)±1.6(1/16)
		70(23/4)	60±3	8	70	30	>25	51(2)±1.6(1/16)
		76(3)	60±3	6	70	30	>25	51(2)±1.6(1/16)
		83~108(31/4~41/4)	60±3	6	30	20	>25	51(2)±1.6(1/16)

续表

品名	色泽	长度/mm(in)	足尺成分/%	下脚最多含量/%	倒根最多/根	异色鬃条最多/根	大劈梢除净/mm	鬃把底盘(直径)/mm(in)
重庆原鬃	黑、白、花	51(2)	90±4	2	250	100	>25	51(2)±1.6(1/16)
		57(21/4)	90±4	2	150	70	>25	51(2)±1.6(1/16)
		64(21/2)	90±3	2	100	50	>25	51(2)±1.6(1/16)
		70~76(23/4~3)	90±3	2	60	30	>25	51(2)±1.6(1/16)
		83~108(31/4~41/4)	90±3	1.5	30	20	>25	51(2)±1.6(1/16)
		114~152(41/2~6)	90±3	1.5	20	10	>25	51(2)±1.6(1/16)
汉口原鬃	黑、白、花	44(13/4)	55±4	10	300	200	>25	51(2)±1.6(1/16)
		51(2)	55±4	10	300	200	>25	51(2)±1.6(1/16)
		57(21/4)	60±4	8	250	150	>25	51(2)±1.6(1/16)
		64(21/2)	60±3	8	150	70	>25	51(2)±1.6(1/16)
		70(23/4)	60±3	8	70	30	>25	51(2)±1.6(1/16)
		76(3)	70±3	5	70	30	>25	51(2)±1.6(1/16)
		83~102(3+1/4~4)	70±3	5	30	20	>25	51(2)±1.6(1/16)
		108~152(4+1/4~6)	70±3	5	20	10	>25	51(2)±1.6(1/16)
汉口原鬃	白	51(2)	95±4	2	300	150	>25	51(2)±1.6(1/16)
		57(2+1/4)	90±4	2	250	50	>25	51(2)±1.6(1/16)
		64(2+1/2)	90±3	2	150	50	>25	51(2)±1.6(1/16)
		70~76(23/4~3)	90±3	2	70	30	>25	51(2)±1.6(1/16)
		83~102(31/4~4)	90±3	1.5	30	20	>25	51(2)±1.6(1/16)
		108~152(41/4~6)	90±3	1.5	20	10	>25	51(2)±1.6(1/16)
上海原鬃	白	44(13/4)	55±4	10	30	200	>25	51(2)±1.6(1/16)
		51(2)	90±4	2	300	150	>25	51(2)±1.6(1/16)
		57(21/4)	90±4	2	250	100	>25	51(2)±1.6(1/16)
		64(21/2)	90±3	2	150	50	>25	51(2)±1.6(1/16)
		70~76(23/4~3)	90±3	2	70	30	>25	51(2)±1.6(1/16)
		83~102(31/4~4)	90±3	1.5	30	20	>25	51(2)±1.6(1/16)
		108~152(41/4~6)	90±3	1.5	20	10	>25	51(2)±1.6(1/16)

续表

品名	色泽	长度/mm(in)	足尺成分/%	下脚最多含量/%	倒根最多/根	异色鬃条最多/根	大劈梢除净/mm	鬃把底盘（直径）/mm(in)
上海原鬃	黑、花	51(2)	40±4	7	300	200	>25	51(2)±1.6(1/16)
		57((2+1/4))	40±4	5	250	150	>25	51(2)±1.6(1/16)
		64((2+1/2))	40±3	5	150	70	>25	51(2)±1.6(1/16)
		70~76(23/4~3)	40±3	3	70	30	>25	51(2)±1.6(1/16)
		83~102(31/4~4)	40±3	3	30	20	>25	51(2)±1.6(1/16)
		108~152(41/4~6)	90±3	1.5	20	10	>25	51(2)±1.6(1/16)
汉口原鬃	白	1(2)	70±4	10	300	150	>25	51(2)±1.6(1/16)
		57(21/4)	70±4	8	250	100	>25	51(2)±1.6(1/16)
		64(21/2)	70±3	8	150	50	>25	51(2)±1.6(1/16)
		70~76(23/4~3)	80±3	5	70	30	>25	51(2)±1.6(1/16)
		83~102(31/4~4)	80±3	5	30	20	>25	51(2)±1.6(1/16)
		108~152(41/4~6)	80±3	5	20	10	>25	51(2)±1.6(1/16)

思考练习

1.简述猪鬃的种类及其特点。

2.简述猪鬃的加工流程。

3.猪鬃加工生产有哪些注意事项？

项目17
肠衣加工

知识目标

理解肠衣的概念、种类及分路;掌握肠衣的加工方法和品质评定。

技能目标

熟知肠衣的加工工艺流程和操作要点;能熟练制作盐渍肠衣和干制肠衣。

 知识点

肠衣、盐渍的概念;肠衣的加工工艺流程;肠衣品质鉴定。

17.1 相关知识

知识 肠衣概念与种类

肠衣是肉畜屠宰后的鲜肠管,经加工除去肠内外各种不需要的组织,剩下坚韧半透明的薄膜,称为肠衣。

我国疆土辽阔,肠衣产地颇多,种类不同。华南、华东、华中地区养猪多,产猪肠衣也多;内蒙古、东北、华北地区养羊多,盛产羊肠衣。我国所产的肠衣,质地坚韧、薄而透明、富有弹性,很适于灌制香肠和灌肠,畅销国内外。

很早以前我国就利用肠衣制造弓弦和弹棉花弦线。后来利用肠衣灌制香肠、灌肠、肠线(制球拍器具和乐器线)和外科手术用的缝合线等。随着商品生产的发展,肠衣的用途越来越广泛。

按畜种可分为猪肠衣、羊肠衣和牛肠衣三种,其中以猪肠衣最为主要。羊肠衣可分为绵羊肠衣和山羊肠衣,绵羊肠衣比山羊肠衣价格高。绵羊肠衣有白色横纹,山羊肠衣多弯曲线,颜色较深。牛肠衣分为黄牛肠衣和水牛肠衣,黄牛肠衣价格较高。

肠衣在未加工前称为"原肠""毛肠"或"鲜肠","原肠"经加工处理后即为"成品"。按成品种类还可分为盐渍肠衣和干制肠衣两大类。猪、绵羊、山羊和牛的小肠和直肠均可制作盐渍肠衣,干制肠衣以猪、牛的小肠为多;其中盐渍肠衣富有韧性和弹性,品质最佳,干制肠衣较薄,充实力差,无弹性。

17.2 工作任务

任务 肠衣的加工

牲畜的肠管壁,可分为黏膜、黏膜下层、肌层及浆膜四层。加工猪、羊肠衣时,仅留黏膜下层,其余各层刮去。

1)肠衣加工工艺

(1)盐渍肠衣加工工艺

原肠除去粪污→浸漂→刮肠→灌水→量码→腌肠→缠把→漂浸洗涤→灌水分路→配码→腌肠及缠把→保藏

(2)干制肠衣加工工艺

原肠除去粪污→浸漂→剥油脂→用氢氧化钠溶液处理→漂洗→腌肠→水洗→吹气→

干燥→压平→保藏

2）加工操作要点

（1）盐渍肠衣加工操作要点

①浸漂 将去粪后的原肠浸入水中，肠中灌入清水，水温按当时气温及距离刮肠时间长短而定，一般春秋季节水温28 ℃左右，冬季33 ℃左右，夏季则用凉水浸泡，天气过热时可以加冰。浸泡时间18～24 h，浸泡的水应清洁，不可含有矾、硝、碱等物质。

②刮肠 取出浸泡后的肠，放在木板上逐根刮制，手工刮制用竹板或无刃刮刀，刮去肠内外不用部分，而呈透明状的薄膜。刮制时用力要均匀，严防刮破。

③灌水 刮光后用水冲洗，可用自来水龙头插入肠的一端冲洗，并要检查有无漏水的破孔或溃疡，不能用部分要割除，然后再洗净。

④量码 水洗后的肠衣，每100码（91.5 m）合为一把，每把不能超过18节（猪肠），每节不得短于15码（1.35 m）。羊肠衣每把长度为93 m（92～95 m），其中绵羊肠衣，一路至三路每把不超过16节，四至五路18节，六路20节，每节不能短于1 m。山羊肠衣，一路至五路每把不超过18节，六路每把不超过20节，每节不短于1 m。

⑤腌肠 将配扎成把的肠衣散开，用精盐均匀腌渍。必须一次上盐，每把用盐0.5～0.6 kg，腌好后重新扎把放在竹筛内，每4～5个竹筛垛在一起，放在缸或木桶上使盐水沥出。

⑥缠把 沥水后的腌肠经半天左右，当肠衣呈半干状态时便可缠把，即成"光肠"（半成品）。

⑦漂浸洗涤 将"光肠"浸于清水中，反复换水洗涤，将肠内外洗净。漂浸时间，夏季不超过2 h，冬季可适当延长，但不能过夜。漂洗水温不能过高。

⑧灌水分路 洗好的"光肠"灌入水，并检验有无漏洞，然后按肠衣口径大小进行分路。

⑨配码 同一路的肠衣，按一定的规格尺寸扎把。

⑩腌肠及缠把 配码成把以后，再用精盐腌上，待水分沥干后再缠成把，即为净肠成品。

⑪包装与保存 肠衣多采用塑料桶或木桶包装，每桶装1 500根。每放一层肠衣就撒一些精盐，一般每把肠衣用盐250～400 g，夏季用盐量稍大。肠衣不能接触铁器、沙土和杂质。装好封盖后，放在0～5 ℃下保存。也可放在地下室凉爽处贮存。每周检查一次，如有漏卤、肠衣变质，应及时处理。

上述①—⑥工序是由原肠加工成光肠的过程，⑦—⑨工序最由光肠制成成品的过程。

（2）干制肠衣加工操作要点

①浸漂 将洗干净的小肠浸入清水中，夏季30 min，冬季1～2 d。

②剥油脂 将浸泡好的鲜肠放在板上，剥去肠管外面的油脂、浆膜及筋膜，并冲洗干净。

③用氢氧化钠溶液处理 将翻转洗净的原肠，以10根为一套，放入缸或木盒里，每70～80根用5% NaOH溶液2 500 mL倒入缸或盒中，迅速用竹棒搅拌匀，洗去肠上的油脂，按此漂洗15～20 min，就可将肠油脂洗净，颜色变好。去脂时间的长短与气温有关，冷天可稍长，热天较短，但不可超过20 min，否则肠衣会被腐蚀成为废品。

④漂洗 把去脂后的肠放入清水缸中，随后不停地捋洗肠，并反复换水捋洗，彻底洗去

血水、油脂和氢氧化钠气味,然后漂浸于清水中。浸泡时间:夏季为 3 h,冬季约 24 h,经常换水,将肠漂成白色,制成品质和色泽优良的干肠衣。

⑤腌肠　将肠衣放入缸中,加盐腌渍 12~24 h,夏季可缩短,冬季可适当延长。用盐量为每 100 码 0.75~1 kg。

⑥水洗　用清水把盐汁漂洗干净,以不带盐味为止。

⑦吹气　将洗净后的肠衣用气泵吹气,使肠膨胀检查有无漏洞,然后置于清水里。

⑧干燥　吹气后的肠衣,挂在通风良好处晾干。

⑨压平　干燥后的肠衣在头端用针刺孔,使气排出,然后均匀地喷上水,用压肠机压扁,包扎成把即可装箱。

3)操作注意事项

①取肠　要求全肠完整,不破不伤。取肠后应避免堆积,以免变质,同时也不能挂在铁钩上或盛入铁质容器,以防铁锈影响品质。

②去粪　捋粪时用劲不能过猛,以免拉断。如肠内发现肠壁附油未净,有积粪干结,应轻捋,不能割断倒粪及时扯净,否则会造成"油蚀"。

③灌水冲洗　水要清洁凉透,不能用混浊水,不能含矾、硝、碱等物质。浸泡时间不宜过长,一般夏天不超 2 h,应防止发酵。浸洗时将竹竿提起,上下过直捣或摆动,但不能旋动,不能让肠子摩擦缸底、缸边,避免打结或擦破。

④刮肠　刮肠所用的肠台、肠板必须光滑平正,坚固无结节。竹刮刀刃平齐,不宜锋利。刮肠时,将原肠理顺摊平在刮肠台的平板上,然后用刮刀从小头向大头慢慢地刮,先刮肠体一面,然后翻过来再刮另一面,刮至全根呈现极薄的透明衣膜,内外没有一点杂质为止。刮肠时持刀要平稳,用力要均匀,遇到肌肉厚或淋巴处,要反复轻刮。必要时可用刀侧在难刮处轻轻敲琢使肠壁组织松动后,再耐心刮制。

⑤量尺　肠把应"节头"整齐,结好扣,以免缺尺。

⑥灌水分路　灌水分路时抄水、比卡用力不能过猛,否则易破。用力大小看肠衣的容水量而定,上下不得偏斜,否则影响测定结果。

⑦配码　配码时力求肠衣色泽一致,不得随意动刀,以免造成错误。

4)肠衣的规格与品质鉴定

(1)肠衣的规格

将洗净的肠管灌水,根据肠管直径分路。

①猪肠衣的规格:

a.猪小根(双副)　每路隔 2 mm,共分 7 个路分。一路 24~26 mm、二路 26~28 mm、三路 28~30 mm、四路 30~32 mm、五路 32~34 mm、六路 34~36 mm、七路 36 mm 以上。每路长度为 12.5 m,节数 3 节,起用长度为 1 m。

b.猪大把　三路 28~30 mm,四路 30~32 mm,五路 32~34 mm,六路 34~36 mm,七路 36~38 mm,八路 38 mm 以上。每把长度 91.5 m,节数 18 节,起用长度 1.37 m。

②羊肠衣的规格　羊肠衣共分六个路分。一路 22 mm 以上、二路 20~22 mm、三路 18~20 mm、四路 16~18 mm、五路 14~18 mm、六路 12~14 mm。

（2）肠衣的品质鉴定

①色泽　盐渍猪肠衣以淡红色及乳白色为上等,其次为淡黄色及灰白色,再次为老黄色或紫色,灰色及黑色者为劣等品;山羊肠衣以白色及灰白色为最佳,灰褐色、青褐色及棕黄色者为二等品;绵羊肠衣以白色及青白色为最好,青灰色、青褐色次之。

②气味　各种盐渍肠衣,均不得有腐败味和腥味。

③质量　薄而坚韧、透明的肠衣为上等品,质地松软者为次等品。但猪、羊肠衣在厚薄方面的要求不同,猪肠衣要求薄而透明,厚的为次品,羊肠衣则以厚者为佳,凡带有显著筋络(麻皮)者为次等品。

④其他　肠衣不能有损伤、破裂、沙眼、硬孔、寄生虫啮痕与局部腐蚀等。细小沙眼和硬孔,尚无大碍。若肠衣磨薄称为软孔,就不能使用。此外,肠衣内不能含有铁质、亚硝酸、碳酸钙及氯化铵等。这类物质不仅损害肠衣,并有碍卫生。

思考练习

1. 何为肠衣? 肠衣是如何分类的?
2. 简述肠衣的加工工艺流程和操作要点。

参考文献

[1] 周光宏. 肉品加工学[M]. 北京:中国农业出版社,2008.

[2] 周光宏. 畜产品加工学[M]. 北京:中国农业出版社,2002.

[3] 周光宏. 肉品加工学[M]. 北京:中国农业出版社,2009.

[4] 周光宏. Lawrie's 肉品科学[M]. 北京:中国农业出版社,2009.

[5] 张柏林. 畜产品加工学[M]. 北京:化学工业出版社,2008.

[6] 孔保华,等. 畜产品加工[M]. 北京:中国农业科学技术出版社,2008.

[7] 蒋爱民,等. 畜产食品工艺学[M].2 版. 北京:中国农业出版社,2008.

[8] 孔保华,等. 肉品科学与技术[M]. 北京:中国轻工业出版社,2003.

[9] 朱维军. 肉品加工技术[M]. 北京:高等教育出版社,2007.

[10] 南庆贤. 肉类工业手册[M]. 北京:中国轻工业出版社,2003.

[11] 任发政,等. 现代肉品加工与质量控制[M]. 北京:中国农业大学出版社,2006.

[12] 陈有亮. 牛产品加工新技术[M]. 北京:中国农业出版社,2002.

[13] 刘太宇. 高档牛肉加工技术[M]. 北京:中国农业出版社,2005.

[14] 蒋洪茂. 优质肉牛屠宰加工技术[M]. 北京:金盾出版社,2008.

[15] 马丽珍. 羊产品加工新技术[M]. 北京:中国农业出版社,2002.

[16] 农业部农民科技教育培训中心,等. 猪的屠宰加工技术[M]. 北京:中国农业大学出版社,2007.

[17] 王建新. 香辛料原理与应用[M]. 北京:化学工业出版社,2004.

[18] 李雷斌. 畜产品加工技术[M]. 北京:化学工业出版社,2010.

[19] 严佩峰,等. 畜产品加工[M]. 重庆:重庆大学出版社,2008.